iPad珠宝绘画教程

Procreate 从入门到精通

李 维 刘帝廷 李 莉 编著

序

斗转星移，逝者如斯，转眼间我已在珠宝行业服务了二十余年。这二十年来，中国珠宝行业从发展初期的粗放式管理逐步转为精细化管理，特别是近几年更是高速发展，整个行业日新月异。中国现代珠宝行业的发展进程非常符合邓小平同志所强调的“科学技术是第一生产力”和习近平主席所提出的“科技是国之利器”的观点，可以看到，每一次技术升级都会带动整个产业升级，就近而言，于制作端有3D硬金技术的发明应用，于销售端有直播带货，于设计端有绘图软件和建模软件的革新。随着国内生活水平的提高，消费者的需求亦是从无到有、从有到精，企业和市场对原创设计师日渐重视的态度也在佐证这一发展趋势。可以说，随着国内知识产权保护机制的逐渐完善，以及市场的推动，原创设计师的春天并不远。机遇是巨大的，同时挑战也是巨大的，并不是说每一个设计师都能成功，市场需要的是综合素质较高的设计师，要求他们具备系统的知识结构和较高的评鉴能力、创造能力、设计效率。一个合格的设计师应当每时每刻都在学习和吸纳新的知识以应对风云突变的市场环境。

科技对珠宝设计工作有很大的辅助提升作用，这两年突出表现在平板电脑珠宝设计上。因便利性强、设计绘图自由度高和准入门槛低，有越来越多的设计师将平板电脑珠宝绘图当作传统珠宝手绘的补充，甚至替代，而珠宝企业也趋向于将它视为设计师必备的一项工作技能。

很高兴李维、刘帝廷、李莉三位能结合自身多年的工作实践经验和平板绘图经历来编著此书。通读全文发现，本书是一本实战性很强的教程，除了详尽地介绍目前非常受欢迎的Procreate绘图软件使用技巧，也结合大量的实例来呈现珠宝设计稿的绘制和后期制作方法。最难能可贵的是，书中的教学实例都选自作者的设计稿且大部分都出过成品，并获得过海峡两岸多项珠宝设计大奖。复杂的造型设计、钛金属设计、石镶石设计都是比较独特的，也证明了珠宝设计图纸并非只是一张漂亮的画。

本书选择的Procreate是一款使用者众多、操作简单、易上手的绘图软件，除了具备传统珠宝手绘功能，同时也能进行图像处理，是一款十分适合初学者使用的珠宝首饰设计软件。本书除了可作为教材供高校首饰设计专业学生使用，也同样适用于有经验的珠宝设计从业者。苟日新，日日新，又日新，哪怕你的传统珠宝手绘技能已经非常熟练，也不妨碍更新自身以适应社会的进步，也许还能为创作带来新的灵感。

如果你想在平板电脑上实现珠宝设计，想随时随地都能进行设计创作，想让你的设计与科技有更多的碰撞，可以试试打开这本书，拿出平板电脑跟着本书学习，一定能收获颇丰。

最后，祝愿这本诚意和干货满满的书能顺利出版，它将对每一个热爱珠宝设计的读者有所帮助。创新是一个行业的生存血液，对珠宝行业来说，如果没有创新，就意味着这个行业缺乏活力。衷心希望能有更多的原创设计师多学技能，强化自身，给消费者提供更多的选择和惊喜。

深圳市珠宝首饰设计师协会会长

杜半

2021 年 2 月

编者的话

为什么会成为珠宝设计师？

因为自己脑海中有太多想法想要搬到现实中来，而与工业设计、建筑设计等其他行业相比，珠宝设计是实现起来过程最少的。

我理想的设计师生活是工作可以随时随地进行，不管是在北京故宫红墙下、香港维多利亚港碧波前，还是在巴黎街角的咖啡馆、夏威夷沙滩的躺椅上，只要给我一米阳光，就能沉浸在自己的世界中。没想到今天一个充满电的平板电脑就能满足我的“痴心妄想”，我不用再为铺满的一堆颜料所苦恼，想走就走，想停就停。感恩自己生活在这个年代，感谢所有致力于科技进步的伟大可爱的科学家。

iPad Pro 配合 Apple Pencil 的发布对我来说是极其惊喜的。iPad Pro 第一代在香港开售的第一天，我买到了店里为数不多的几台之一。当时抢购的想法很简单，就是有了 iPad Pro 以后，每年可以省下不少纸、笔和颜料。最初只是想着能画一点设计稿就可以，而事实上，一年之后我已经很少在纸上动笔画商业设计稿了。就像开始用键盘打字之后，愿意在纸上写字的人慢慢变少一样，养成数字绘画习惯的人很容易对技术带来的便利上瘾。

也许现在用 iPad 进行珠宝设计的人还不太多，但数字绘画的发展已有星火燎原之势。数字绘画的便利让许多原本受限于纸笔绘画门槛的珠宝从业人员也加入珠宝设计的行列。iPad Pro 第一代发布的时候，在 iOS 上能用的绘画软件并不多，很多只是简单涂鸦，哪怕是现今被誉为“神器”的 Procreate，当时也只是初具雏形，功能上还有很多不如意的地方；MediBang Paint 又是照搬电脑上的操作界面，太臃肿，操作起来很费劲。所以，在很长一段时间里，设计师需要在几个软件里来回切换才能完成一幅设计稿。

然而仅仅几年的时间，情况已经大不相同，有很多功能强大的软件脱颖而出。本书在对现今多种软件进行充分比较后，选择了 Procreate 作为珠宝首饰设计基础的教学软件。一方面是因为，Procreate 操作简单、易上手，十分适合初学者使用，而且开发者积极配合使用者的需求做出调整，让该软件具有较大的发展潜力；另一方面由于 Procreate 的使用者众多，在后期的学习中，如果读者的疑难问题在本书或在官方使用手册中找不到答案，最后也能通过网络搜索到答案。

本书还设置了考核机制，在最终通过测试后可以联系本书作者换取相关珠宝设计的笔刷和实用工具。

没有接触过珠宝手绘的读者也毋须担心是否能学会 iPad 珠宝绘画的问题。下面的例图是笔者以往的一个学生从零基础开始，在接触平板绘画不足一个月的时间内画出来的，作为设计稿已经完全够用了。只要你耐心学习本书所教内容，快速掌握基本技巧，然后勤加练习，多多思考，及时总结，很快也可以画出这样的作品。

李维

2021 年 1 月

目　录

新同学自我介绍：
啾啾
和猫头鹰啾啾一起开始学习之旅吧！

第一章　人类绘画艺术史上的大变革
——数字绘画

第一节　数字绘画

一、数字绘画与传统绘画的关系

如果给绘画世界作一个设定，数字绘画就是绘画世界里的新大陆（图 1－1－1），是由人类科技文明所一手缔造的，从诞生到现在，只有短短几十年。

图 1－1－1　绘画世界地图

与数字绘画隔海相望的还有一片传统绘画大陆，它自人类拥有智慧成为智人开始就已经存在，自诞生至今已逾 10 万年。

两片大陆并没有完全隔离，目前只需要通过电子屏幕就能在两者间穿梭。按比较简单通俗的说法，传统绘画属于三次元世界，而数字绘画属于二次元世界。传统绘画通过三次元世界的现实物质，如壁画、纸笔绘画甚至雕塑来表达创作者的想法和意图，这些物质都是看得见、摸得到的，如北宋王希孟的《千里江山图》（图 1－1－2）；而数字绘画是通过电子设备所提供的绘画环境去实现创作，游戏 CG、广告插画、电影特效设计都经常使用，是看得见却摸不到的，如图 1－1－3 所示知微珠宝作品《双生子—守护》画报。

传统绘画和数字绘画使用的技巧既相通又相异，数字绘画技巧是基于传统绘画技巧所发展出来的，又结合数字绘画的环境衍生出属于自己的特色。无论是使用数字绘画技巧还是传统绘画技巧，我们的目标都是成为一个能借助这些技巧去进行珠宝设计的设计师。两者之间没有谁更强之说，绘画技巧的强大与否跟使用的人相关，与绘画工具和绘画技法本

图 1-1-2 传统绘画：《千里江山图》（部分）

图 1-1-3 数字绘画：知微珠宝作品《双生子—守护》画报

身没有绝对联系。相反，数字绘画和传统绘画是相辅相成的，在你学有所成后去探索各种奥妙，一定会收获惊喜。

二、数字绘画的优势与发展

数字绘画自诞生至今虽然只有短短的几十年，但发展非常迅速，生机勃勃，在艺术创作、影视、游戏等领域被广泛应用。

数字绘画之所以能从无到有、快速扩张，渗透到各行各业，都离不开一个关键词——效率。数字绘画的特殊属性让使用者有更多的试错机会，有利于降低执行重复动作的时间成本，实现快速分享和多途径使用，且自由度极高。

那么，是什么让数字绘画变得如此神奇？答案就是——图层。在学习任何数字绘画技能之前，图层概念都是必学的。了解和熟练地使用图层，能让你的技能运用效率提高百倍，图层也是区分数字绘画和传统绘画的关键所在。

图层是一个怎样的存在？这里先举一个例子：图 1-1-4 所示为一个红宝石戒指，如果要求把红宝石换成蓝宝石（图 1-1-5），那么利用传统绘画和数字绘画分别可以怎么去处理呢？

图 1-1-4　红宝石戒指

图 1-1-5　蓝宝石戒指

一般，传统绘画是在纸上进行的，在颜色无法擦除的状况下，设计师就只能把这张图放一边，拿张空白的纸重新画一遍。

而在数字绘画中，有图层这个概念。如果简单地用纸来作比喻，那么一个图层就相当于一张没有厚度的透明纸张，我们所看到的绘画作品通常是由多个图层，也就是多张透明的纸张上的图案叠加而成。这样有什么好处呢？以图 1-1-4 所示的红宝石戒指为例，数字绘画允许我们将红宝石放在一个图层，把戒指托放在另一个图层，如果遇到要换蓝宝石的问题，只需要把蓝宝石重新画一遍，而可以节省画戒指托的时间。当然，在数字绘画中我们有更快速的方法来一秒换宝石，但即使用最愚笨的方式，也比在纸上画得快。节省时间就是提高效率，这是设计人员在追求作品美观之外还应考虑的方面。

数字绘画允许我们将整幅画切割为多个组成部分，分布在多个图层中，这意味着如果我们对其中的一个图层进行更改，就可以得到一个新的作品，要蓝宝石、红宝石还是钻石，要圆的、扁的还是方的，全都由你说了算。使用图层还不怕画错，画错了删除这个图层即可，不用将整个图稿重新画一遍，容错率也大幅提高。

除了图层的操作，数字绘画还有一大优势是，能够更快速地传播和实现更多途径的使用。与传统绘画相比，数字绘画作品，无论是像素绘画还是矢量函数绘画，都已经形成数据，方便绘画作品的进一步整合和传播。其表现形式并不局限于单独一张画作，简单的可以进行海报设计，再进一步就是动画或者游戏运用，虚拟现实等更高级的运用也无不可。

数字绘画虽然是由传统绘画发展而来，但经过几十年的发展，已经逐渐形成自身特有的绘画形式和技巧。从初具雏形到日渐成熟，数字绘画正在成长为不同于人类以往的任何一种艺术形态，独立成型，数字绘画艺术也渐渐被大众所接受，未来可期。

第二节　数字绘画的三个分支

从使用的设备来看，数字绘画这片大陆目前主要有三个分支（图 1－2－1），其中历史最久的是数位板绘画，其次是数位屏绘画，平板电脑绘画虽然属于新生代，但其用户数量正以惊人的速度增长。

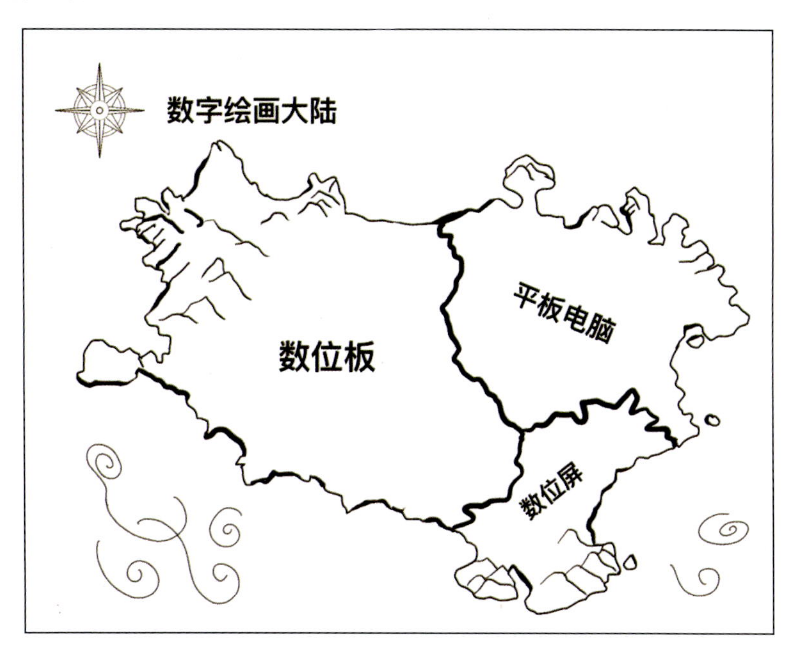

图 1－2－1　数字绘画分支示意图

一、数字绘画半边天——数位板绘画

1. 发展简介

1984 年，日本 Wacom 公司首先研制数位板并投入市场，自此，人类的数字绘画史终于告别了令人苦恼的鼠标绘画，在电脑自然绘画（符合现实画画习惯）这条道上一路高歌猛进。1991 年，迪士尼引入 Wacom 数位板制作动画片《美女与野兽》，为数字绘画开创了一片更广阔的天地。目前，数位板是现代美术行业创作中的常用设备，大量的科幻电影、游戏、广告插图、工业设计图稿都是使用数位板制作的，而 Wacom 也称得上是现代数字绘画设备的鼻祖。

2. 配套组件

数位板相关设备包括屏幕显示器、电脑主机、数位板和触控笔（图 1－2－2）。

用触控笔将你的想法画到数位板上，由数位板同步到电脑主机，再经由电脑主机输送到显示器，最后在显示器上展示你的想法，这是一个完整的过程，因此这四者不可分割。

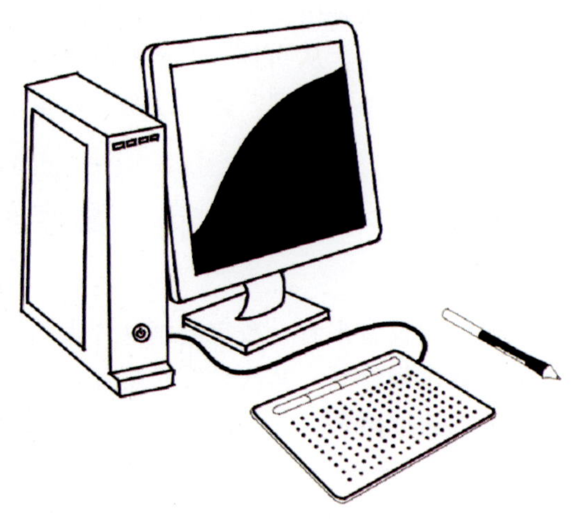

图 1－2－2　数位板相关设备示意图

3. 工作原理

数位板采用的是电磁式感应原理，其内部有一块电路板，上面均衡分布、横竖相交的铜线将数位板分割为一定数量的正方形，通过这些铜线，数位板的上方可形成一个拥有同等数量正方形的磁场。当触控笔在数位板上滑动时，会切割磁场，产生电信号。同时，通过多个正方形对触控笔进行点定位，数位板可以获取触控笔的画线路径，再传递给显示器，就样屏幕上就会显示你画的线条。所以其实触控笔只是用来对数位板上方的磁场进行切割，工作时触控笔无须触碰数位板（图 1－2－3）。

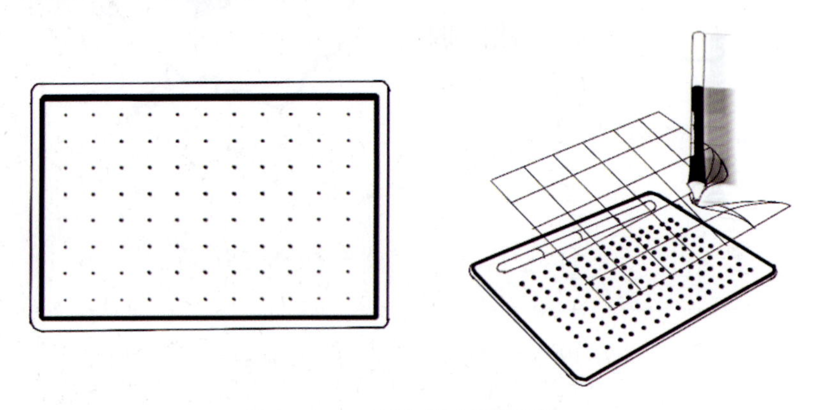

图 1－2－3　数位板工作原理图

4. 常用软件

数位板绘画常用以下软件（图 1－2－4）。

5. 优缺点

数位板使用的优点是性价比高，缺点是一定要连接电脑，不可单独使用，且操作时很难眼手合一。

6. 主要厂商

数位板的主要生产厂商包括 Wacom、HUION（绘王）、GAOMON（高漫）和 UGEE（友基）（图 1－2－5）。

Photoshop

AI

SAI

Clip Studio Paint

MediBang Paint

Infinite Painter

图 1-2-4　数位板绘画常用软件

图 1-2-5　数位板的主要生产厂商

作为数位板多项专利的发明者与持有人，Wacom 在数位板界中一直都是一家独大，早些年连分一杯羹的竞争对手都没有。哪怕到今天，Wacom 依然凭借过硬的技术和质量牢牢地占据着霸主的地位，只是随着技术的成熟，慢慢出现的绘王、高漫、友基也逐渐活跃起来，在某些领域也有一席之地。

7. 性能判断

判断数位板的性能主要看压感级别和分辨率。

压感级别是数位板对笔轻重的感应灵敏度。压感有四个等级，分别为 512（入门）、1024（进阶）、2048（专家）、8192（最高）。

分辨率从某种意义上可理解成数码相机的像素，常见的分辨率有 2540dpi、3048dpi、4000dpi、5080dpi，分辨率越高，数位板的绘画精度越高。早期数位板精度不够，将笔放在数位板上时，光标可能不断抖动，现在已经很少出现这个问题了。

假如需要购买数位板，不需要太纠结，目前数位板技术成熟，价格低廉，基本都能达到 2048 以上的压感级别。如果要保证手感，买 Wacom 不会错。此外，能够设置的快捷键数量也可以作为参考指标。

二、眼手合一——数位屏绘画

1. 发展简介

数位板自诞生之后，一直发展良好，但 Wacom 认为数位板操作无法实现眼手合一始终是制约其发展的一大障碍，希望能够有所突破。历经十数载，终于在 2001 年合成并向世界展示第一代 LCD 数位屏 Cintiq。数位屏简单地说就是将数位板和显示器合二为一，从而实现眼手合一。这种结合现在看起来虽然习以为常，在当时却是科技感爆棚，令世界震惊。掌握数位屏核心秘密的 Wacom 借此将数字绘画设备市场占有率扩大至 70 %，一时风光无两。

数位屏就是数位板的进阶版本，但价格高昂，一块 Wacom 的高端数位屏需要人民币两三万元，甚至更高，低端的也要三四千元。好在其他厂商没有放弃追赶 Wacom 的脚步，特别是中国大陆地区的生产商，如绘王和友基这两年都研制出高性价比的数位屏（绘王 Kamvas Pro22、友基 EXRAI Pro24），只要花人民币 6000 元左右就能拥有。

2. 配套组件

与数位板复杂的配套组件相比，数位屏相关设备要简洁得多。

不可分离部分包括：数位屏、触控笔、电脑主机（图 1 - 2 - 6）。

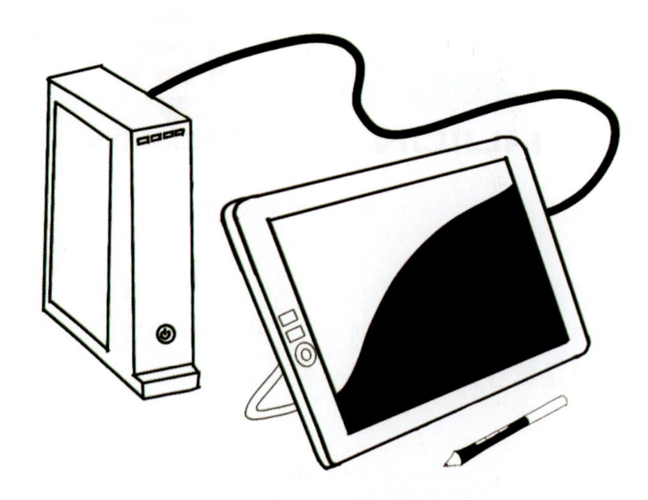

图 1 - 2 - 6　数位屏相关设备示意图

目前有更加强大的数位屏已经与电脑主机合为一体，比如 Wacom Mobile Studio Pro，当然价格惊人。

数位屏和数位板是一脉相承的，相当于将数位板贴到显示器上面，所以数位屏的操作和数位板相差无几，只是数位屏能帮使用者更快达到眼手合一的境界，让使用者画得更畅快。

3. 常用软件

数位屏绘画常用软件与数位板一致，也包括 Photoshop、AI、SAI、Clip Studio Paint、MediBang Paint、Infinite Painter。

4. 优缺点

数位屏使用的优点是自然绘画感强，缺点是可移动性能一般，价格较高。

5. 主要厂商

数位屏的主要生产厂商和数位板基本无差，依旧是几大厂商把持，Wacom 的地位毋庸置疑，但绘王和友基等正在奋起直追，微软、华为、三星也在虎视眈眈。

三、自由的风——平板电脑绘画

1. 发展简介

平板电脑应该是大家比较熟悉的，但这个产品类别的发展道路却十分曲折，一直是数字绘画设备大家庭里的“边缘人物”。起初平板电脑并不在数字绘画工作者的考虑范围内，近几年，在苹果公司的推动下，数字绘画工作者开始使用平板电脑作为工作设备，且越来越多。

（1）早在1989年就有一部运行着MS-DOS系统的Grid Pad出现，它看起来颇具现代平板电脑的外观风格。接着，又出现了各种可以陈列到博物馆里的PDA（个人数码助手）设备。

（2）2002年，微软向平板电脑里移植Windows XP，雄心勃勃地想要开启一个新时代，可惜价格高昂且不合时宜，需求不高，以失败告终。

（3）2010年，苹果公司终于凭借天时（人们已经习惯使用触屏手机）、地利（物流业发展迅速）、人和（苹果当年有着超高人气）将现代平板电脑推向世界舞台，销售数据出现爆炸性增长，其出色的市场表现引起全世界数码厂商的效仿，苹果公司在平板电脑市场中的领先地位也逐步确立。

（4）2011年，三星借着Galaxy Note提出“平板手机”概念；2012年，微软借着Surface提出“笔记本电脑平板化”概念。这两个概念将手机、平板电脑、笔记本电脑带入大交融时代，此后手机屏幕越做越大，笔记本越做越薄，娱乐型平板电脑市场开始萎缩。

（5）被大屏手机和轻薄笔记本逼到悬崖边上的平板电脑该何去何从？2015年末，苹果公司发布iPad Pro和Apple Pencil，试图卷土重来。虽然近年平板电脑的全球销量继续下滑，但iPad Pro和Apple Pencil的出现确实又把平板电脑拉回到人们的眼前。

2. 配套组件

在数字绘画的三类设备中，平板电脑是最轻量的，配套组件只有一个屏幕和一根触控笔（图1-2-7）。

关于平板电脑，虽然各个生产者手段不同，但目标是一致的，即让使用者用笔在屏幕上书写和绘画的感觉更自然，达到更低的延时，感受更好的压感。笔的延时和压感，主要依赖于软件开发者对触控笔的参数进行调校设置，很多时候需要使用者去体会感受才真实，数值只是一个参考。

图1-2-7 平板电脑相关设备示意图

3. 常用软件

平板电脑绘画常用软件如下（图1-2-8）。

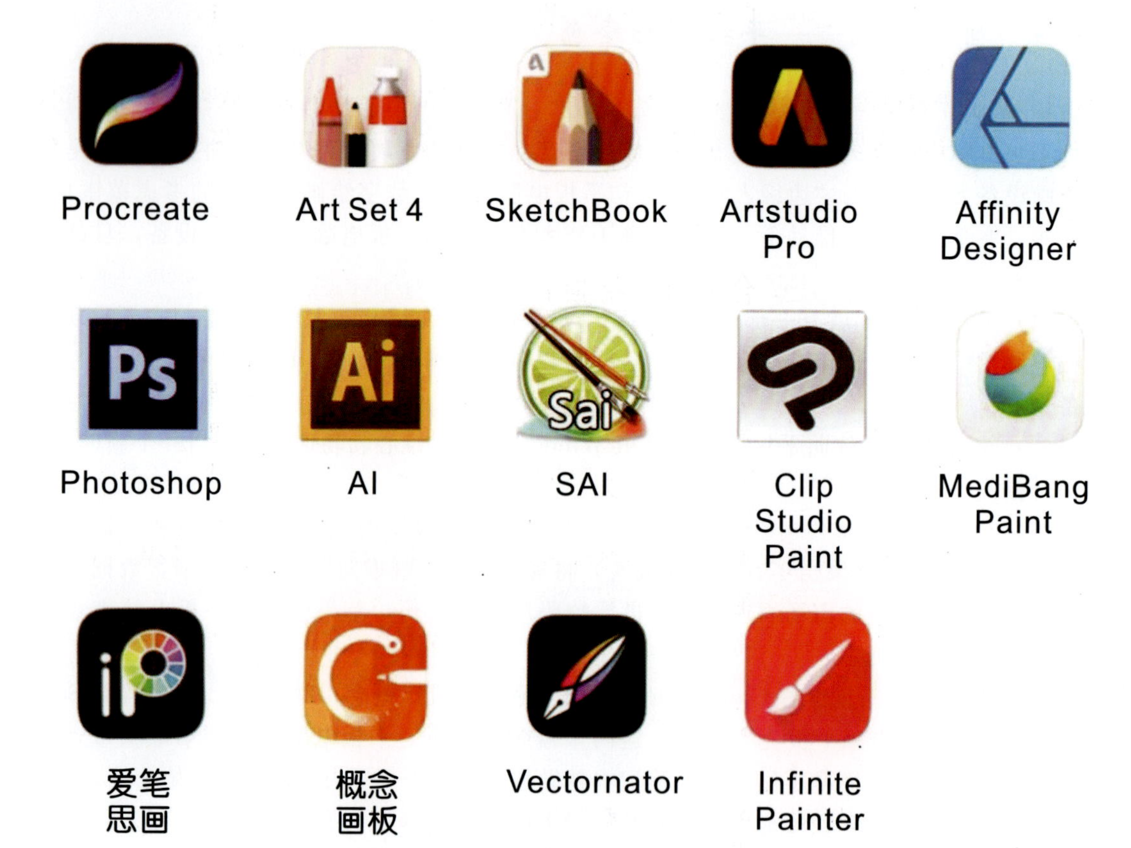

图 1-2-8　平板电脑绘画相关常用软件

4. 优缺点

平板电脑使用的优点，一是便携；二是适用于多个场景，工作、娱乐两不误。缺点是屏幕小。

5. 主要厂商

平板电脑的主要生产厂商为苹果、微软和华为。其中，苹果应用 iOS 系统，主力设备为 iPad；微软应用 Windows 系统，主力设备为 Surface；华为应用 Android 系统，主力设备为 Matepad（图 1-2-9）。

图 1-2-9　平板电脑的主要生产厂商

数字绘画主流设备之争，以前毋庸置疑是数位板，但自从平板电脑崛起后就变得扑朔迷离，毕竟平板电脑每年的新增用户总量比数位板和数位屏都多得多。用数位板画的大型CG海报和用平板电脑画的网络小插画都是数字绘画，但如今是快速社交软件当道的时代，后者的需求量在将来要远远大于前者，可预见平板电脑绘画使用者数量将会迎来爆炸性增长。

第三节 适合设计绘画的苹果 iPad 购买指引

一个珠宝设计师的日常工作可能时常处于移动中，也经常需要向客户展示并与之讨论方案，临时起意画画草稿也是再正常不过。同时，珠宝设计稿一般不比大型的游戏美术宣传画报，一个 A4 纸大小的画幅足矣。鉴于种种珠宝设计师的日常工作属性，强烈建议选择平板电脑作为自己的绘画工具。

平板电脑应该选购哪一款呢？可从设备性能、价格、设计多方面来考量，苹果、微软、华为都有不少的簇拥者，很难绝对地说孰优孰劣，只能挑选适合自己的。

基于长期需要移动绘画和简单视频图像处理的需求，目前比较推荐使用 iPad 作为工作设备，原因有以下三点：

（1）从软件层面来说，iOS 系统里的移动端软件发展时间最长，也是最多且最稳定的，选择性更多。

（2）从系统层面来说，iOS 是一个封闭的系统环境，没有弹窗小广告，软件下载途径也比较集中。这样的好处是，当你需要什么软件的时候，不用过多思考，直接搜索下载即可，而一个安静无弹窗广告的界面可以让你更专注地工作。

（3）从设备硬件层面来说，苹果公司的产品一向选材精良，性能有保障，作为长期的工作设备，稳定是考量的必选项。

iPad 的款式众多，但目前能支持 Apple Pencil 的只有十几款，表 1-3-1 列出了不同款型的处理器、运行内存（RAM）、容量、主机接口、支持的 Apple Pencil 类型和部分销售价格的数据。

1. 处理器

处理器的型号数值越大，代表其能力越强（带 X 和 Z 的属于加强类，例如 A9X 和 A10 差不多，其中 Z 比 X 强），在处理较大的数据量时会更流畅。

2. 运行内存

运行内存是一个容易被忽视却很重要的参数，以绘图软件 Procreate 为例，为了保证软件运行过程的流畅度，Procreate 有最大图层限制。图层数量的最大值是根据运行内存设置的，运行内存越大，可同时打开的图层越多。对于简单的画作来说，图层数量多少影响不大；但对于有较多修改的作品而言，更多的图层会带来更多的便利。

3. 容量

考虑到 iOS 系统所占的容量大小，加上平时的娱乐活动，还有照片、视频和画作的存储，建议使用128GB以上的iPad，相对会宽裕一点。如果容量不够，现在可以通过外连U盘、移动硬盘或者上传至网盘等方式将一些内容转移。

表1-3-1　iPad参数统计表

机型	发售年份	处理器	运行内存（RAM）	容量	主机接口	支持的Apple Pencil类型	中国大陆官方在售价格
iPad Pro 12.9英寸①（第一代）	2015	A9X	4GB	32～256GB	闪电接口	第一代	—
iPad Pro 9.7英寸	2016	A9X	2GB	32～256GB	闪电接口	第一代	—
iPad Pro 10.5英寸	2017	A10X	4GB	64～512GB	闪电接口	第一代	—
iPad Pro 12.9英寸（第二代）	2017	A10X	4GB	64～512GB	闪电接口	第一代	—
iPad（第六代）	2018	A10	2GB	32～128GB	闪电接口	第一代	—
iPad mini（第五代）	2019	A12	3GB	64～256GB	闪电接口	第一代	2921元起
iPad Air（第三代）	2019	A12	3GB	64～256GB	闪电接口	第一代	3896元起
iPad（第七代）	2019	A10	3GB	32～128GB	闪电接口	第一代	2499元起
iPad（第八代）	2020	A12	3GB	32～128GB	USB-C	第一代	2499元起
iPad Pro 11英寸（第一代）	2018	A12X	4GB/6GB	64～1000GB	USB-C	第二代	—
iPad Pro 12.9英寸（第三代）	2018	A12X	4GB/6GB	64～1000GB	USB-C	第二代	—
iPad Pro 11英寸（第二代）	2020	A12Z	6GB	128～1000GB	USB-C	第二代	
iPad Pro 12.9英寸（第四代）	2020	A12Z	6GB	128～1000GB	USB-C	第二代	
iPad Air（第四代）	2020	A14	3GB	64～256GB	USB-C	第二代	4799元起
iPad Pro 11英寸（第三代）	2021	M_1	8GB/16GB	128～2000GB	USB-C	第二代	6199元起
iPad Pro 12.9英寸（第五代）	2021	M_1	8GB/16GB	128～2000GB	USB-C	第二代	8499元起

注：表格先以支持的Apple Pencil类型划分，再按发售时间先后排序。

①1英寸=0.0254m=25.4mm。

4. 主机接口

主机接口目前就两种，后期应该都会整合为通用的USB-C接口。接口标准决定了用户能连接何种外部设备，这是在购买相关外部设备时需要注意的地方。

5. Apple Pencil

对比图1-3-1和图1-3-2，显然第二代Apple Pencil做出了一定的优化，但支持的机型比较少，可按需购买。

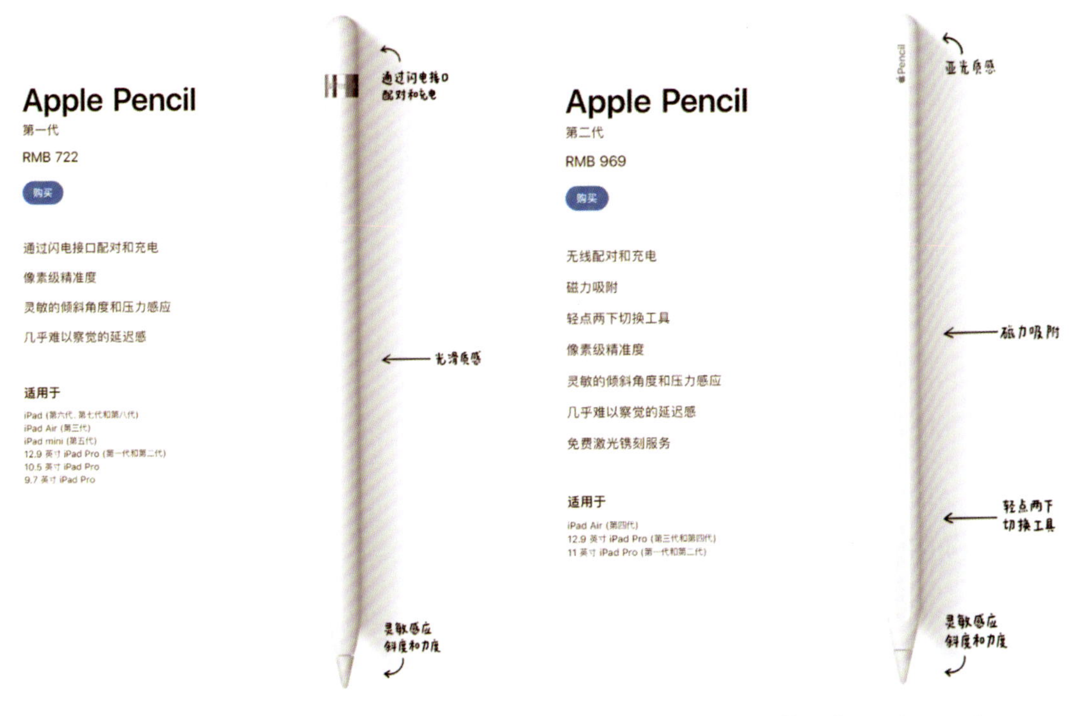

图 1-3-1 第一代 Apple Pencil
（图片来自苹果官网）

图 1-3-2 第二代 Apple Pencil
（图片来自苹果官网）

6. 价格

表 1-3-1 只列出了中国大陆 iPad 官方在售机型的价格作为参考。iPad 各种机型的购买渠道众多，一部二手的 iPad 往往性价比会高很多，如果只是用来绘画，也可以列入考虑范围，毕竟依 iPad 的质量，大部分机型用四五年问题不大。

总的来说，在资金充裕的情况下，机型越新越好。屏幕越大，绘画体验越好，但适中的大小更有利于携带，大家可以根据自身需求进行权衡，这里建议屏幕要选 11 英寸左右或以上。

第二章　iPad 珠宝设计绘画软件

第一节　iOS主流绘图软件

在选定iPad和Apple Pencil后，就要来挑选珠宝设计所需要的软件。

一、九款精品软件对比

当你推开iOS这个软件宝库的时候，一定会被琳琅满目、功能各异的软件所震惊。这个时候，选择困难症就上来了，每一个都想要，怎么办？

不用太心急，本书已经帮大家进行过一轮筛选，接下来表2-1-1展示的九款软件都是口碑较好的，只是功能略有不同，大家可以从交互界面、绘图功能、笔刷功能、兼容性、价格、适用人群这六个方面进行一番比较。前期虽然从一种软件开始使用，但在绘画后期如果能混合使用多种软件，将能大大提高自身的能力和绘画效率。

（1）交互界面的设计是否友好关系到绘图过程是否愉悦和高效，优秀的交互界面可以减少不必要的重复动作，也可以让使用者操作起来更舒服。

（2）绘图功能是绘图软件的根本所在，可以从绘图工具、辅助工具和后期处理能力三个方面来评判好坏。

（3）笔刷功能即笔刷的丰富程度和可扩展性，这项指标在一定程度上决定了绘图软件的上下限。

（4）兼容性主要指绘图软件可导入、导出文件格式的丰富性，如果能够支持PSD文件，就意味着在绘画后期还可以借助Photoshop等大型图像处理软件来完善画作。

（5）价格最高的软件不一定是功能最好的，免费的也不一定好用，购买前应综合考虑性价比，选择合适的比较重要。

（6）适用人群依软件的功能和指标而定。

根据不同的绘画类别，上述软件还可以作如下划分。

综合绘画：Procreate、Infinite Painter、SketchBook、Artstudio Pro、MediBang Paint、爱笔思画。

矢量图制作：Affinity Designer（除了可进行综合绘画，还带有钢笔工具，可以制作矢量图）。

工程制图：概念画板。

自然绘画（与现实绘画很接近）：Art Set 4。

如果看表格还不够直观，可以看一下图2-1-1所示的软件性能多边形图。

可以看到，没有一款软件能做到各方面性能完善，它们或多或少都会有些缺点，但这并不妨碍我们去使用，而且，各个软件都还在不断地更迭，总会越来越好。

二、Procreate：珠宝设计入门软件首选

从绘画的角度看，珠宝设计绘画本身并不复杂，如果简单地把iPad当成纸张，以上软件均可满足我们的绘画需求。但是选哪一款软件开始入门教学？纳入考虑范围的软件有

表 2-1-1 iOS 绘画软件功能汇总表

软件	交互界面	绘图功能 （绘图工具、辅助工具、后期处理）	笔刷功能	兼容性 （对 PSD 文件的支持）	价格	适用人群	备注
Procreate	界面简洁，与 iOS 原生系统相近； 通过归纳折叠工具与手势优化界面，一、二级菜单可以满足日常需求	丰富的绘图工具 丰富的辅助工具 基本的后期处理选项	支持自建 支持导入 支持导出	支持导入 支持导出 （图层数量有限制）	68 元 （一次性）	普遍适用	综合能力强，符合使用习惯，适合于插画类的日常工作
Infinite Painter	界面简洁，工具栏与背板融为一体； 通过归纳折叠工具与手势优化界面，工具及操作基本集中于一、二级菜单中	丰富的绘图工具 丰富的辅助工具 丰富的后期处理选项	支持自建 支持导入 支持导出	支持导入 支持导出 （图层数量有限制/导入 PSD 会被合并）	68 元 （一次性）	普遍适用	与 Procreate 十分相近
SketchBook	界面简洁，操作简单易懂； 工具及操作基本集中于一、二级菜单中	基本的绘图工具 丰富的辅助工具 基本的后期处理选项	不支持自建 不支持导入 不支持导出	不支持导入 支持导出	免费下载	普遍适用	比较适合画草稿和概念图，操作简单方便
Artstudio Pro	界面简洁，操作方式与 Photoshop 十分相近，有经验者可以快速上手	基本的绘图工具 丰富的辅助工具 丰富的后期处理选项	支持自建 支持导入 支持导出	支持导入 支持导出	78 元 （一次性）	平面设计	操作方式和 Photoshop 基本一致
Affinity Designer	界面与图标设计接近 PC 端的 Adobe Illustrator等软件，功能丰富，但略显臃肿	丰富的绘图工具 丰富的辅助工具 丰富的后期处理选项	支持自建 支持导入 支持导出	支持导入 支持导出	128 元 （一次性）	平面设计	接近 Adobe Illustrator，适合矢量图制作
MediBang Paint	功能丰富，界面臃肿，绘画区域小，接近 PC 端的 SAI 等绘图软件	丰富的绘图工具 丰富的辅助工具 基本的后期处理选项	部分自建 支持云端导入 不支持导出	支持导入 支持导出	免费下载 （50 元去广告）	漫画	有漫画辅助工具，电绘漫画工作者可以轻松掌握
爱笔思画	界面简洁，功能丰富，但下方的常用工具栏不太符合使用习惯	丰富的绘图工具 丰富的辅助工具 丰富的后期处理选项	部分自建 不支持导入 不支持导出	不支持导入 支持导出	免费下载 （50 元去广告）	漫画	适合漫画工作者，有独特的快速上色工具
概念画板	界面简洁，可自定义工具栏，整体比较接近位图设计的界面，同时可以无限扩展画布	丰富的绘图工具 丰富的辅助工具 无后期处理选项	部分自建 不支持导入 不支持导出	不支持导入 支持导出	19 元/月 98 元/年 98 元起 （一次性）	工业设计	适合画工业设计稿
Art Set 4	原生绘画界面、仿真工具 UI 和使用习惯设计，可以使人体验浸入式绘画环境	丰富的绘图工具 基本的辅助工具 基本的后期处理选项	不支持自建 不支持导入 不支持导出	不支持导入 不支持导出	68 元 （一次性）	专业绘画	独特的 3D 画笔工具仿真效果极佳

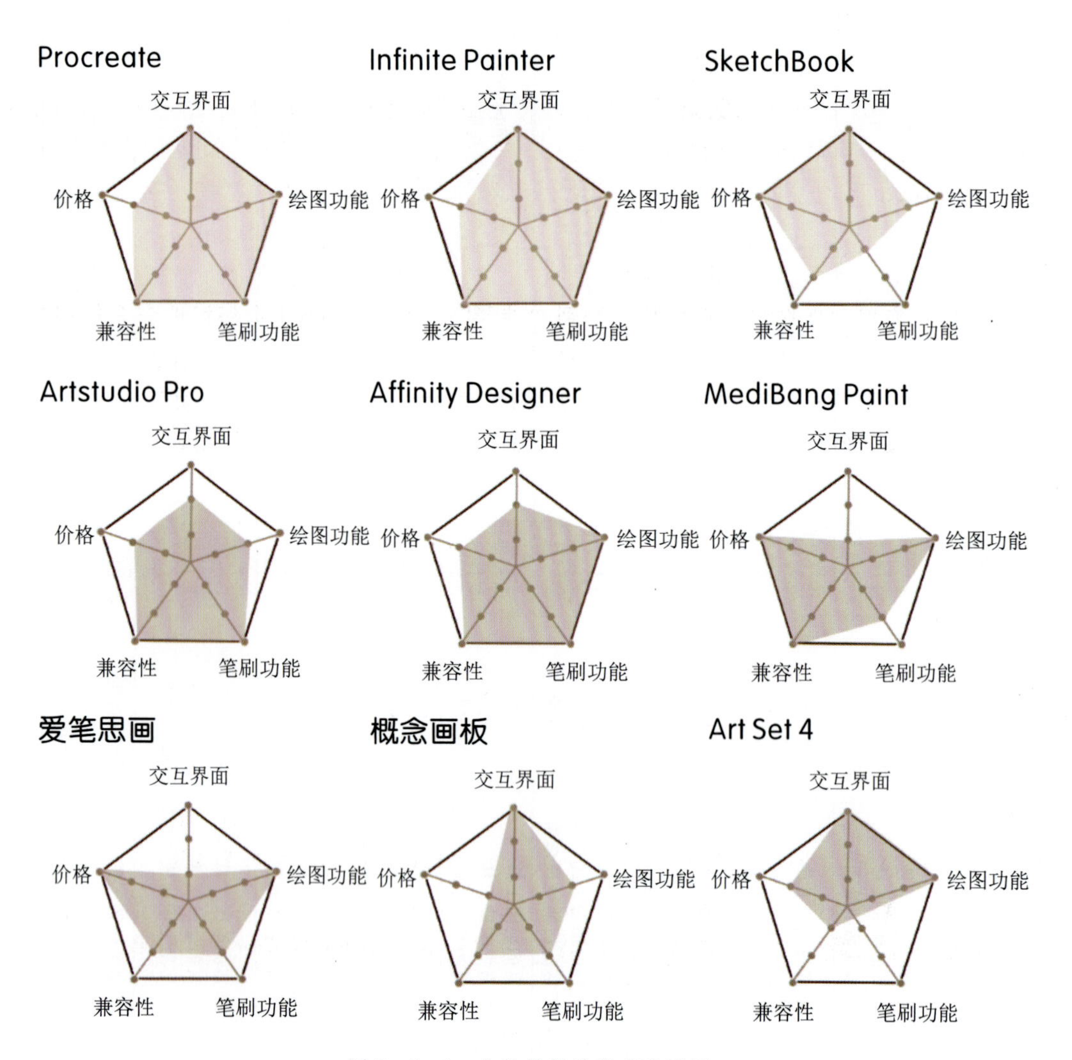

图 2－1－1　九款软件性能多边形图

Procreate、Infinite Painter 和 SketchBook（图 2－1－2）。

这三款软件都操作简单且经过移动端设备使用习惯优化，相当好上手。其中 SketchBook 还是一款免费的全平台软件，优势很明显，不足是只支持 PSD 导出，但不支持 PSD 导入，笔刷功能比不上另外两款软件。

图 2－1－2　Procreate（左）、Infinite Painter（中）、SketchBook（右）软件图标

经过对比三款软件的发展历程、适用人群、将来的发展方向和可能性等，本书最终选择 Procreate 作为珠宝设计入门教学软件。

目前 Procreate 的使用人数是最多的，网络上的教程也最多。由于每个人的使用习惯和使用领域不同，没有任何一个教程是完美的，包括本书，你总会遇到这样或那样的问题，但因为 Procreate 的使用人数多，基本所有的问题都能在网络上找到答案，这是非常大的优势。

另外，从 Procreate 发展的几年里，可以看到开发组的用心和积极的态度，Procreate 从刚开始的不完善到现在成为平板数字绘画“神器”，就是这几年非常积极地配合使用者去做功能迭代的结果，而且很多功能都根据平板使用的习惯特性进行优化，让使用者用得得心应手。Procreate 5.0 新增的动画帧功能也开始将数字绘画从静止平面往动态绘画去拓展，同时与很多视频软件、文档编辑软件、图像处理软件建立了协同工作机制，大大增加了操作的便利性。

选 Procreate 较多是基于未来的考虑，也相信 Procreate 在将来能“进化”得更全面，满足使用者更多的需求。这里也要记住，没有一款软件是万能的，当用这个软件完成不了的时候，可以借助其他工具来协同完成。

第二节 珠宝设计辅助软件

随着 Forger、Shapr3D 和 Nomad（图 2－2－1）的出现，平板电脑上终于有了比较完整的 CAD 建模软件和自由雕塑软件（类似于 Zbrush）。建模软件不同于绘图软件，需要实时渲染，对设备的硬件要求比较高，因而这两者得来十分不易。虽然它们的功能还有待完善，但总体框架已经成形，硬件和软件的升级换代会给设计人员带来极大的便利。

图 2－2－1 Forger（左）、Shapr3D（中）和 Nomad（右）软件图标

除了绘图软件外，iOS 系统中还有很多辅助软件可以方便我们的日常设计和绘图工作，提高我们的绘画技巧。下面就从绘画辅助、色彩辅助、艺术美感提升、图像处理和视频处理这五个方面来推荐一些软件供大家参考。

一、绘画辅助软件

1. 基础绘画技巧提升辅助

优秀的硬件和强大的软件功能并不能真的提高我们的绘画水平，相反，如果过度依赖软件的辅助功能，例如防抖，可能会对自身的绘画水平产生错误的认识。使用绘画辅助软件有助于提高工作效率，但不断地提高自身的绘画水平也是非常有必要的，不然可能很快就会遇到创作瓶颈期。需要时常问问自己：如果离开电脑、网络、软件，我还能画出好看、绚丽的作品吗？如果不行，就需要进一步的练习。

传统绘画的学习步骤一般为素描、速写、色彩打底，再分方向进行深入学习。

最先学素描是非常合理的，只有基本功扎实才有可能将自己想象的画面描绘到纸面上。

其中，石膏像练习是一个非常重要的环节，它摒除了色彩的信息干扰，可以使绘画者更清晰地看到事物的结构、光影和空间构成，有利于提高其空间感知力和对物体体块的把握能力。

在现实工作中，常常会遇到新人设计师画不出多位面设计稿的情况，这是对物体结构不熟悉所导致的。画珠宝首饰设计图，最终要的不是一张好看的图片，而是要保证能制作出同样的成品。从图像到成品是一个复杂且多工序的过程，如果每个工序都产生误差，最终成品和设计稿就很难一致。设计师在画二维图稿时，需要去构想实物的立体效果是否合理，应尽量绘制多位面图，比如三视图，以避免各个工序上因为理解不同而导致的错误发生。一旦成品和设计稿对不上，就需要去修改，这会浪费很多的时间，不仅会耽误项目的进程，还会造成自身或客户的经济损失。因此，作为一个负责任的设计师，需要尽量避免一些低级的错误。

在 App Store 可以找到一款名为“Pofi 无限人偶”（图 2－2－2）的软件，这个软件是针对模型开发的，软件里的模型以白模（类似于石膏）的形式渲染，可以调整光源让模型呈现不同角度的光照效果。软件提供练习所需要的立方体、球体、静物等素材，也提供人偶，并且人偶是可以通过调节关节活动的，可以更好地进行人体结构练习。此外，通过付费还可以获取更多的模型。“Pofi 无限人偶”让我们可以随时随地进行石膏像练习，不用带道具，非常方便。

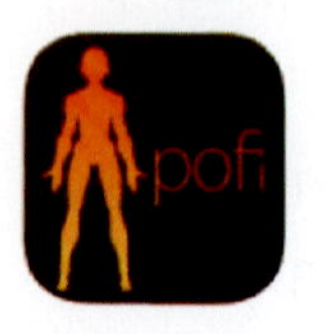

图 2－2－2　“Pofi 无限人偶”（左）和“艺术家之 3D 解剖图”（右）软件图标

另外一款软件——“艺术家之 3D 解剖图”（图 2－2－2）提供了人体的骨骼、肌肉组织、表皮的 3D 视觉图像，可以对照进行由内而外的人体结构练习。只有对事物基础充分了解，才能创作出结构合理、富有创意的产品。

2. 光影绘图辅助

“素描大师”（图 2－2－3）这款软件可以把照片转化为一张黑白灰的素描图，这样的好处是可以除去照片或者事物中过多的色彩信息，只留下光影信息，还可以通过调节参数得到一张大致的轮廓图，如果能有效地加以利用，就可以更快速地提取设计稿中使用的参照物。

图 2－2－3　“素描大师”软件图标

二、色彩辅助软件

色彩系统的学习是一个循序渐进、日积月累的过程，在掌握基础的色彩知识后，需要不断实践以融会贯通。在日常生活中，我们经常会感觉到某些照片、绘画、物品的色彩搭配很漂亮，但却不明白这些色彩如何和谐地构成画面。在 App Store 中可以找到“色采”“查色”“色卡”这三款软件（图 2-2-4），以不同的操作逻辑帮助我们了解色彩属性和获得色卡。

图 2-2-4 “色采”（左）、“查色”（中）、“色卡”（右）软件图标

如果只用其中一款软件，目前比较推荐“色采”，其操作逻辑更贴近移动端的使用。当你通过“色采”去打开图库里的照片，软件会实时对屏幕里所显示的照片进行采样，通过算法智能地给出照片的色卡，同时也可以针对一张照片进行人工辅助采色，确定自己需要的色卡。实时全库图片色卡显示的好处在于，如果当时没有特别明确的想法，这种大量的元素供给比较容易让你获得灵感。

三、艺术美感提升软件

美感的提升是日积月累的，看得多了慢慢会在脑海中形成印象，很多说不清道不明的灵感，往往都源于生活经历，也许只是一瞥，自己也淡忘了，但不知道什么时候这些记忆碎片就会冒出来，转变成创意的火花。

DailyArt（图 2-2-5）每天都会推荐一幅名作，花上几分钟观看并尝试去理解艺术家的理念，了解画面的构成和手法，设法将其融于自己的绘画中，总会潜移默化地提升自己。

“每日珠宝杂志”（图 2-2-5）日常更新珠宝品牌新品的高清图和描述，还有珠宝视频，可以帮助珠宝设计师了解珠宝潮流趋势。

图 2-2-5 DailyArt（左）、“每日珠宝杂志”（右）软件图标

四、图像处理软件

数字绘画与传统绘画的一个重要区别是数字绘画的作品由数字信息组成（可以理解为就是一张数字图片），所以针对不同的用途，我们可以对绘画作品进行后期处理，如果绘图软件里的后期功能不能满足需求，还可以借助其他 App 来完成后期处理工作。

Affinity Photo（图 2-2-6）是目前 iOS 操作系统中最强大、最专业的图像处理软件之一，近似于 Photoshop，可以满足各种高规格的后期渲染需求，当然对于没有用过 Photoshop 的人来说，可能相对复杂一点。

Snapseed 和“美图秀秀”（图 2－2－6）是两款操作简单的软件，各种滤镜和基础参数调整可以满足日常社交软件上的图片美化需求，而且是免费的。

图 2－2－6　Affinity Photo（左）、Snapseed（中）、“美图秀秀”（右）软件图标

五、视频处理软件

与视频联动可以说是数字绘画的另外一个特点，特别是像 Procreate 这类绘图软件新加了动画帧功能，方便了图像向视频（也可以认为是动态图像）的进一步转变，操作者可以用创意让自己的绘画作品动起来，使之变得更加有趣味和引人注目。

LumaFusion（图 2－2－7）是目前 iOS 中视频剪辑功能最丰富的软件之一，多轨道和关键帧的操作可以让你的视频变得更专业，当然对于没有使用过的用户来说需要一定的学习时间。

图 2－2－7　LumaFusion（左）、“剪映”（右）软件图标

“剪映”（图 2－2－7）可以说是针对社交软件所开发的视频剪辑软件，简单好用，绝大多数普通用户能想到的场景应用都能在软件中找到相对应的剪辑方式，只需要简单操作即可。

第三章　Procreate 使用基础

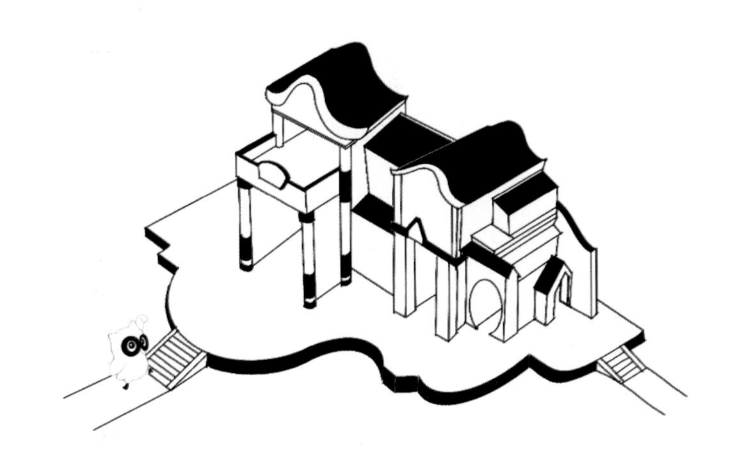

第一节　Procreate 个人画廊

画廊（Gallery）是打开 Procreate 看到的第一个画面，这里是展示画作的空间，所以也可以称为作品集或者图集。在这个区域可以对画作进行“堆”整理，也是在这个界面进行“新建画布”进入下一步的作品创作。

一、堆叠

通过拖拽可以移动作品并将其排序。

如果拖到其他作品上方就会显示为“堆”，和我们在现实中将纸叠放到一起的效果相同。点击“堆”进入其中，再长按住作品，拖到界面左上角的“堆”字处停留一会儿，就可以将作品从这个堆里移出。

二、新建画布

点击画廊面板右上方的“+”号可以看到“新建画布”面板，在这个工具面板中，我们可以选择按照预设的参数新建画布，也可以重新定义画布参数并创建新的画布（图 3-1-1）。

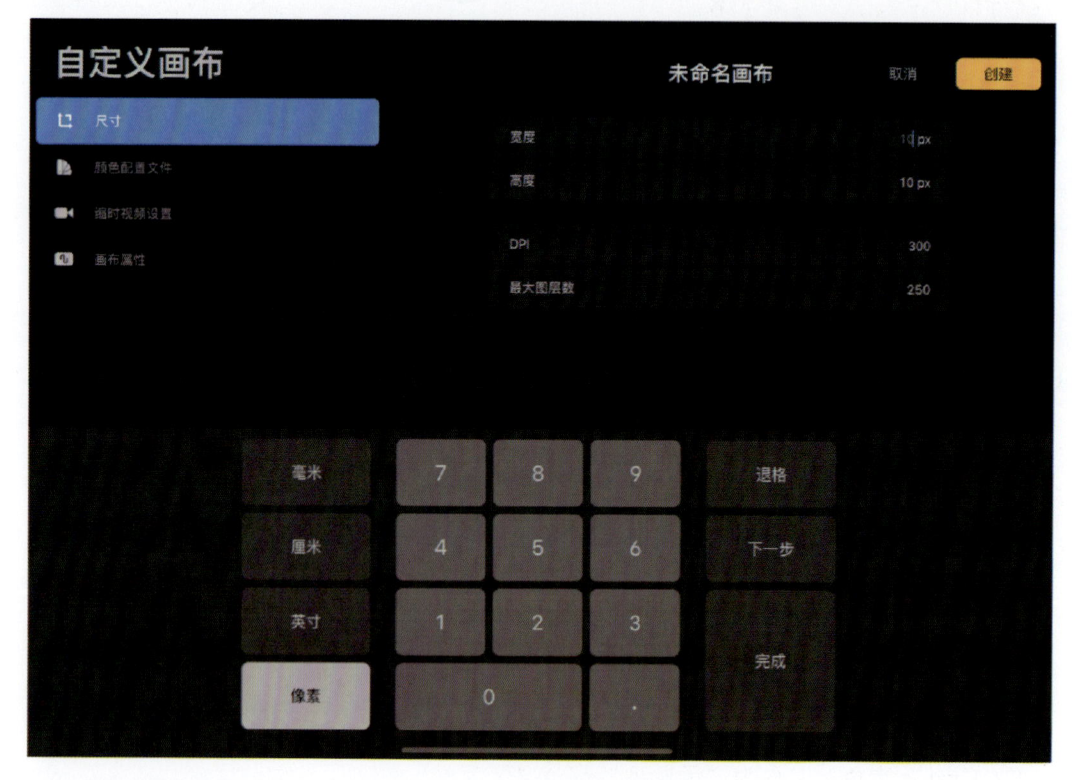

图 3-1-1　自定义画布参数设置界面

画布参数包括像素宽度、像素高度、DPI 和最大图层数（不可设置），此外还可以设置视频质量。这里要注意的是，画布大小在新建后可以在绘画进程中修改，但录制的视频画面质量是不可更改的。

三、图像相关基本概念

1. 像素相关概念

（1）图像的采样率（PPI）。指图像每英寸所拥有的像素数量（pixels per inch）。PPI 数值越高，显示屏显示的密度越高，拟真度就越高。

（2）打印分辨率（DPI）。指图像每英寸长度内的像素点数（dots per inch），也是每英寸所能打印的点数，即打印精度。

描述网页图片、数字画报等的显示质量会用到 PPI，PPI 的上限和显示器的性能有关系，比如我们常说的 2K 屏、4K 屏；而描述纸质杂志、衣服图样等物品的印刷质量则会用到 DPI，DPI 的上限和打印机的性能有关系，一般范围设置在 300～350 就足够使用。一个数字图像可以说是同时包含这两种参数的。

2. 色彩模式

1）RGB 色彩模式（图 3-1-2）

这是工业界的一种颜色标准，通过红（R）、绿（G）、蓝（B）三个颜色通道的变化以及它们相互之间的叠加来得到各式各样的颜色，RGB 是运用最广的颜色系统之一。

2）CMYK 印刷四色模式（图 3-1-2）

这是彩色印刷时采用的一种套色模式，利用色料的三原色混色原理，加上黑色油墨，共计四种颜色混合叠加，形成所谓“全彩印刷”。

图 3-1-2　RGB 与 CMYK 示意图

四种标准颜色如下。

C：Cyan，青色，又称为“天蓝色”或是“湛蓝色”；

M：Magenta，品红色，又称为“洋红色”；

Y：Yellow，黄色；

K：Black，黑色（此处缩写使用最后一个字母K，而非开头的B，是为了避免与Blue混淆）。

RGB模式是加色模式，对应显示器；CMYK模式是减色模式，对应打印机。

Procreate默认使用的是标准RGB（standard Red Green Blue）色彩模式，如果确定画作最终是要打印展现的可以选CMYK模式。

四、图层最大数量限制

之前介绍iPad的运行内存时提过，为了保证软件运行过程的流畅度，避免崩溃，Procreate根据iPad的运行内存（RAM而非容量）设置了当前设备能支持的画布图层最大数量。例如iPad Pro 12.9英寸（第四代）是6GB的运行内存，iPad Pro 12.9英寸（第一代）是4GB的运行内存，当同时使用A4纸张/300DPI质量的画布时，前者最多图层数量是73个，后者是57个，而运行内存为2GB的iPad（第六代）只能打开19个图层。

当达到最大图层限制时，软件会弹出如图3-1-3所示的提示，此时无法新建图层。

图3-1-3　达到最大图层限制提醒

通过“操作—画布—画布信息—图层”路径可以查看当前可用图层还有多少个，如图3-1-4所示。

Procreate在画布设置时有一个像素上限值，可以认为：

像素上限值＝像素宽度×像素高度×DPI×最大图层数

即，可以影响最大图层数的变量有像素宽度、像素高度和DPI，所以可以通过降低某个数值而获取更多的图层数量。

如果是通过导入带图层的文件创建新的画作，导入的文件图层数量超过软件在设备支持的上限时，软件会有一个“超出设备能力”的提示。这个时候，只要合并原文件的某些图层，使得文件图层数量在设备的支持范围内就可以导入。

Procreate控制图层最大数的好处是，在这个框架内绘图文件不会溢出，也不容易崩溃；但坏处是创作会受到限制，毕竟图层越多，意味着选择越多。控制图层最大数也在一定程度上制约了作品在不同设备、不同平台间的传递与转换，例如将电脑端的PSD文件导入Procreate软件时，可能会发生图层数量过多而无法导入的情况，此时就需要在电脑端合并PSD文件里的图层以减少图层数量。

五、建议画布尺寸

鉴于珠宝设计手绘的使用习惯，建议创建A4纸大小的画布，因为A4大小方便商用设

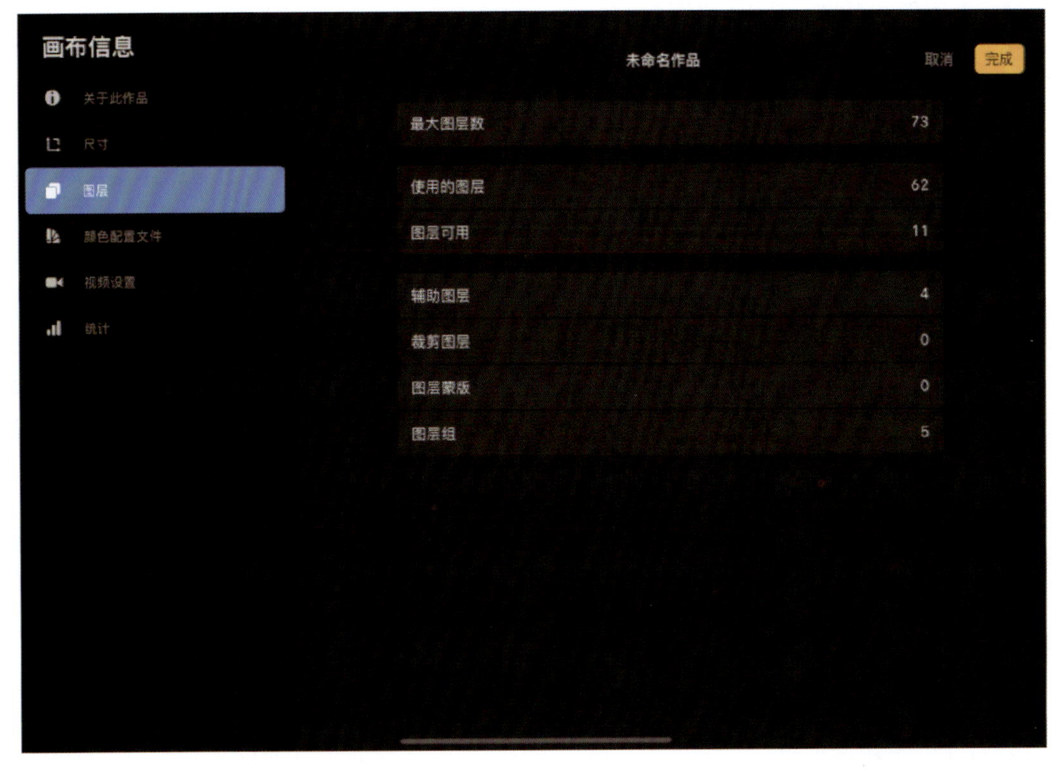

图 3－1－4　参看画布最大图层数量

计稿的提交和交接。如果需要参考很多东西而要更多的图层，可以使用更小的画布尺寸。A4 纸的数据设置一般如图 3－1－5 所示。

图 3－1－5　A4 纸的数据设置

这里顺便提一下像素与 DPI、尺寸之间的转换关系：像素宽度（或高度）＝DPI×N，N＝实际宽度（或高度）÷25.4（in）

A4 纸宽 210mm，高 297mm，若将 DPI 设置成 300，可得以下结果：

A4 纸的像素宽度：300×（210÷25.4）≈2480

A4 纸的像素高度：300×（297÷25.4）≈3508

六、缩时视频质量设置

缩时视频是 Procreate 软件中的一个酷炫功能，可以自动记录绘画过程，默认是打开的，如果不需要，可以在绘画界面里关闭。这项服务是其他大部分绘图软件没有的，像 SketchBook 需要设计师在绘画过程中去打开，但在绘画过程中往往会因太投入而忘记这件事情，等想起来的时候已经错过，所以 Procreate 的设置机制就人性化得多。当今是一个快传媒时代，在绘画完之后就能拥有一个视频素材去做更多的内容，这是相当高效的。

Procreate 的缩时视频支持多种视频质量，最高可以支持 4K 分辨率的视频，但如果不是特别需要展示的，使用默认的 1080P 就足够，还可以设置不同的压缩质量。Procreate 软件中缩时视频的质量需要在新建画布时设置，一旦创建好画布，就无法更改。

第二节　工作界面区域分布

Procreate 的操控设计基于 iPad 用户的使用习惯进行了优化，界面设计也非常简洁（图 3-2-1），通过折叠把绘画过程中所需要的功能隐藏到左侧和上方的三条工具栏中，其中大部分可通过手势操作调用，还可以根据个人使用设置召唤出速选菜单。

图 3-2-1　Procreate 的操作界面

一个简洁的工作区域可以让绘画者更加专注，也让屏幕空间本就不太富余的 iPad 得到更有效的利用。所以与很多从 PC 端移植过来的软件，如 MediBang Paint 等相比，Procreate 的操作界面用起来要舒服得多。

在左侧的工具栏中间有一个功能键（方框），对其进行设置，再配合触控笔和手势，就可以非常便捷地完成很多操作，类似于电脑和键盘配合时的快捷键。

Procreate 的工具栏可以分为自然绘画区、绘画协助区和图形处理区，为便于理解，这里以爆炸图的形式将其展开（图 3－2－2）。

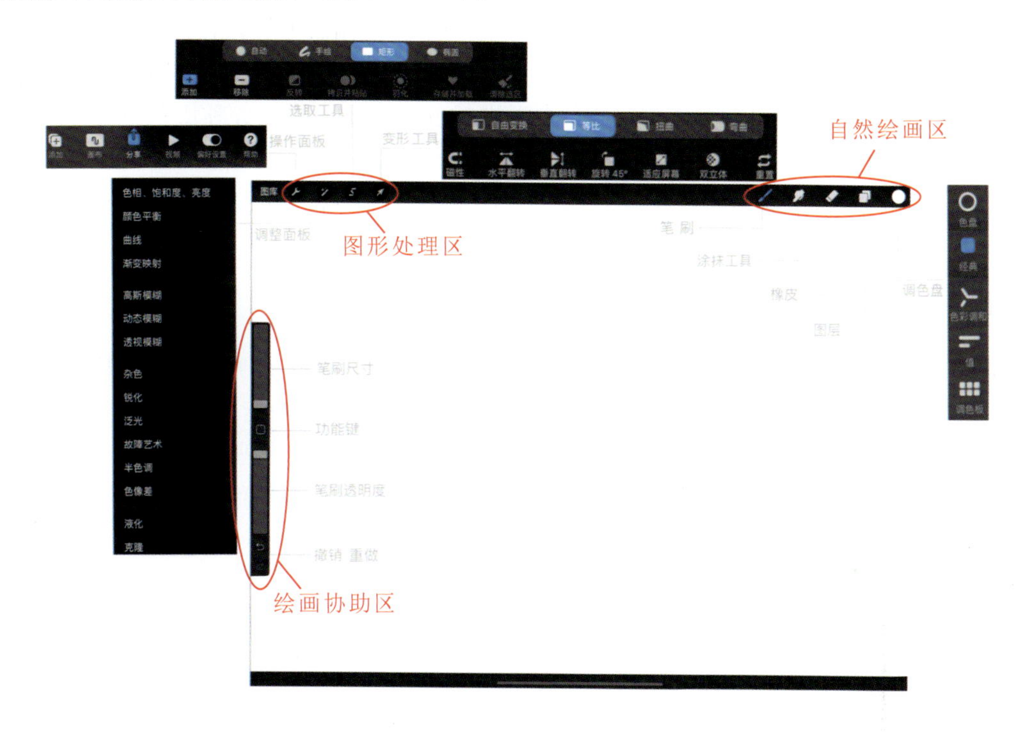

图 3－2－2 Procreate 的工作界面功能分布爆炸图

一、自然绘画区

Procreate 界面右上方是一条包括笔刷、涂抹工具、橡皮、图层和调色盘的工具栏。这里的几种工具可以与传统绘画工具近似对应。

1. 笔刷

即 Procreate 提供的一个万能笔盒，里面包括铅笔、钢笔、水彩毛笔等，种类繁多，应有尽有，也允许制作新的笔刷，并且是可以分享的。

2. 涂抹工具

涂抹工具是一个手形标志，可以用手或者触控笔在画面上涂抹，就像在纸上画素描时涂抹铅笔稿或者涂抹水彩画让不同颜色混合一样。

3. 橡皮

橡皮是擦除画面用的工具。

这里提一下，笔刷、涂抹工具和橡皮都可以改变形状和调整大小、透明度，三者共用一套笔刷库。

4. 图层

图层可以理解为我们的画纸，一个图层就是一张纸，只是比起三维世界里的画纸，图层的功能要强大得多。

5. 调色盘

Procreate 中的调色盘相当于颜料盒，可以进行色彩选取，提供五种取色方式。Procreate 5.0 还增加了色彩历史功能（记录你的过往用色），此外，“色彩调和”中还提供几种常用的配色逻辑，这些在其他软件中非常少见。色卡的制作和分享机制也一直是它的特色，这些功能和用法后续会具体说明。

二、绘画协助区

Procreate 界面左下方是一条标记着笔刷尺寸、功能键、笔刷透明度、撤销与重做的工具栏。笔刷尺寸和笔刷透明度配合笔刷、涂抹工具和橡皮使用，功能是调整大小和透明度；功能键需要设置，配合触控笔和手势使用；撤销与重做这两个按键基本用不上，在 Procreate 中通过手势操作更方便，其中二指双击画布可撤销，三指双击画布可重做。

三、图形处理区

Procreate 界面左上角是一条由图库、操作面板、调整面板、选取工具和变形工具组成的工具栏，这些工具可实现的操作就基本跳脱了传统绘画的范畴，而是数字绘画所特有，它能极大地提高我们的工作效率。

1. 图库

“图库”是返回画廊空间的按键。

2. 操作面板

操作面板主要承担了系统、画布、工具设置以及文件导入、导出的工作。

1）添加与分享

可以通过操作面板的按钮添加文件或者照片，也可以通过拖拽添加。添加和分享支持 PNG、JPEG、PSD、MP4、动态 GIF 等格式的图片和视频文件。如果只是需要导出图层，可以长按图层文件，将其拖拽到指定的存储位置，这个时候可以使用 iOS 的分屏功能，更加方便。通过拖拽方式保存的文件为默认格式，若要更改，可在“操作面板—帮助—高级设置—页面”最下端设置。

Procreate 5X 中新增了私人文件和私人照片功能，将导入的文件和照片设置为私人属性，在录制缩时视频时便不会显示出设置方式。在导入文件、照片和拍照时，手指向左边滑动，可以出现“插入私人文件”“插入私人照片”“拍摄私人照片”字样，点击即可将导入的相关文件设置为私人属性（图 3-2-3）。

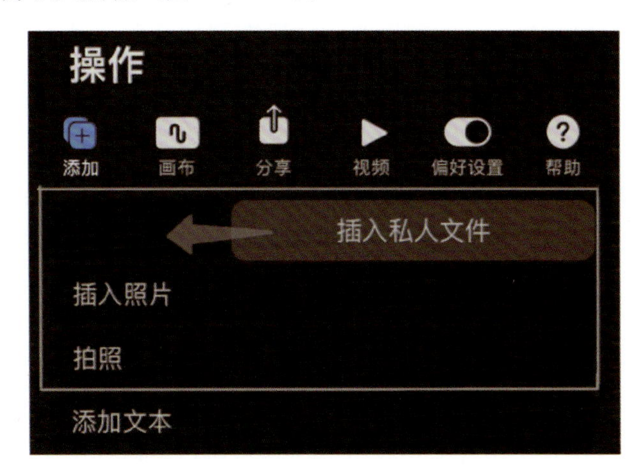

图 3-2-3　Procreate 插入私人文件操作

2）画布

点击“画布”，可获取正在工作的画布信息，对画布进行裁剪并调整其大小（图 3-2-4）。

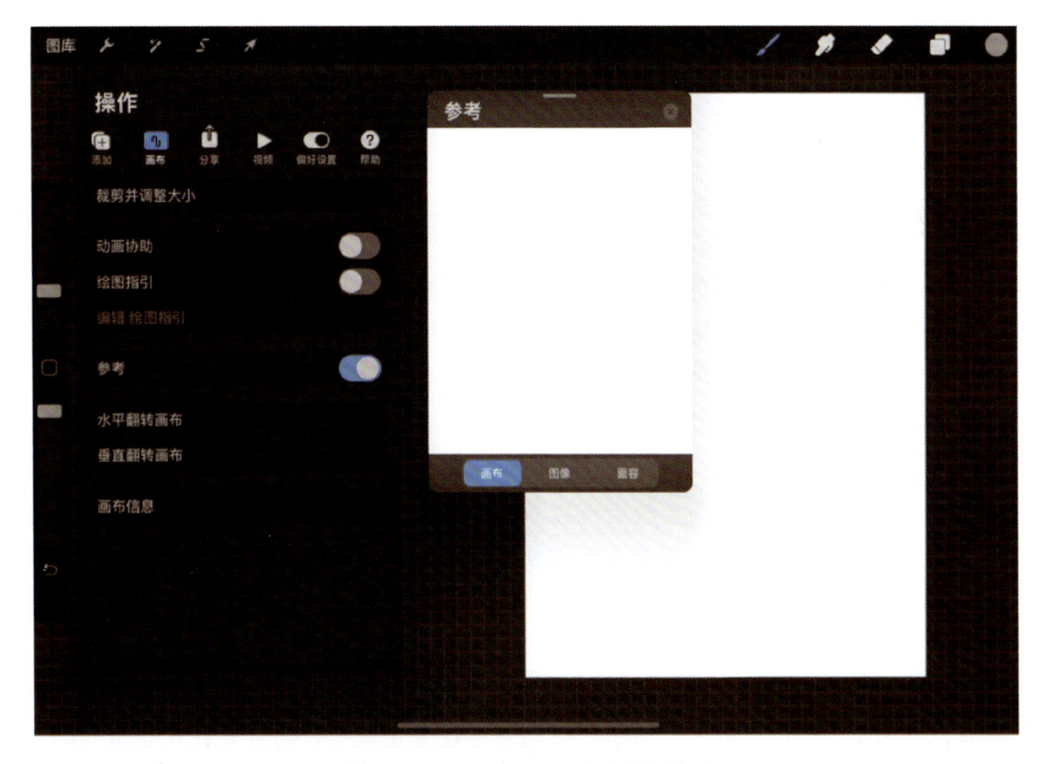

图 3-2-4　Procreate“画布”界面

下方的“水平翻转画布”和“垂直翻转画布”一般较少点击，这两种操作可通过快捷方式来实现，具体做法将在本章第八节“速选菜单”里一起讲。

“动画协助”是 Procreate 5.0 的新功能，可协助制作逐帧动画，十分有趣，因篇幅有限，这里不作展开，有兴趣的读者可以通过官方指导学习了解。“绘图指引”很重要，将在本章第五节单独讲解。

“参考”窗口是 Procreate 5X 的新功能，提供画布监视器、参考图像、面容参考（需要深度摄像头，如果不支持，这里不会显示出来）这三种参考选项。画布监视器是画布的缩放图，可以移动和放大画面，用于监视绘画整体和细节；参考图像可用于导入图册里的图像，为绘画提供参考；面容参考可以用来制作面部彩绘。

3）视频

它是缩时视频的录制开关，还有回放和导出操作。

4）偏好设置

后面会结合手势操作具体介绍手势控制的内容，在这个面板里要注意画笔光标和编辑压力曲线。打开画笔光标，在进行绘画的时候可以看到你所使用的笔刷形状和大小，如果看不到，要点击“笔刷—画笔工作室—属性”，把“对准屏幕”选项关闭；如果还看不到，可能因为此笔刷就没有画笔光标。如果你觉得 Apple Pencil 的压感不合适，可以通过编辑压力曲线来调节其灵敏度，简单点的操作就是：曲线往上拉，Apple Pencil 变敏感；曲线往下拉，Apple Pencil 变迟钝。

5）帮助

“帮助”中主要有高级设置（Procreate 在 iOS 里的一些设置）和官方使用手册（需要联网）。

3. 调整面板

调整面板主要用于图层和选区的颜色处理、模糊处理和画面艺术处理，另外还有好玩的液化功能和克隆（仿制图章）功能。

进行颜色处理的选项有“色相、饱和度、亮度”“颜色平衡”“曲线”“渐变映射”。颜色处理很好玩也很方便，在换宝石和金属颜色时经常用到，“曲线”用得相对多。

进行模糊处理的选项有“高斯模糊”“动态模糊”“透视模糊”。

进行画面艺术处理的选项有“杂色”“锐化”“泛光”“故障艺术”“半色调”“色像差”。

4. 选取工具

选取，就是在图层上画圈圈，然后可以单独对这个圈圈范围内的内容进行操作。圈圈可以是方的、椭圆的，也可以是随意手绘的图形，还可以自动选取（类似 Photoshop 里的魔术棒）。图层可以是单图层，也可以是多图层。选取工具的使用，将在本章第五节“选取工具”中详细说明。

5. 变形工具

变形，就是对目标进行放大、缩小、移动、形状变化操作，通常先使用选取工具来圈定变形目标，如果不框选圈定，就默认为对整个图层的所有画面最大边界进行操作。

工作界面的介绍大致如此，Procreate 所具备的功能也基本在这里。自然绘画区比较好理解，与传统绘画类似；对于没有接触过 Photoshop 这类图像处理软件的人来说，

图 3-2-2左上角针对数字绘画的操作可能相对陌生。其实都不难，通过后续的讲解和练习，聪明的你一下子就可以掌握了，学会这些，基本上就把 Photoshop 学得差不多了，反过来也可以在电脑里处理图像，一举两得。

第三节　把 iPad 变成手绘本：笔刷与调色盘

一、笔刷

笔刷对于数字绘画来说是相当重要的，正是这些模拟出来的各种电子笔刷让我们可以用一根触控笔去画油画、素描、水彩等，还可以去创造一些传统绘画很难画得出来的作品。

笔刷有点像图章集合，它是由许多小颗粒的图形组成的。Procreate 提供详尽的笔刷参数，可以在笔刷控制面板中对其进行调整，以得到不同的笔触形态。如果需要特殊笔刷，也可以自己创建，这是 Procreate 受人喜欢和发展迅速的原因之一。

1. 常用笔刷和基本使用方式

点一下“笔刷”按钮，可以看到一个画笔库，左边是笔刷集，每一个笔刷集里包含多个笔刷，右边是笔刷对应的笔触形态，只要点击对应按钮就可以使用（图 3-3-1）。笔刷集就是笔刷的分类合集，除了默认的，还可以通过右上角的“+”新建笔刷集。

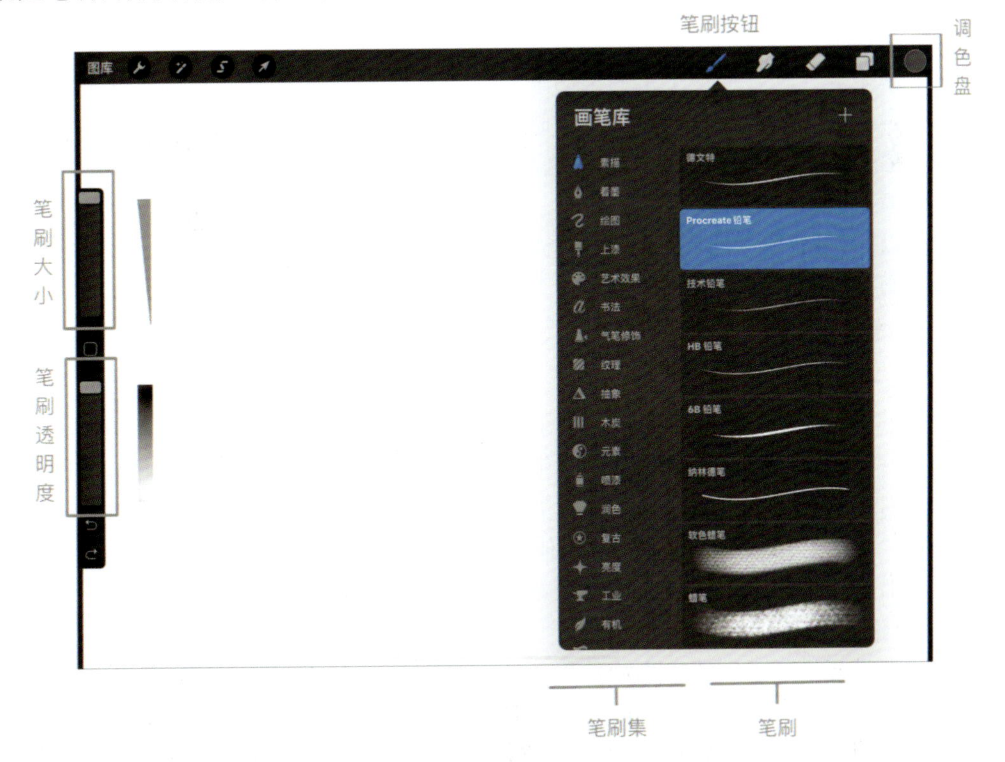

图 3-3-1　Procreate 笔刷相关模块示意图

图 3-3-2 展示了珠宝设计稿绘画常用笔刷，这些都是 Procreate 默认自带的，在笔刷的右侧指示笔刷的位置，比如铅笔就在“素描”这个笔刷集中，后面“草稿”的意思是铅笔适合在画草稿的时候使用，以此类推。

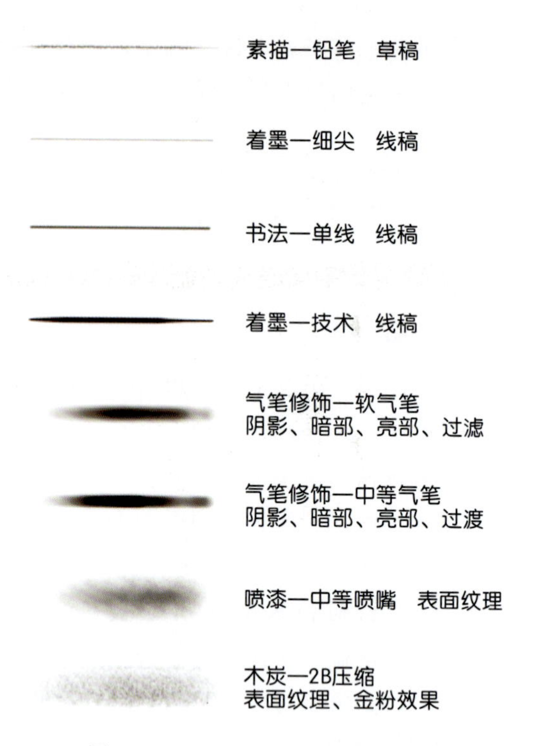

图 3-3-2 Procreate 常用笔刷

(1) 素描—铅笔（包括 Procreate 铅笔、6B 铅笔、2B 铅笔）。铅笔是设计师最熟悉的画图工具，根据自身习惯选择合适的就可以，常用于打草稿，用铅笔打草稿有利于发散思维。

(2) 着墨—细尖、书法—单线。这两个笔刷默认尾部没有锥度，大小不会变化，其中“细尖”笔触较细，“单线”笔触较粗，常用于勾勒线稿。

(3) 着墨—技术。这种笔刷在使用时，随着笔尖用力会有压感变化，尾部带锥度，也常用于勾勒线稿，优点是接线容易、线条柔和。

(4) 气笔修饰。图 3-3-2 中虽然只提及软气笔和中等气笔，但这个笔刷集的笔刷都是可以经常拿出来使用的，气笔的优点在于边缘虚化，叠色过渡自然，可以用来画暗部、亮部和阴影等，效果奇佳。

(5) 喷漆—中等、木炭—2B 压缩。这两个笔刷在所属笔刷集中颗粒度适中，可以用来绘制金粉和喷砂效果。

现在可以结合图 3-3-1 中左边的笔刷大小、笔刷透明度调节条和右上角的调色盘，自己练习笔刷手感。可以测试笔刷大小、笔刷形状，并使用不同力度来测试压力对笔刷的影响。你完全可以把 iPad 当成纸张，在纸上如何绘画，在 iPad 上亦然。

2. 画笔工作室

笔刷处于蓝色状态时，对它进行点击，就会出现“画笔工作室”。这是 Procreate 的一个宝藏之地，我们使用的笔刷就是通过画笔工作室来制作的，也可以通过画笔工作室来调整所需的笔刷性能。其功能和作用将在第五章中进行详细讲解，目前我们只需要关注画笔工作室里的“描边路径”和“锥度”。其他调节选项使用率相对较低，可根据自身需要尝试，大部分都是拖拉调节，调节后可以在右边的绘图板上测试效果。

1) 描边路径

描边路径，就是笔刷的绘画路径，其中最常用的属性是“流线”（图 3-3-3）。人们在学画初期，基本都会被要求练习排线，目的就是学习控制线条的粗细和方向，让你画的线不要歪歪扭扭。而“流线”属性对线条走向起控制修正作用。“流线”数值开得越高，对线条的控制力度就越大，但是“流线”不是开得越大越好，需要根据当时所需去调整数值。

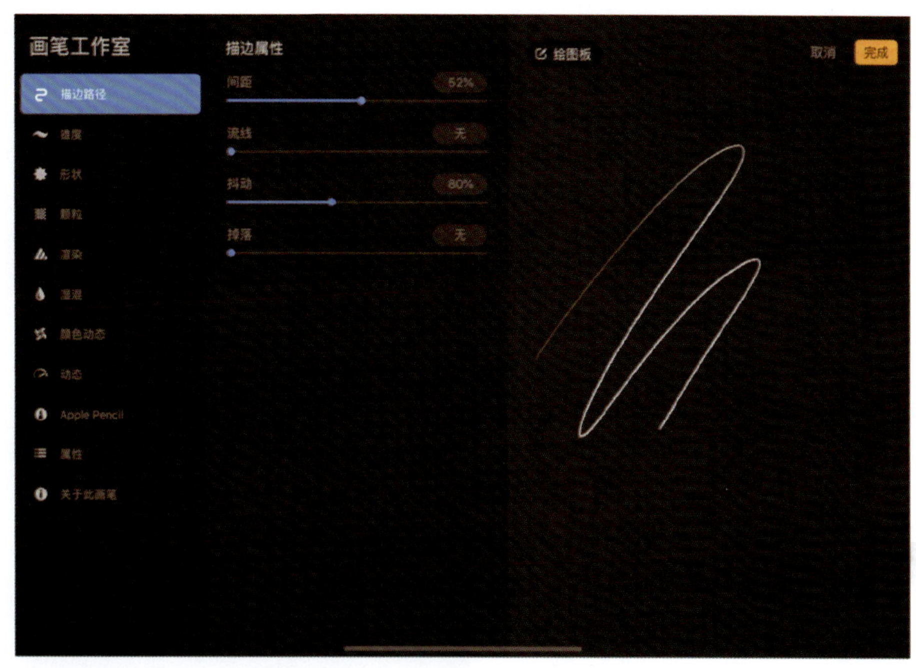

图 3－3－3　“描边路径”参数设置界面

2）锥度

一些画作中需要对笔刷末端进行调整，就会用到“锥度”。“锥度”的参数设置在控制面板里描述得比较简单明了，可以自行调试（图 3－3－4）。

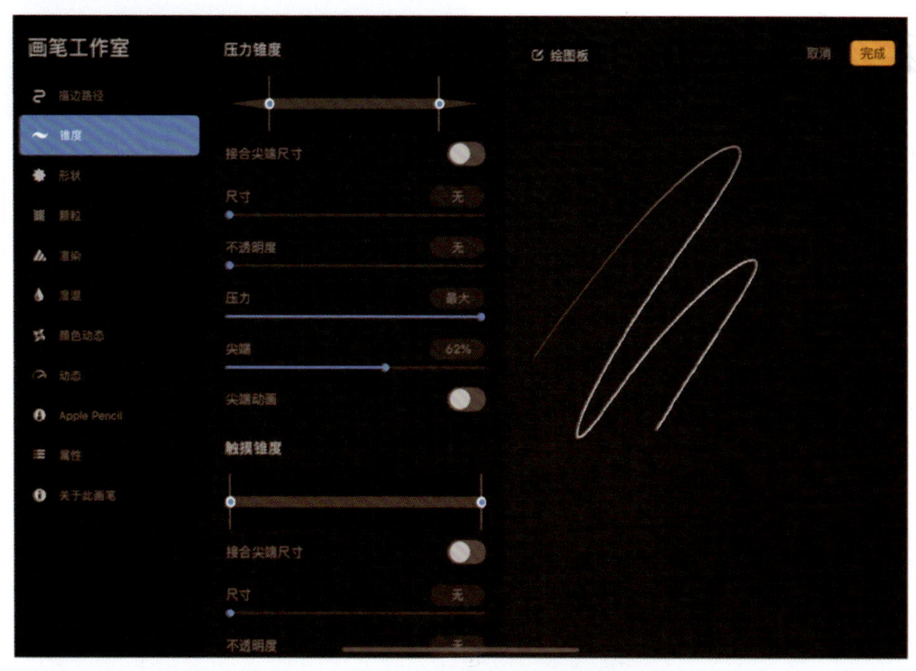

图 3－3－4　“锥度”参数设置界面

3. 笔刷导入、导出（分享）、复制

1）笔刷导入、导出（分享）

除了可以创建笔刷，Procreate 也允许导入、导出（分享）笔刷，这意味着可以分享笔刷给别人和使用他人创作的笔刷。一个好的笔刷就是一个好的工具，可以让你快速地达到目的，比如有了宝石笔刷，便可以瞬间画出想要的宝石。但笔刷在带来便利的同时也容易使人变得懒惰，若不明白笔刷的原理，基本功不扎实，建议不要大量使用便捷笔刷。

Procreate 笔刷导入的方式有两种：一种是打开笔刷文件的时候选择 Procreate 打开就可以导入；另一种是使用 iOS 的分屏功能，长按笔刷，将其拖入 Procreate 里。

Procreate 笔刷导出的方式也有两种：一种是向左滑拉笔刷，点击“分享”按钮，可以用自己需要的方式将笔刷分享出去（图 3-3-5）；另一种也是使用 iOS 的分屏功能，长按笔刷，将其拖放到目的地。

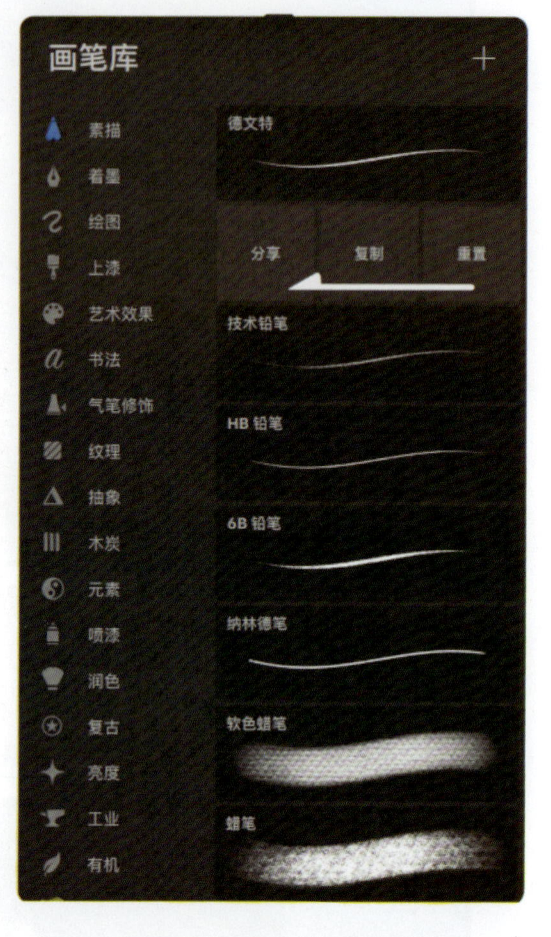

图 3-3-5　Procreate 笔刷导出

Procreate 的笔刷格式为 xx. brush，只要是支持 brush 格式的软件都可以导入这个笔刷，如图 3-3-6 所示。

钻石笔刷.brush

图 3-3-6　Procreate 笔刷格式

2）笔刷复制

在移动笔刷和对笔刷有重大且无把握的调整之前，都可以复制一份笔刷，在复制的笔刷上进行调整。只要向左滑拉笔刷，就可以看到“复制”选项，点击“复制”后可以看到两个一样的笔刷，这个复制的笔刷在右上角会有一个笔刷的符号。可以新建一个笔刷集，将常用的笔刷复制一份放到这里，就不用经常去翻各个笔刷集来找笔刷。具体做法：新建笔刷集—找到笔刷—向左滑拉—复制笔刷—长按笔刷—拖到新的笔刷集里。

4. 组合笔刷

Procreate 还允许使用组合笔刷，就是把两个笔刷合并成一个新的笔刷。它同时具备两个笔刷的特性，也可单独调整，很强大，但使用得比较少，详细的操作手法可参考 Procreate 官方使用手册中的“画笔—混制笔刷”章节。制作组合笔刷的时候记得使用复制的笔刷去合成。

二、调色盘

调色盘即取色、调色区，在 Procreate 调色盘中可以找到数字绘画里能用到的几乎所有的色彩调取方式，总有一款适合你。此外，调色板（色卡）也是 Procreate 所特有的，凭借笔刷和调色板（色卡）的制作、分享机制，Procreate 吸引了大量用户。

1. 调色盘界面

点击主界面右上角的调色盘，就会弹出调色盘的操作界面（图 3-3-7），区域分布如下。

图 3-3-7 Procreate 调色盘界面

1）主颜色、辅助颜色

画笔颜色为单色时使用的就是主颜色，当辅助颜色启用时，Procreate 可以将画笔设置为多色，比如带描边色的画笔，在“画笔工作室”的“颜色动态”选项中可以看到各种辅助颜色的设置。

2）调色类型显示

这部分显示现在使用的取色方式。

3）颜色历史

颜色历史会显示最近使用的 10 个颜色。

4）默认色卡

可以在调色板里将某一个色卡设为默认色卡，默认色卡会显示在调色盘界面的下端。

5）调色分类选择按钮

调色分类有色盘、经典、色彩调和、值和调色板五个选择按钮，可以点击选择自己需要的调色方式。

调色盘面板上端中间有一个白色小条，长按它可以在画面上移动调色盘，将其挪到自己习惯的位置。

另外介绍一下吸管工具，它可对画面进行取色操作。调色盘里没有吸管这个图标，需要通过设置调用，设置路径为：操作—偏好设置—手势控制—吸管（图 3－3－8）。

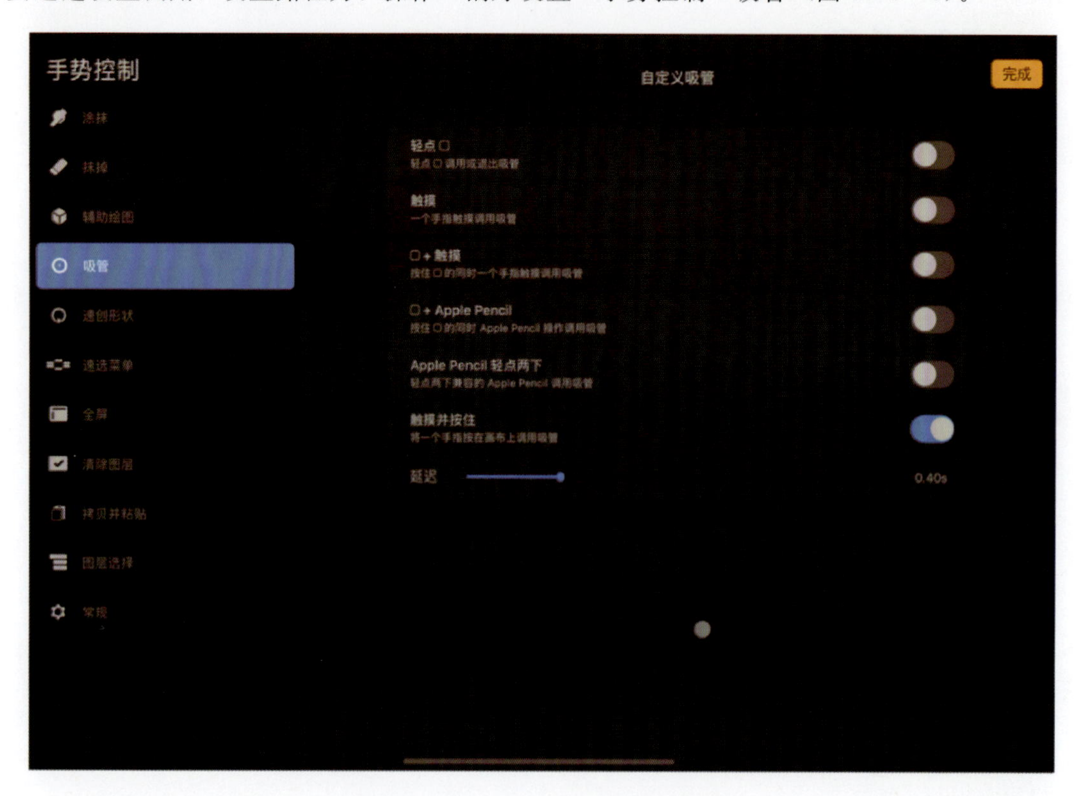

图 3－3－8　Procreate 吸管设置界面

Procreate 默认用手指按住画面需要取色的区域，会显示一个放大圆圈，在画布上滑动圆圈可获取需要的颜色，松开手指颜色即被选定并显示在操作界面右上角的调色盘图标上（图 3－3－9）。用手指或者触控笔长按调色盘图标，可以把颜色设置为上一个使用的颜色。

2. 调色分类

1）色盘

在调色盘界面中，点击下方“色盘”按钮，会出现如图 3－3－10 所示界面。

色盘的外圈为色轮，可以选择色相。内圈用来调节饱和度和亮度，一般来说，饱和度看横向，越靠右边，饱和度越高；亮度看纵向，越靠上边，亮度越高。

2）经典选色器

在调色盘界面中，点击下方“经典”按钮，会出现经典选色器（图 3－3－11）。

图 3－3－9　Procreate 吸色过程示意图

图 3－3－10　色盘界面

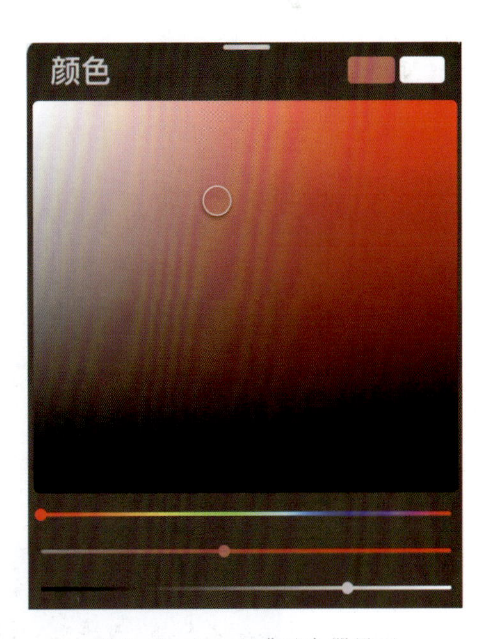

图 3－3－11　经典选色器界面

即采用经典的色相、饱和度、亮度对颜色进行调节。

经典选色器和色盘类似，只是既可以在方格里调整饱和度和亮度，也可以使用滑条来设置。

3）色彩调和

在调色盘界面中，点击下方“色彩调和”按钮，可弹出如图3－3－12所示界面。圆盘为配色色盘，可以调整颜色的色相和饱和度，下方滑条调节亮度，配色色盘上显示有大圆和小圆，大圆显示操作者选取的颜色，小圆显示推荐配色。

图3－3－12　色彩调和界面

色彩调和是指根据一定的色彩理论来辅助取色，提供互补、补色分割、近似、三等分、矩形五种配色方式（图3－3－13）。

互补，即两种颜色对比强烈，视觉冲击力大；补色分割，颜色对比较强，但又不会过激；近似，颜色过渡柔和，给人平静舒适

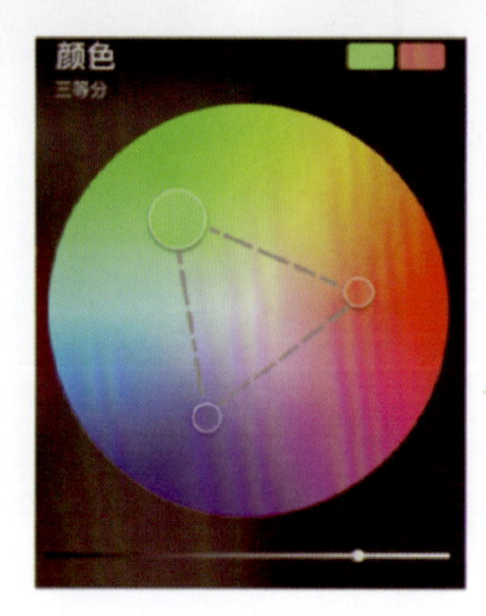

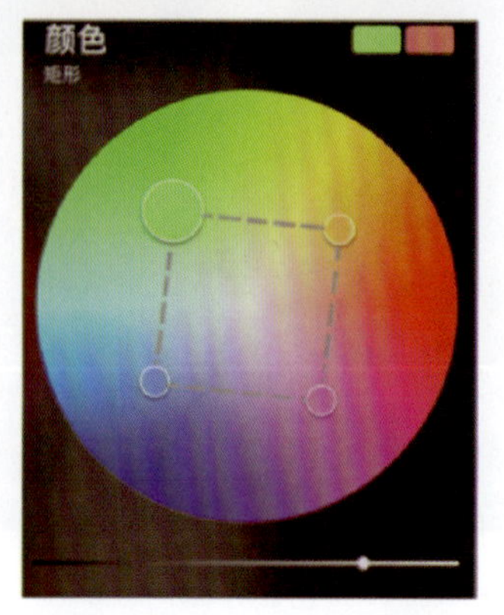

图3－3－13　色彩调和种类

的感觉，大部分人比较喜欢这种配色；三等分和矩形取色都有较好的色彩对比效果，画面比较活泼，一般以其中一个颜色为画面主色调，其他为辅色。

4）值

在调色盘界面中，点击下方的“值”按钮，可出现如图 3－3－14 所示界面。

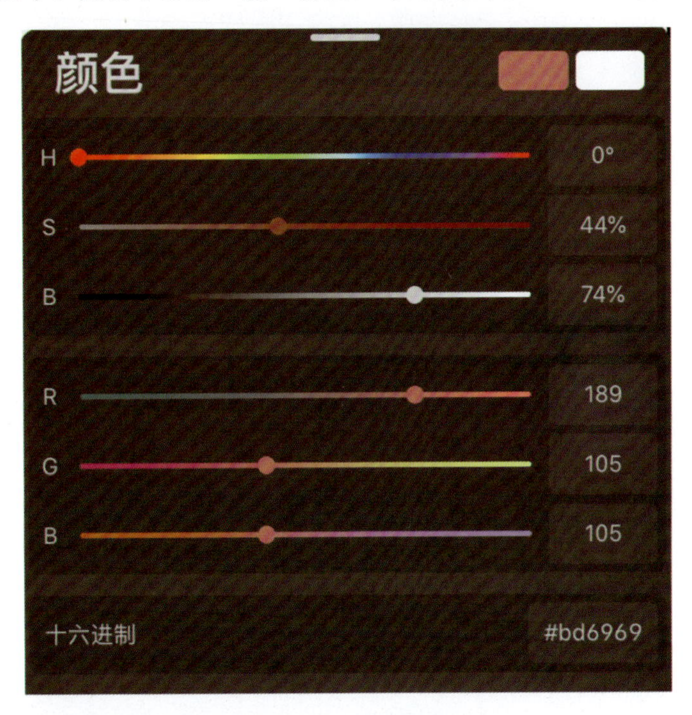

图 3－3－14 值界面

这种调色类型是利用色相（H）、饱和度（S）、亮度（B）和红（R）、绿（G）、蓝（B）的数值来设置颜色，达到精准取色。也可以输入十六进制数值设置颜色，可以配合第三方的配色软件使用。

5）调色板

在调色盘界面下方，点击“调色板”按钮，可出现如图 3－3－15 所示界面。

在调色板界面可以看到由多种色块组成的颜色组，Procreate 中将这些色块定义为色卡，而将一组色卡称为一个调色板。但在日常使用时，大家也常称这一组色块为色卡，可以将两者视为同一物。

调色板（色卡）可以用来控制整体色调的冷暖、色调的过渡等，使画面颜色风格符合预期。平时如果看到配色很精彩的图像也可以将其主要颜色制作成调色板供自己使用。

（1）调色板（色卡）制作

在 Procreate 5X 中制作调色板非常方便，点击调色板右上角的“＋”即可创建新的调色板。软件提供四种创建方式，分别为创建新调色板、从“相机”新建、从“文件”新建和从“照片”新建（图 3－3－16）。

其中，创建新调色板后，在空白方格中点击一下，此方格会自动换成调色盘上的当前

图 3-3-15　调色板界面

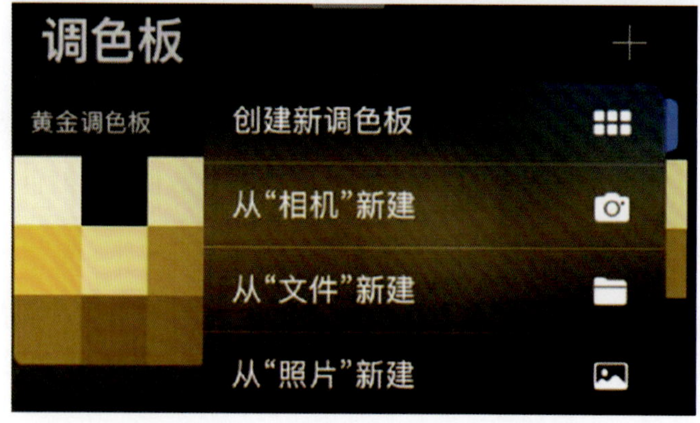

图 3-3-16　调色板（色卡）创建方式

色，重复此动作可以添加不同的色块。

从“相机”新建调色板还可细分为两种取样方式，分别为“视觉”（图 3-3-17）和“已索引”（图 3-3-18）。

“视觉”这种取样方式类似于将相机里的画面模糊放大后来采集调色板上的颜色，从图 3-3-17 中可以看到，调色板的取色和背后图片相机中的画面形状是对得上的。如果使用“已索引”，则是对整个画面所有的颜色进行分析采集。

图 3-3-17 “视觉”取样方式

图 3-3-18 “已索引”取样方式

从“文件”新建和从“照片”新建都是对导入的文件和照片进行色彩分析，然后将颜色提取生成调色板。

除 Procreate 自带的调色板生成器外，在第二章第二节提过的“色采”“查色”“色卡”也是可以用来制作色卡和配色的优秀辅助软件。

（2）调色板（色卡）的导入、导出（分享）、复制

调色板（色卡）的导入和导出（分享）与笔刷相似，导入可以使用 Procreate 打开色卡文件，也可以直接将文件拖拽进 Procreate；导出（分享）则是将调色板（色卡）往左滑拉，可以看到“分享”按钮，然后进行分享操作。

调色板（色卡）文件类型为 xx. swatches（图 3-3-19），同时 Procreate 5X 还支持 Adobe ACO 和 ASE 调色板。

黄金调色板.swatches

图 3-3-19 调色板（色卡）文件类型

到这里为止，我们已经学习了 Procreate 的笔刷、涂抹工具、橡皮和调色盘，理论上已经获取了传统纸上绘画的基本工具，可以将 iPad 当成纸张开展传统手绘工作，大家可以花点时间随意练习，熟悉笔刷使用和颜色调用的过程。

下一节我们将进行数字绘画超越纸张的技能学习，这些才是数字绘画的价值所在。换句话说，我们将提高绘画效率，从“国道”驶入“高速公路”。

第四节 比纸张绘画高级一点的：速创形状和色彩快填

一、速创形状

如果要在纸上画正圆，仅仅用笔很难办到，往往需要借助圆规和带圆孔的尺子（尺寸有限制）。使用 Procreate 就不用这么麻烦，一个从来没有接触过绘画的人，只要拿起触控笔按以下方式简单操作即可实现。

用触控笔在图层上画一个接近圆的圈，然后在圆圈闭合处将笔停留一会儿，就会发现

你的图形被修正了。这个时候可能是个椭圆，同时工作界面上方有“编辑”字样，点击一下，就可以在里面选择圆形或者其他你想要的形状（图 3-4-1）。

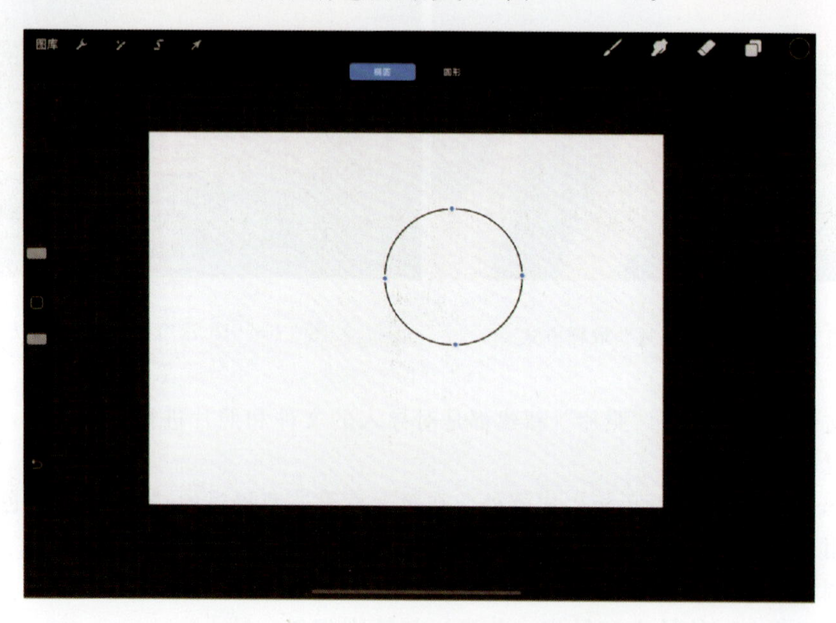

图 3-4-1　“速创形状”编辑图形界面

当然，如果你画的圈离圆实在太远，可能就只能选到椭圆（图 3-4-2）或者线。不过在编辑模式下，你画的图形周边会有小蓝点，可以通过它来调整图形的形状（图 3-4-3）。

图 3-4-2　点击“编辑”后只出现椭圆　　图 3-4-3　在编辑图形界面调节形状

如果还是担心不够圆，还有一个办法，就是画圆的时候，触控笔在圆闭合处长按，待出现修正图形后，先别松开笔，用另外一只手的手指在画布上点一下，就能看到椭圆被修正成正圆，这也是 Procreate 手势配合操作的实用技能之一。

所以初学者在 Procreate 里徒手就能画圆，除了圆，还可以画正方形、矩形、三角形、菱形等规则图形。这个用笔画一个粗胚加上末端长按得到修正图形的操作方式在 Procreate 叫作“速创形状”。有了“速创形状”，画一些规则图样就能简单上手。

如果觉得这种操作方式不符合你的使用习惯，也可以通过“操作—偏好设置—手势控制—速创形状”路径去调整调用方式，建议采用默认设置（图 3-4-4）。

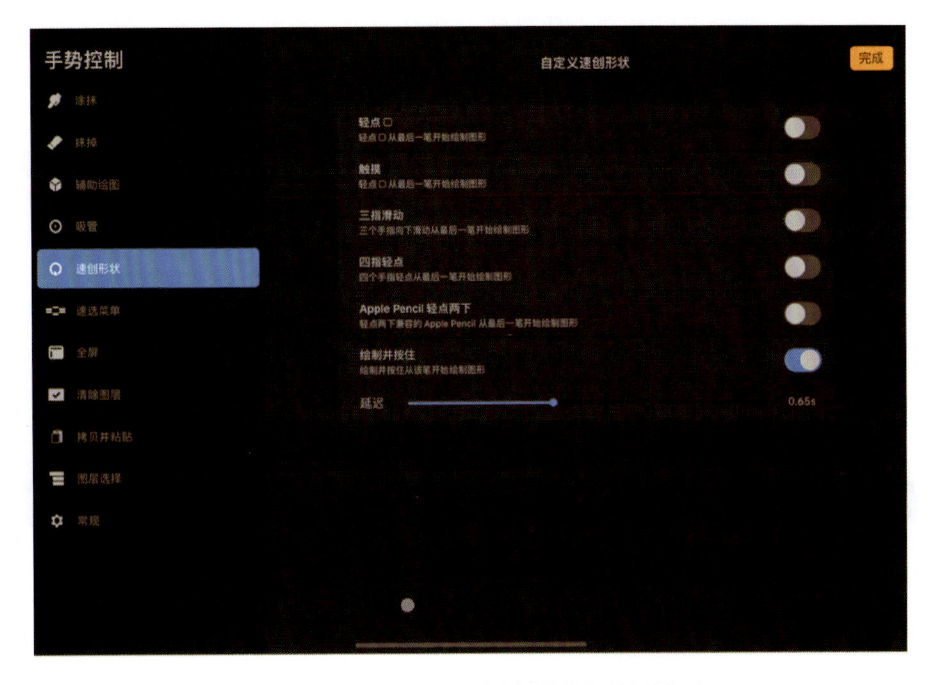

图 3-4-4　Procreate“速创形状”设置界面

练习：

1. 画不同的图形并编辑。
2. 配合手势画标准图形。
3. 使用不同笔刷画不同图形。

二、色彩快填

如果要在纸上给图形填满颜色，不管是用水粉笔、彩色铅笔还是马克笔，在涂到边缘时都要小心翼翼，整体也很难涂得均匀。而在 Procreate 中，这种绘画需求可通过“色彩快填”功能来满足。

Procreate“色彩快填”用起来的感觉，就像你去调色盘舀一勺颜色，往桶里一倒，它自己就把桶填满，桶是什么形状，填出来就是什么形状。

实际操作是，用触控笔或手指轻压调色盘获取颜色，然后将颜色拉到画布中，慢慢拖到你要填充的位置，停留一会儿，颜色就会填充到目标区域。在调色盘获取颜色的时候，只要保证触控笔不离开屏幕，将颜色轻拉出来即可，切记不要长按，否则会让 Procreate 认为你需要调用上一个使用的颜色。

Procreate 5X 还支持从调色板中拖色卡上的颜色去进行填充，这个功能叫作“色卡快填”。这种操作的好处是没有改变当前的笔刷颜色，不会使绘画中断。

“色彩快填”的填充逻辑是，Procreate会通过颜色对比的差别来判定你需要的填充边界，然后将边界内的区域填满颜色。填充时，将颜色放到要填充的区域后，停上一会儿，该区域就会被填满，然后可以看到工作界面上会有一个蓝条和一行字：“色彩快填阈值××%”。这个时候左右横拉触控笔，这个阈值就会降低或提高，观察图3-4-5和图3-4-6，当阈值最高时填充的区域就从圆内变成了整个画面。这是为什么？

图3-4-5 “色彩快填”阈值较低时　　图3-4-6 “色彩快填”阈值最高时

填充其实就是覆盖，填充的边界是通过颜色相近度对比来判定的。“色彩快填”阈值越低，判定需要覆盖的颜色取色范围就越小，越偏向单一色；随着阈值的提高，会判定取色范围也需要扩大，就会把相近色也包含进来，到最后，可能看起来一点都不相近的颜色也被囊括。

图3-4-6中，阈值达到100%，因而把圆边的灰色也一起包含进需要填充的取色范围里，Procreate得到的指示是要填充白色和灰色，所以整个画面都被覆盖。

在使用Procreate“色彩快填”功能时，如果需要填充的区域和边框的颜色对比度较大，一般将填充颜色拉过去就能顺利填充；如果填充的目标区域和周边颜色比较相近，就需要往左拉触控笔以降低“色彩快填”阈值、缩小取色范围，最后得到我们需要的填充结果。

有时候还会发生下面的情况：明明外框和需要填充的圆形区域颜色对比度很高，但填充后颜色还是溢出边界（图3-4-7、图3-4-8），为什么？

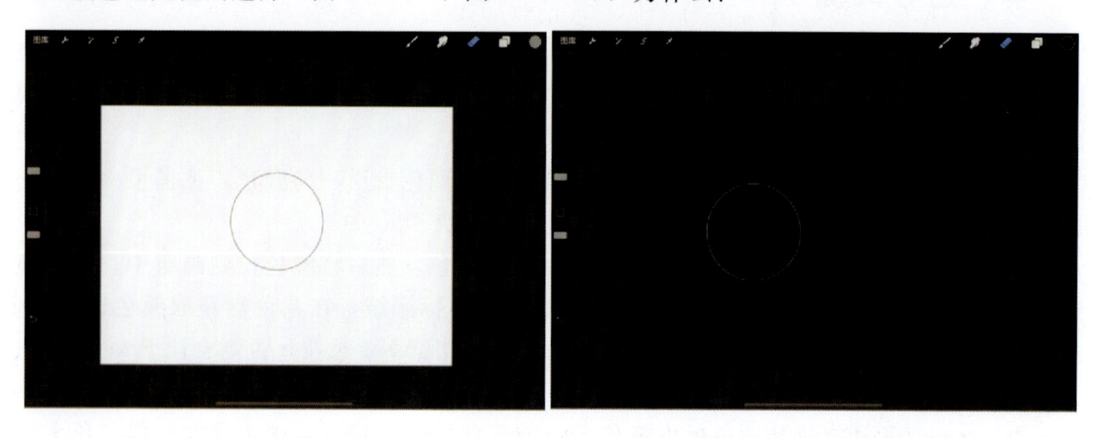

图3-4-7 在画布中画好一个圆　　图3-4-8 填充结果

这种情况一般都是因为图形的边界没有真正封闭（图 3-4-9），就像颜色桶漏了，里面的颜色和外面的连成一片，Procreate 得到的指令是把白色区域覆盖成黑色，所以里里外外都变成了黑色。此时只要将缺口补上就可以正常操作。

这个问题在绘制复杂图形时常常会发生，遇到的时候检查一下边缘即可。

速创形状和色彩快填是基于绘画者的使用习惯开发的功能，在应用 Procreate 软件时经常会用到，刚刚接触可能会有点不太习惯，可以重复练习一下再进入下面的学习环节，只要熟练掌握，绘画效率就会大幅提高。正因为有这种便利的操作，很多原先害怕自己画不好的人，也愿意尝试用绘画来表达自己的情感和想法，这不失为一件好事。

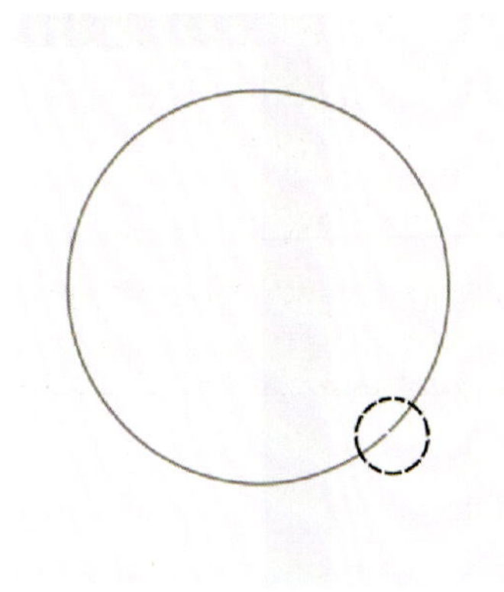

图 3-4-9 边界未闭合

练习：

1. 画一个圆。
2. 给圆填充颜色。
3. 选择不同颜色进行填充练习。

第五节 数字绘画三大助手：选取工具、变形工具、绘图指引和辅助绘图

一、选取工具

选取工具就是圈选工具，将你想要更改的画面内容选取出来，然后可以进行变形、填充、编辑等操作。它默认针对当前图层，也可以在图层面板里选择多个图层进行操作。

可以先在 Procreate 中画一个圆并将其填充（图 3-5-1），然后跟着下面的操作来完成学习内容。

点击图 3-5-1 中左上角的“S”形图标，就可以进入选取工具的操作面板，可以看到 Procreate 提供自动、手绘、矩形和椭圆四种选取模式（图 3-5-2）。

1. 自动选取

使用自动选取模式，就像使用 Photoshop 的魔术棒工具，前面所讲的“色彩快填”就可以理解为，先用自动选取工具选择颜色，之后将新的颜色覆盖到原来的颜色上。选取工具选择自动模式后，可以在需要选取的颜色区域点击一下，然后左右滑动屏幕调整取色阈值。阈值越低，选的颜色区域就越小；阈值越高，选的颜色区域就越大，如图 3-5-3 所示。

在选取工具的下方还有一个工具栏，可进行添加、移除、反转、拷贝并粘贴、羽化、

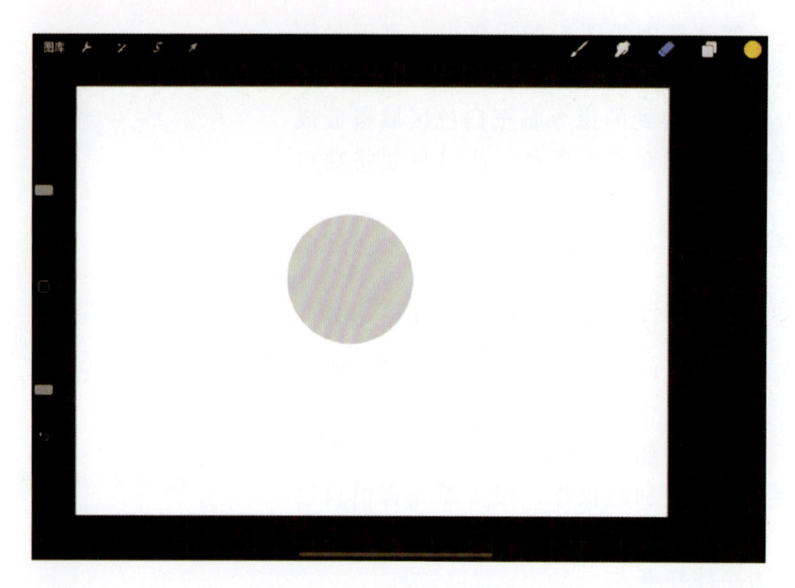

图 3－5－1　画圆并填充颜色

图 3－5－2　选取模式

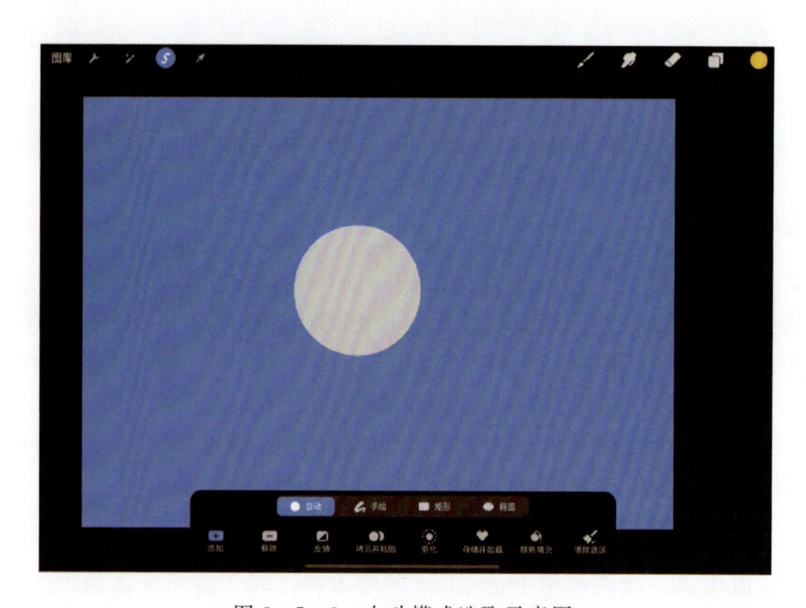

图 3－5－3　自动模式选取示意图

存储并加载、颜色填充和清除选区操作（图 3－5－4）。这个工具栏是针对选取的附加编辑工具，亮白色为当前可选状态，暗灰色为当前不可选状态。

图 3-5-4 选取工具工具栏

添加：允许在当前选区基础上继续添加选区。

移除：允许在当前选区基础上，选取需要去除的区域，将其从当前选区中移除。

反转：反转选区，选取画布当前选区外的区域。

拷贝并粘贴：拷贝当前选区，新建一个图层，粘贴选区里的画面。

羽化：模糊选区边缘，可以调节羽化范围。

存储并加载：将当前选区的轮廓存储起来，之后可以选取存储的选区范围使用。

颜色填充：对选区进行颜色填充，可以通过改变调色盘的颜色来改变选区的颜色（图3-5-5）。

图 3-5-5 颜色填充

清除选区：指将现在的选区清除，注意不是清除选区里的内容。

2. 手绘选取

手绘选取，就是自由选取，可以任意选定需要的范围，注意画面上选区的那个灰色点，在重新点击一下那个点之前，选区为不封闭选区，可以继续添加选取内容（图 3-5-6）。当添加结束，再次点击灰色点，选区封闭。如果在选取过程中进行别的操作，如进行选区变形，软件就会自动封闭选区。

图 3-5-6　手绘选取示意图

3. 矩形选取

矩形选取，就是用矩形进行框选，确定选区，如图 3-5-7 所示。

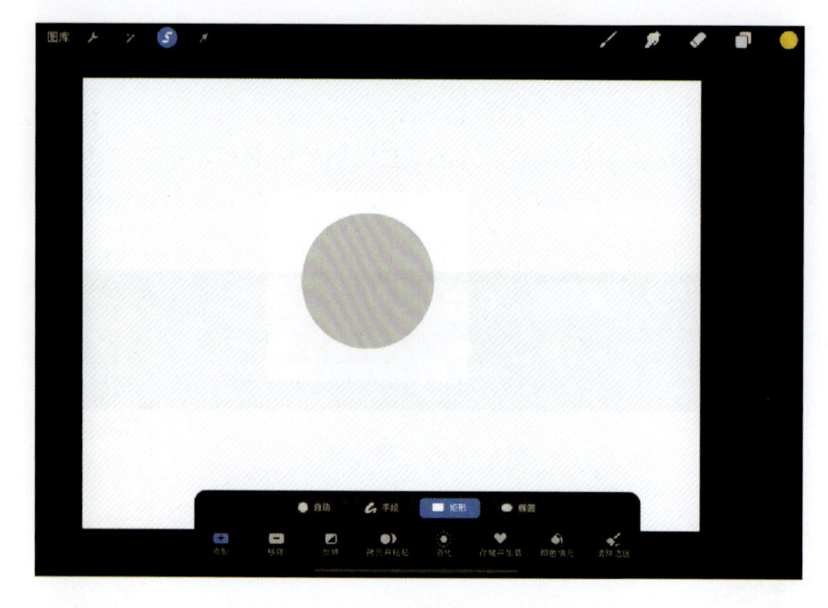

图 3-5-7　矩形选取示意图

4. 椭圆选取

椭圆选取，就是用椭圆（包括圆形）进行框选，确定选区，如图 3-5-8 所示。

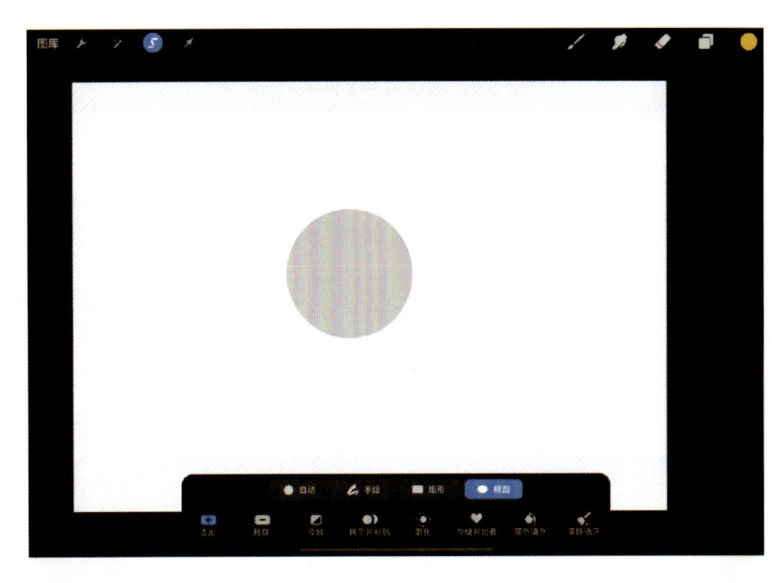

图 3－5－8　椭圆选取示意图

二、变形工具

变形工具通常是和选取工具配合使用的，先选取需要更改的区域，再通过变形工具来变更所选区域内容的形状、移动或翻转所选内容。如果没有使用选取工具，则默认选取当前图层的全部内容。也可以选定多个图层，进行多图层操作。变形工具提供四种变形方式：自由变换、等比、扭曲、弯曲。

和学习选取工具一样，让我们一起新建一个图层，画一个圆，然后进行颜色填充。

点击左上角箭头形图标，就可以进入变形工具的操作面板，看到自由变换、等比、扭曲和弯曲四种变形模式（图 3－5－9、图 3－5－10）。在这里，我们没有使用选取工具，但

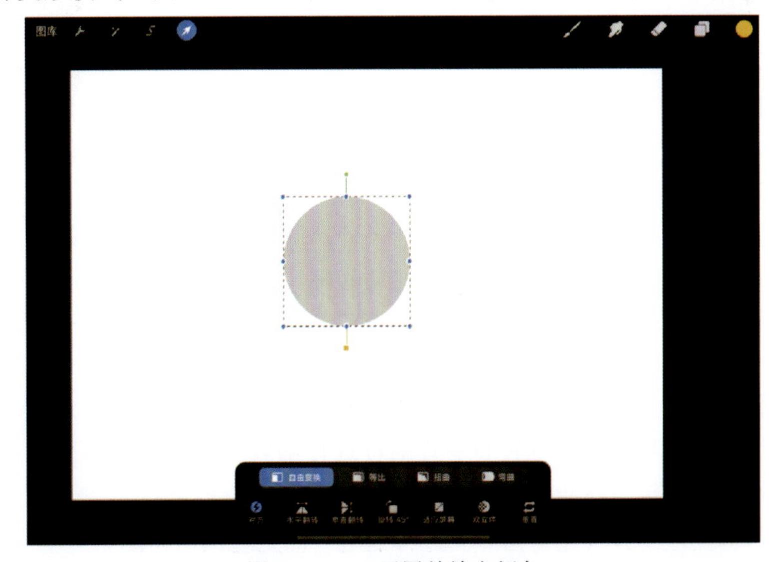

图 3－5－9　画圆并填充颜色

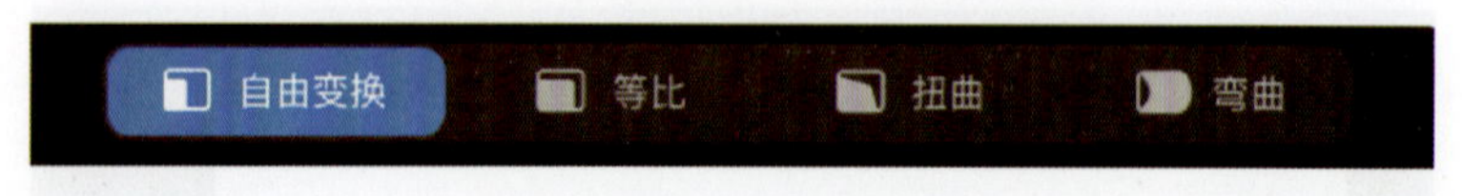

图 3-5-10　变形模式

因为整个图层只有画面里的这个圆，所以 Procreate 会自动地将这个圆选取出来。如果画面里有两个圆，就会自动选取两个。

1. 自由变换

启动变形工具后，可以看到选区周边有虚线和小蓝点，此外还有一小段带绿点的绿色线和带橙色小方块的橙色线（Procreate 5X 才有），如图 3-5-11 所示。

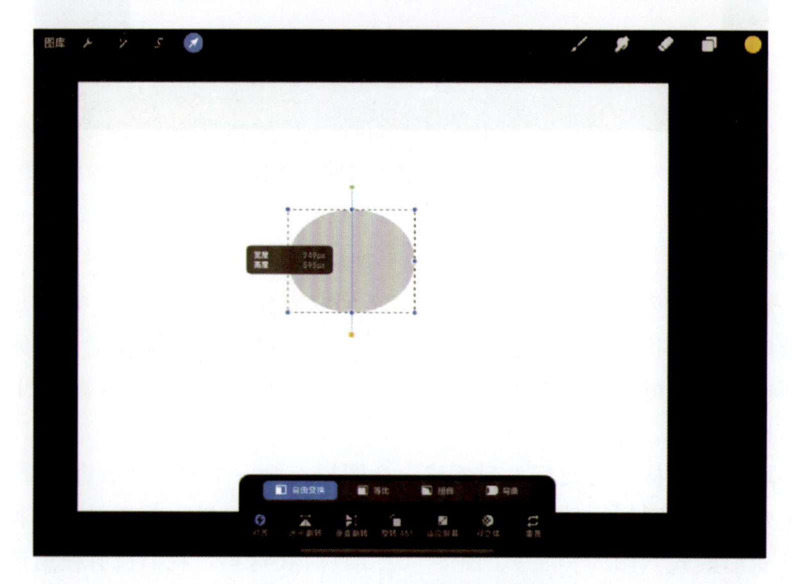

图 3-5-11　自由变换示意图

在自由变换的模式下，可以通过拉扯蓝点进行横纵向不等比变形，放大或缩小；通过摇摆小绿点可以旋转图形，也可以通过手势（两个手指捏合、放开和旋转）对图形进行缩放和旋转；通过摇摆橙色小方块可以旋转选区而不旋转物体。此外，点击小蓝点和小绿点还可以调用一个数字面板，通过数值对选区的尺寸和旋转角度进行精准设定。

除了变换选区画面的形状，变形还包括移动和翻转选区。

移动：用触控笔（或手指）压住除蓝点和绿点外的任一地方并滑动，都可以移动选区画面。

翻转：压住一个蓝点，向需要翻转的方向拉扯，超过对角点即可完成翻转，也可以通过变形工具下方工具栏里的水平翻转和垂直翻转进行翻转操作。在自由变换模式中，通过拉扯蓝点，可以对图形进行对角线翻转。

在变形工具的下方还有一个工具栏，可进行对齐、水平翻转、垂直翻转、旋转 45°、适应屏幕、双立体和重置操作（图 3-5-12）。

图 3-5-12 变形工具栏

(1) 对齐：在 Procreate 5X 版本之前，这里是“磁性”功能，Procreate 5X 对其进行扩充，增加了对齐的功能。在变换选区的时候，对齐功能可以辅助校对选区的大小和移动的位置。而磁性功能让物体贴着蓝色指引线移动，能更准确快速地移动和变换选区。点击“对齐”，通过操作界面中的“距离”和“速度”，可控制选区与指引线的贴合距离和选区移动的速度，合适的设置需要根据需求而定，需要在实践中感受。

(2) 水平翻转、垂直翻转、旋转 45°如同字面意思。

(3) 适应屏幕：点击此按钮，选区会适应画布尺寸自动缩小或者放大，直到其长度（或宽度）与画布的长度（或宽度）一致。

(4) 双立体：在你们的软件上可能显示的是“最近邻”或者“双线性”，其实这个功能叫“插值”，包括“最近邻”“双线性”“双立体”三个选项，点击一下就可以看到（图 3-5-13）。

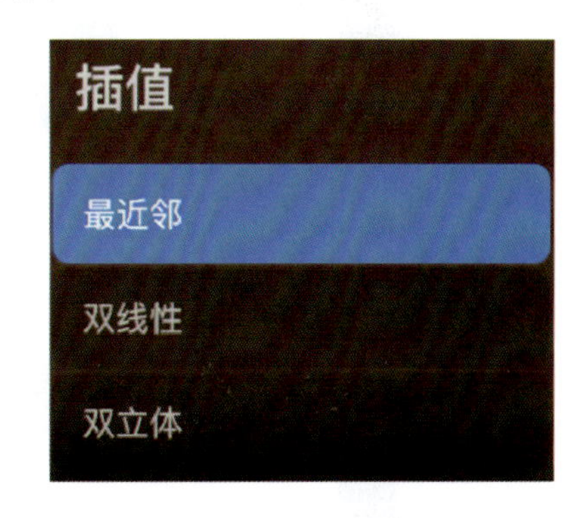

图 3-5-13 插值选项

何为插值？在我们旋转、移动和变换选区的时候都会造成画面的破坏，有的像素点会被覆盖，有的像素点会被抽走，这个时候 Procreate 会遵循一定的规则算法对选区及其周边的像素点进行重新采样和填充，从而修复画面。修复所遵循的规则算法就是插值算法，这里提供了三种，默认使用“最近邻”。对于这三种算法的具体内容不详说，有兴趣的读者可以去看 Procreate 官方使用手册里的“变形工具—插值”章节。三种算法可以总结如下：

最近邻：最简单，直接抽最近的像素取相同值进行填充，优点是画面修复速度快，但对同一个选区进行多次变形容易使画面模糊和带锯齿。

双线性：相对复杂，修复速度比“最近邻”慢，但效果优于“最近邻”。

双立体：最复杂，修复速度也最慢，但效果也最好。

其实，修复速度的快慢对设计影响不大，但若画面已经变得模糊或出现严重锯齿，就应该考虑换种插值算法试一下。综合考虑，一般选择“双线性”居多。

(5) 重置：将选区恢复到使用变形工具之前，这里指的是从点开箭头标志启用变形工具的时候算起，如果进行过多次变形操作，可以使用回退功能，回退到需要的步骤。

2. 等比

等比变换，即锁定选区横纵比例进行变换，如图 3-5-14 所示。

3. 扭曲

扭曲变换不再受限于只能横向或纵向变换图形，通过拉扯九个操作点，可以使图形发

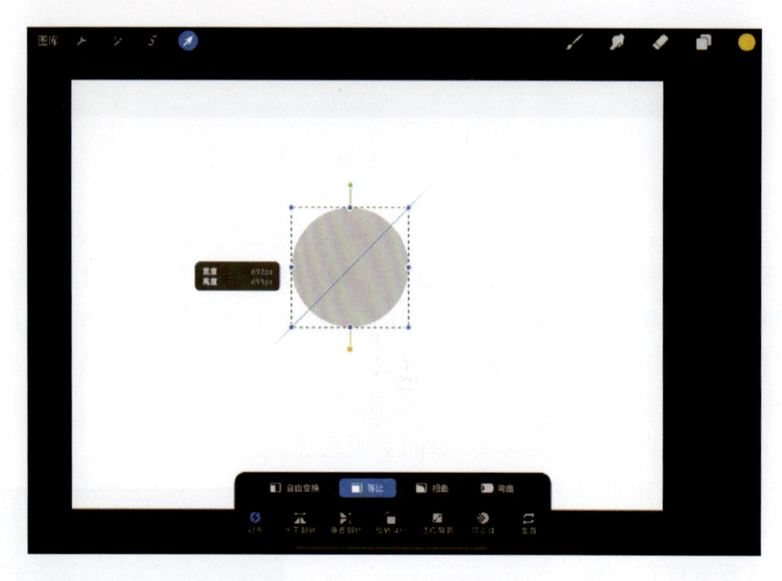

图 3－5－14　等比变换示意图

生扭曲，如图 3－5－15 所示。

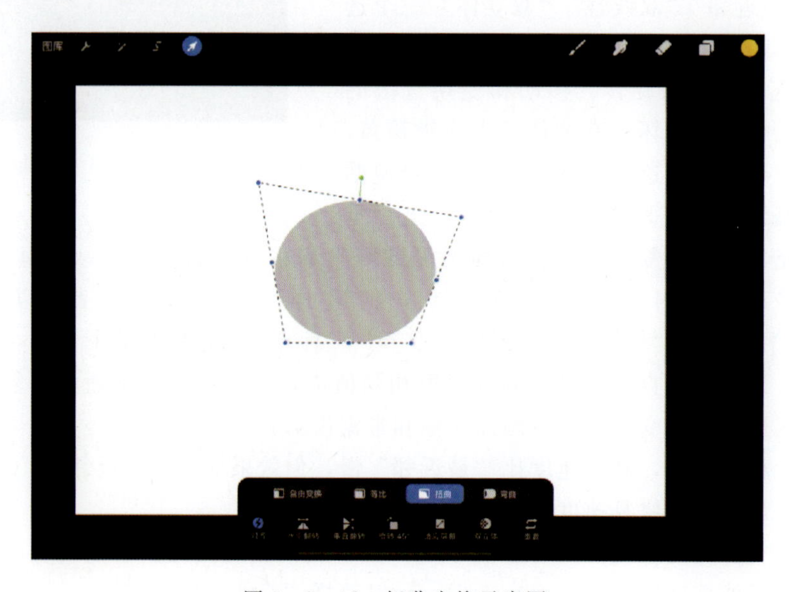

图 3－5－15　扭曲变换示意图

4. 弯曲

使用弯曲变换工具有点像在揉橡皮泥，这个选区都随便你揉捏，用来更改透视效果特别好用，比如将宝石从正面摆放改成侧面摆放。

弯曲变换和其他三个选项不同，不仅能通过外围操作点使得图形发生变化，而且可以调节内部操作点使图形内部也发生变化，如图 3－5－16 所示。

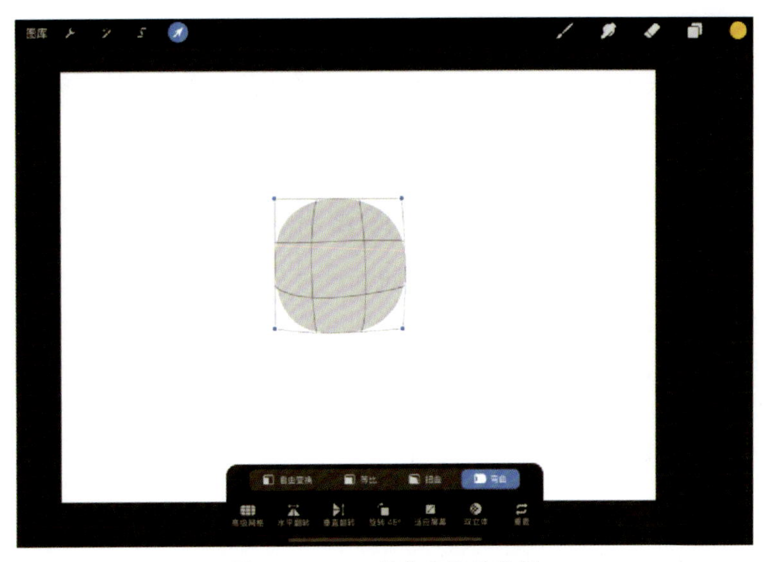

图 3-5-16　弯曲变换示意图

启动弯曲变换，可以看到一个九宫格，周边有蓝点，如果启动下方工具栏的“高级网格”（图 3-5-17），还可以看到四条虚线轴。

图 3-5-17　弯曲变换工具栏

使用弯曲变换时，下方工具栏没有磁性工具，代替的是高级网格功能，其作用是进行更细致的弯曲变换，启动后如图 3-5-18 所示。

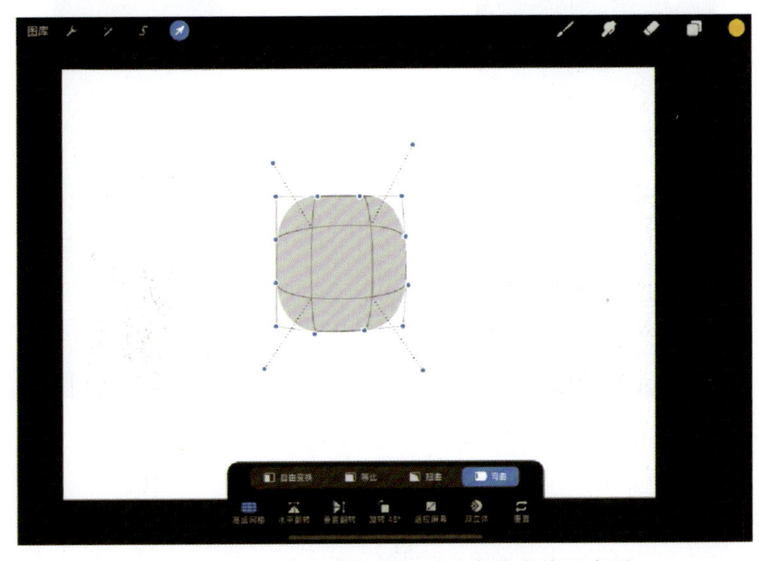

图 3-5-18　启用高级网格后的弯曲变换示意图

练习：

1. 先画一个圆并进行填充，然后使用选取工具和变形工具对其进行操作。
2. 画多个图形，然后使用选取工具和变形工具进行不同的操作。

三、最强懒人辅助工具——绘图指引和辅助绘图

不想重复画对称的图形？想要快速画直线和斜线？不知道图像是否对齐？不知道透视对不对？面对以上问题时，绘图指引和辅助绘图都能帮到你，省时、省力、省心。在珠宝首饰设计过程中，经常需要画对称等比图形，这个工具简直就是数字绘画的法宝，建议好好理解并掌握。

绘图指引和辅助绘图实际是两个不同的事物，只是因为两者相附相依，彼此难以分离，所以非常容易混淆。

绘图指引：指在画布上提供绘图指引线来进行画面物体校位，它是用来参考的，不会直接干涉所画图像线条。

辅助绘图：在有绘图指引机制的前提下，可以启用辅助绘图来帮助画直线、斜线、对称图形等，辅助模式根据不同的绘图指引模式而不同，所以辅助绘图可以直接干涉所画的图像线条。

1. 启用绘图指引

当我们新建一个画布的时候，绘图指引是空的，使用时需开启。

开启步骤：打开操作面板（点击扳手图标），将绘图指引开关打开（默认关闭，需将圆点拨到右边，使之变成蓝色）（图 3－5－19）。

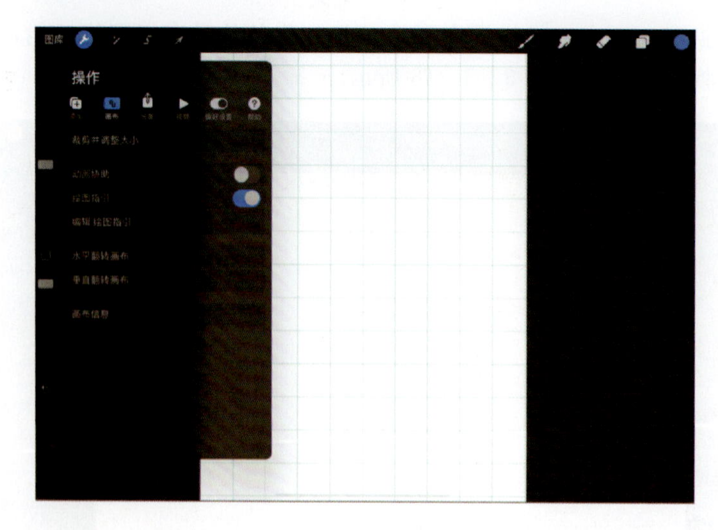

图 3－5－19　操作面板

2. 绘图指引类型

点击“绘图指引”下方的“编辑绘图指引”，可以进入绘图指引的控制界面。可以看到

有“2D网格”“等大”“透视”“对称”四种指引模式（图3-5-20）。

图3-5-20　绘图指引模式

1）2D网格

2D网格模式提供的是一个网格状的绘图指引图，线条的颜色、透明度、粗细度和网格尺寸、指引位置、角度都可以调节，“辅助绘图”默认是关闭的，见图3-5-21。

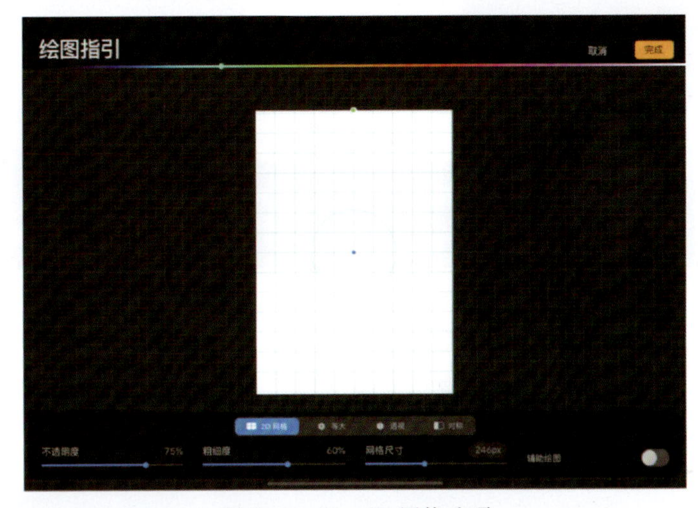

图3-5-21　2D网格选项

（1）绘图指引线颜色调节。只需要拉动操作界面上方的颜色条即可改变绘图指引线的颜色状态，如图3-5-22所示。

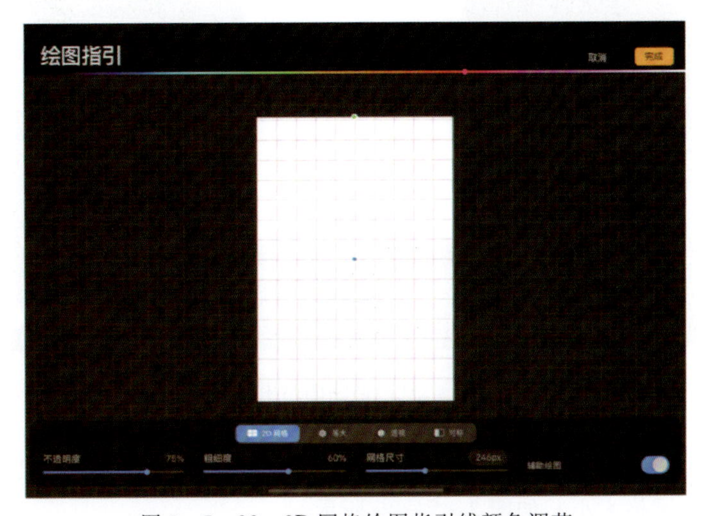

图3-5-22　2D网格绘图指引线颜色调节

（2）绘图指引线透明度调节。只需要拉动操作界面下方的“不透明度”控制条即可改变绘图指引线的透明度状态，如图 3－5－23 所示。

图 3－5－23　2D 网格绘图指引线透明度调节

（3）绘图指引线粗细调节。只需要拉动操作界面下方的“粗细度”控制条即可改变绘图指引线的粗细状态，如图 3－5－24 所示。

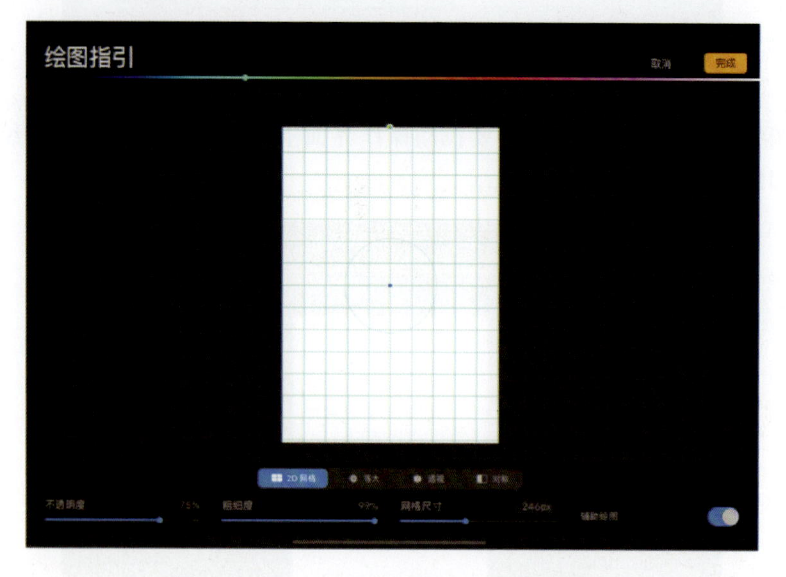

图 3－5－24　2D 网格绘图指引线粗细调节

（4）绘图指引线网格尺寸调节。只需要拉动操作界面下方的“网格尺寸”控制条即可改变绘图指引线的网格大小，如图 3－5－25 所示。

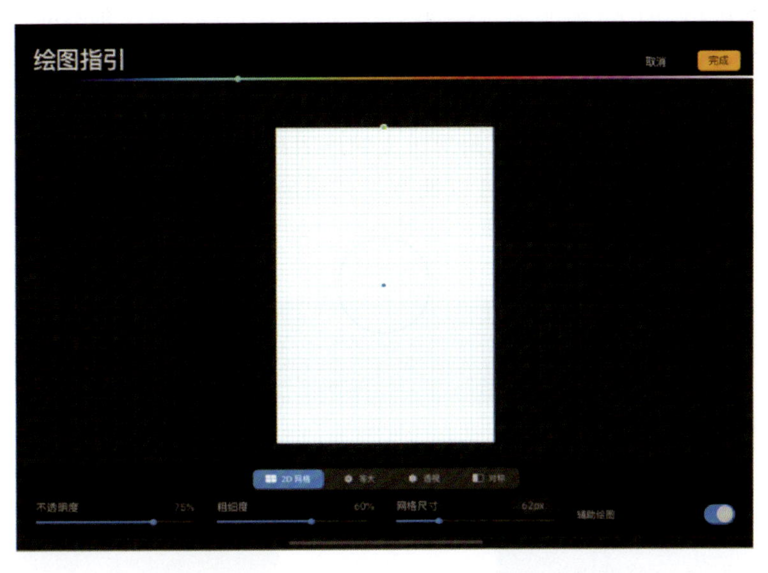

图 3－5－25　2D 网格绘图指引线网格尺寸调节

（5）辅助绘图。开启 2D 网格的辅助绘图（蓝色为打开状态），可以在画布上画横向和竖向的直线。

（6）移动网格。用触控笔或者手指移动操作界面上的圆圈内蓝色点的位置，即可移动网格。

（7）旋转网格。用触控笔或者手指摇摆操作界面中圆圈上方的绿点，即可旋转网格。

（8）完成设置。当设置结束，点击“完成”，退出绘图指引编辑，回到画布继续绘画。

珠宝设计稿经常需要使用与实物比例为 1∶1 的尺寸，可以通过以下方式设置 2D 网格底纹，如图 3－5－26 所示。

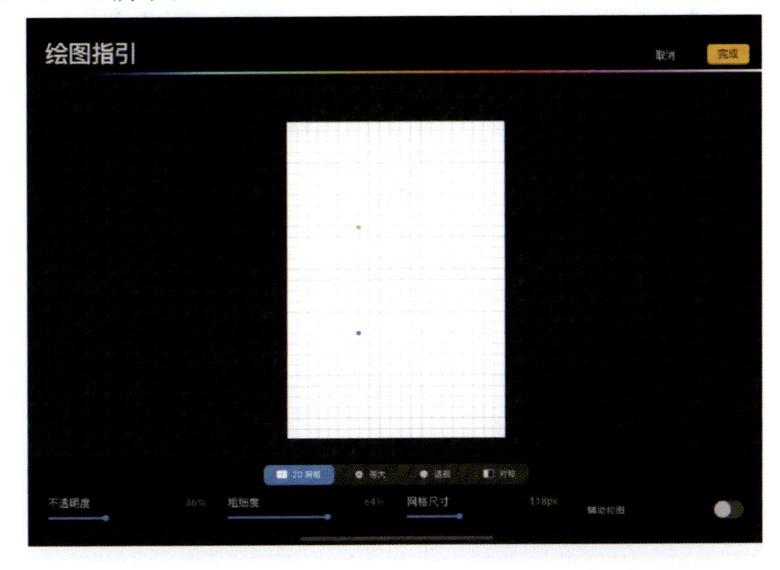

图 3－5－26　2D 网格绘图指引 A4 纸真实尺寸参考网格设置

以设置 DPI=300 的 A4 纸为例，将网格尺寸设置为 118px 时，每个网格相当于 10mm（300×10÷25.4=118.11px≈118px）。

2）等大

等大模式提供的是一个由等边三角形组成的绘图指引图，线条的颜色、透明度、粗细度和网格尺寸、指引位置、角度都可以调节，“辅助绘图”默认关闭，参数调节方式与“2D 网格”一致，如图 3-5-27 所示。如果打开“辅助绘图”，可以在画布上画与指引线平行的直线。

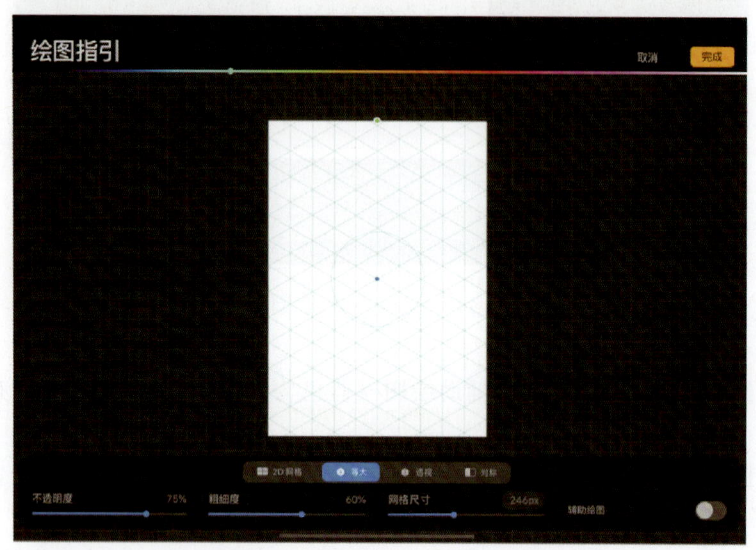

图 3-5-27　等大选项

3）透视

透视模式允许设置画布透视绘图指引图（图 3-5-28），可以设置一点透视、二点透视

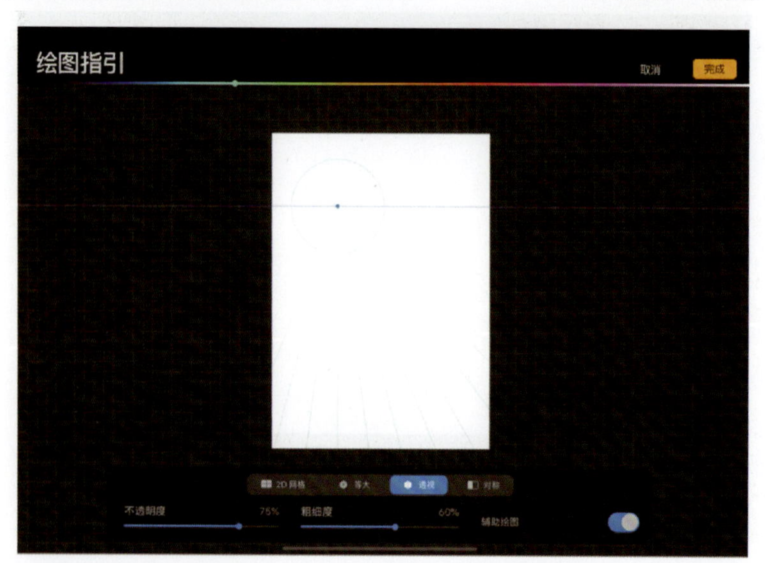

图 3-5-28　透视选项（一点透视）

和三点透视，透视线的颜色、透明度、粗细度和透视消失点位置都可以调节，“辅助绘图”默认关闭。如果打开辅助绘图，可以在画布上画与透视指引线平行的直线。

透视线的颜色、透明度、粗细度调节方式与“2D 网格”一致。点击操作界面上画布的位置可以设置透视消失点的位置，透视消失点的位置可以移动。多次点击画布可以设置多个透视消失点，最多可设置三个。

调节二点透视连接起来的直线，可以调节透视角度，如图 3－5－29 所示。

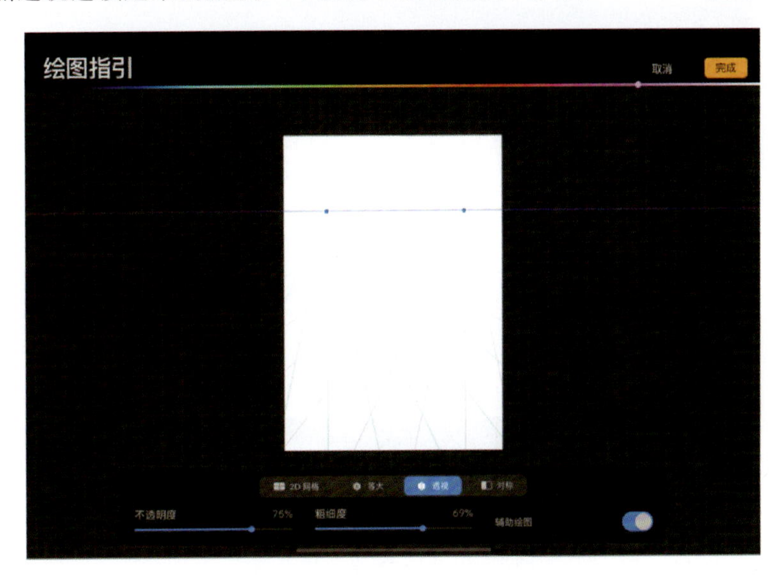

图 3－5－29　透视选项（二点透视）

4）对称

对称模式提供了“垂直”“水平”“四象限”“径向”四种对称指引线（图 3－5－30～图

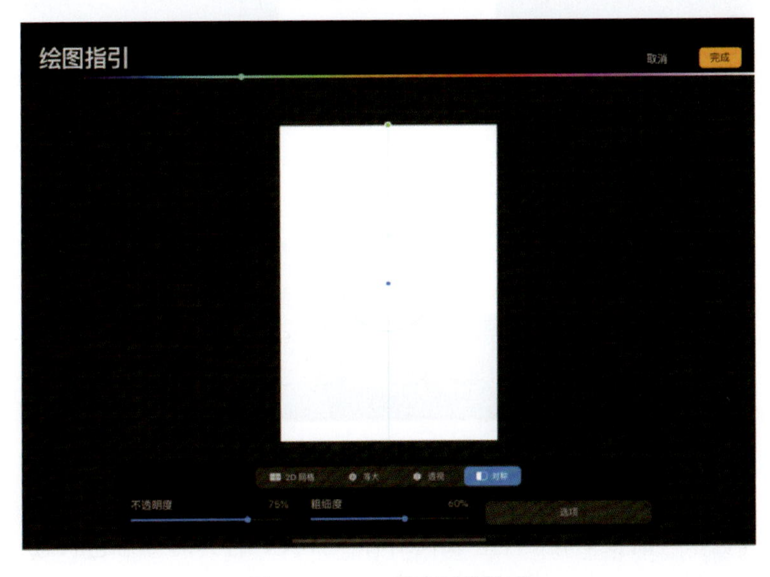

图 3－5－30　垂直对称选项

3－5－33)，点击面板右下角的“选项”按键即可选择。径向对称目前最多支持8面，所以四象限加径向对称可以理解为四面八方对称。一般使用对称绘图指引时，都会把“辅助绘图”打开。

移动蓝点可以移动对称指引线（即对称轴），摇摆绿点可以调整对称指引线角度（即对称角度），与其他绘图指引模式一样，对称模式也可以调节指引线的颜色、透明度和粗细度。

图 3－5－31　水平对称选项

图 3－5－32　四象限对称选项

在对称的“选项”面板里有一个“轴向对称”开关，打开时（蓝色状态），线条绕着对称轴旋转对称；关闭时，线条沿着对称轴方向两面对称。

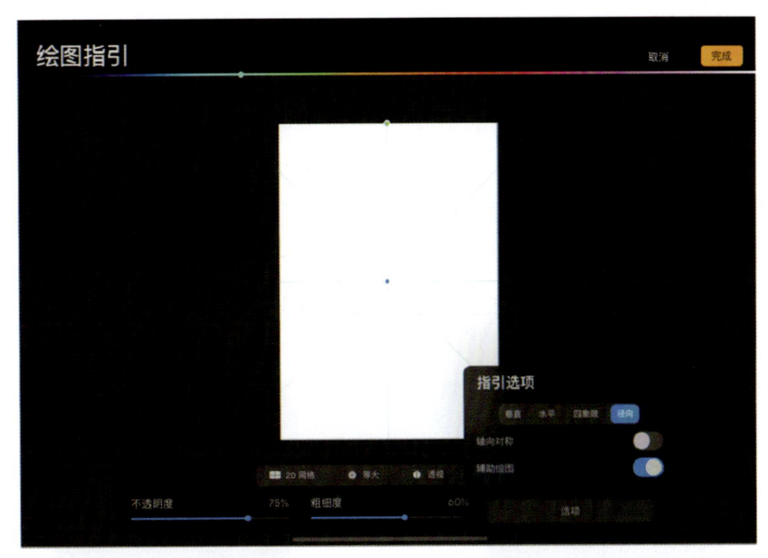

图 3-5-33 径向对称选项

有点绕？没有关系，自己试一下设置不同的对称模式，然后如图 3-5-34～图 3-5-37 所示（以径向对称为例），用带箭头的线条画一下，看对称图形的走向，尝试几次就能理解掌握。

图 3-5-34 关闭“轴向对称”设置

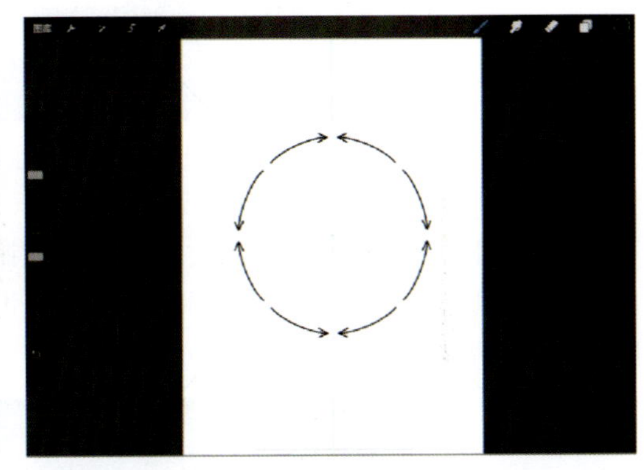

图 3-5-35 关闭“轴向对称”绘画示意图

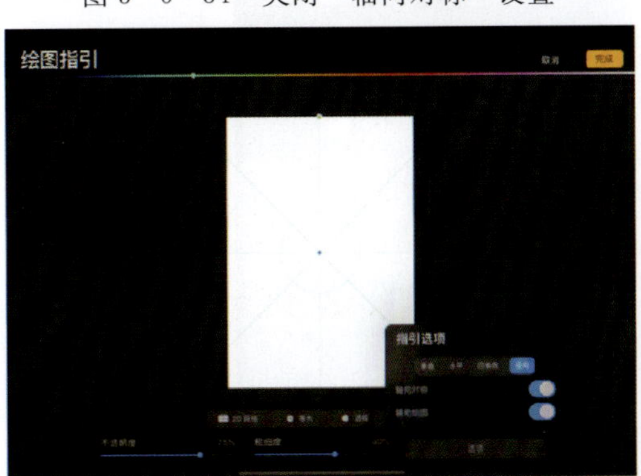

图 3-5-36 打开“轴向对称”设置

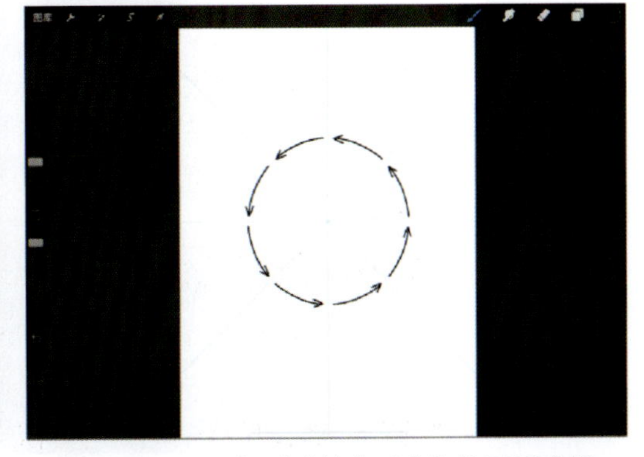

图 3-5-37 打开“轴向对称”绘画示意图

3. 启用辅助绘图

之前我们提过，辅助绘图和绘图指引实际上是两个不同的事物，当需要 Procreate 帮你一起快速画直线、斜线或者对称图形的时候，光启用绘图指引是不够的，还要确保已经把辅助绘图功能启用才行。启用辅助绘图功能的方式有以下三种。

1）通过“编辑绘图指引”操作面板启用

我们在选择绘图指引类型的时候，都可以看到一个“辅助绘图”的开关（图 3-5-38），打开这个开关（蓝色状态），即启用了辅助绘图，如果在绘画过程中不确定自己是否启用，也可以到这个操作界面来看一下。

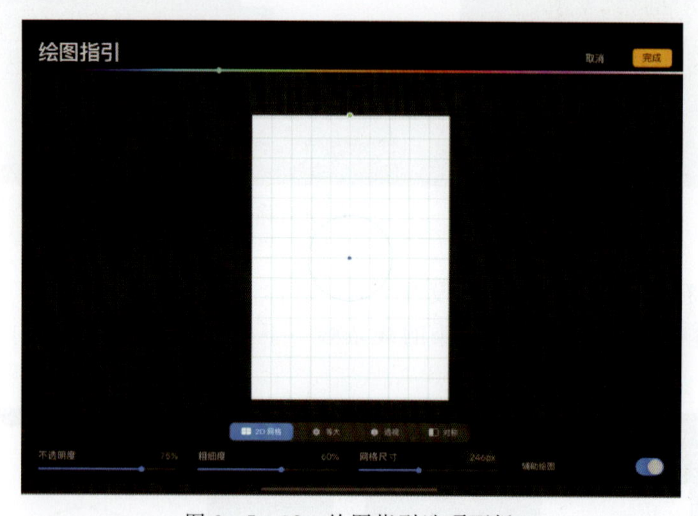

图 3-5-38　绘图指引选项面板

2）通过路径“操作—偏好设置—手势控制—辅助绘图”，打开辅助绘图启用快捷方式

由于辅助绘图经常会被启用和关闭，这里推荐使用轻点方形功能键的方式来启用和关闭辅助绘图功能，如图 3-5-39 所示。

图 3-5-39　辅助绘图设置

如图 3-5-40 所示，用手指轻点操作界面左边（当然调到右边也一样）笔刷大小、笔刷透明度中间的方形功能键，就可以看到界面上方有一行小字："辅助绘图打开"，再点击一次，可以看到"辅助绘图关闭"几个字。

图 3-5-40 辅助绘图打开提示

3）通过图层绘画工具栏启用（可以先跳过，等学完图层后再回来查看）

开启路径：点击图层按键（操作界面右上方的两个小方块图标）—选择图层—打开图层选项工具栏—启用辅助绘图。

开启辅助绘图后，在图层名字的下方会带有"辅助"字样。

4. 启用辅助绘图后的使用示例

启用辅助绘图后，就可以随心所欲地画直线、斜线和对称图形。

启用 2D 网格辅助后，可以在画布任意位置画直线，线条不一定要画在绘图指引线上，如图 3-5-41 所示。

图 3-5-41 启用 2D 网格辅助后的绘画示意图

启用等大辅助、透视辅助后，效果分别如图 3-5-42、图 3-5-43 所示。

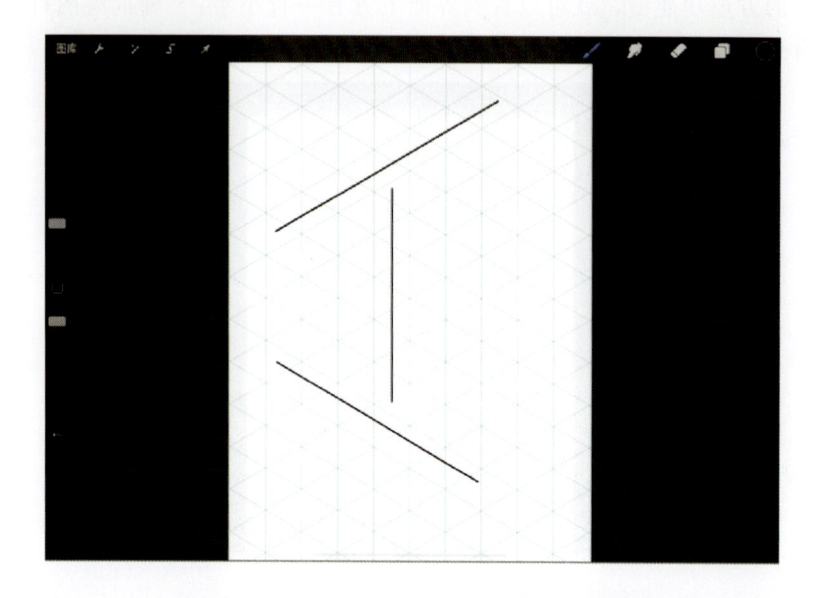

图 3-5-42　启用等大辅助后的绘画示意图

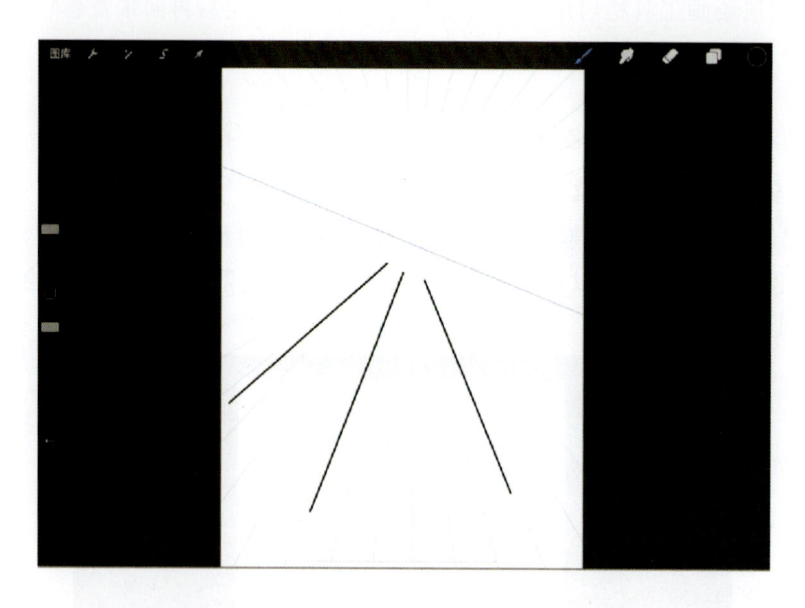

图 3-5-43　启用透视辅助后的绘画示意图

对称辅助就如同字面描述，以对称轴为中心，在画布的另外一边生成对称图形，需要分轴向对称还是非轴向对称，如图 3-5-44 所示。

5. 绘图指引可见和辅助绘图的关系

使用辅助绘图和看不看得到绘图指引线是没有关系的，将绘图指引线设置为不可见，

图 3-5-44 启用对称辅助后的绘画示意图

相当于在当前的绘图指引模式把透明度调到 0，只要启用辅助绘图功能，一样可以使用辅助绘图，如图 3-5-45 所示。

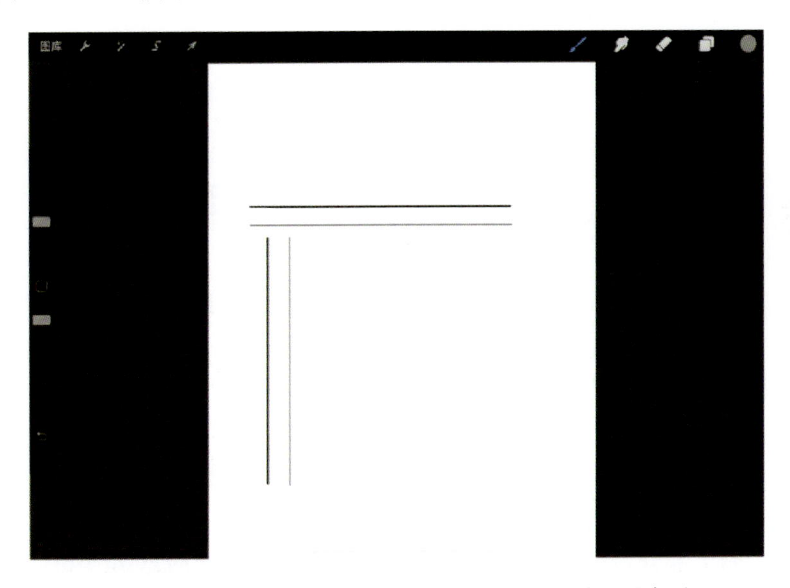

图 3-5-45 启用辅助绘图且隐藏指引线后的绘画示意图

如果绘图指引线干扰了绘画视角，就可以把它设置为不可见。通过点击“操作—画布—绘图指引”，将开关设置为关闭状态（由蓝色设置为灰色）即可。

6. 画布旋转和绘图指引角度旋转

当我们旋转画布的时候，绘图指引线是跟着画布一起旋转的，如图 3-5-46 所示，如果我们需要绘图指引线不动，那就需要回到“编辑绘图指引”里调整指引线的角度。

图 3-5-46　画布旋转和绘图指引线角度旋转示意图

练习：

1. 设置不同的绘图指引模式，调整颜色、透明度、粗细度、角度、位置等各项参数。
2. 启用辅助绘图功能，绘制不同的线和图案。
3. 将绘图指引线设置为不可见，启用辅助绘图功能，绘制不同的线和图案。

第六节　数字绘画的灵魂：图层操作

前两节展示了一些在 iPad 上绘画效率比传统绘画高的辅助工具，如速创图形、色彩快填、选取变形等，但其实真正让数字绘画脱胎换骨的是图层操作，它是数字绘画的灵魂。以上种种快速辅助工具，其功能的发挥也离不开图层，如果没有图层，它们能发挥的作用可能不足三成。

与传统绘画相比，数字绘画给人的感觉会随性一点，没有那么多的拘束和顾虑，因为可以回退和重来。这是因为图层将整个绘图空间分割成互不干扰的多个层次，只要有规划地将画稿分割为若干部分，就可以针对局部进行更改，哪怕你的思绪飞到地球外，突然觉得不对，将一个局部画面完全删除重新来过，也不会影响画稿的整体性。

在数字绘画里，一张完整的画稿，多数情况下都是由多个图层组合而呈现出来的最终结果。图层就像是透明且没有厚度的玻璃片，我们看到的画面是由所有玻璃片（图层）的内容叠加而成的（图 3-6-1），如果我们不需要其中一部分的内容，只需要把这个玻璃片（图层）隐藏或者抽离。

掌握图层操作方法对做珠宝设计是非常有用的。

通常我们设计稿中会有一个主石或者主石组，这一部分是不变的（非绝对），可以单独

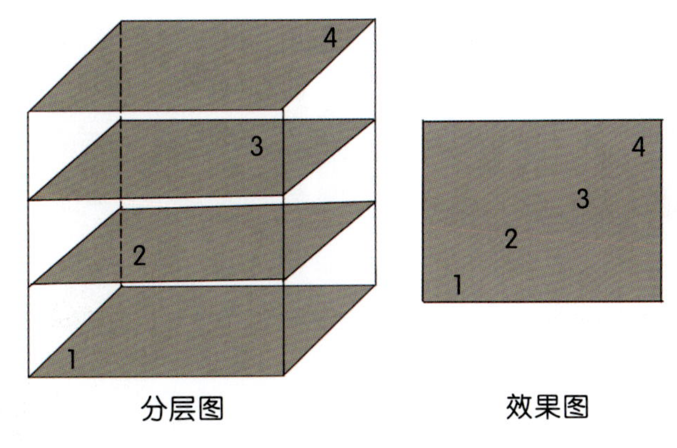

图 3-6-1 图层效果示意图

放一个图层。接着，我们会围绕主石去设计整个绘画作品的大框架，这部分是多变的，可以画圆的、方的、三角的，也单独放一个图层，这样通过隐藏和显示就可以看到不同框架和主石的组合，不需要重复去画主石。框架选定后，还可以再新建一个图层去刻画细节，同样也可以得到多个组合，而去选择最优的结果。

使用图层可以让我们减少不必要的重复劳动，使得创作更加流畅。由于图层空间互不干扰，我们还可以针对画稿局部进行变化调整，增加多样性，如图 3-6-2 所示。

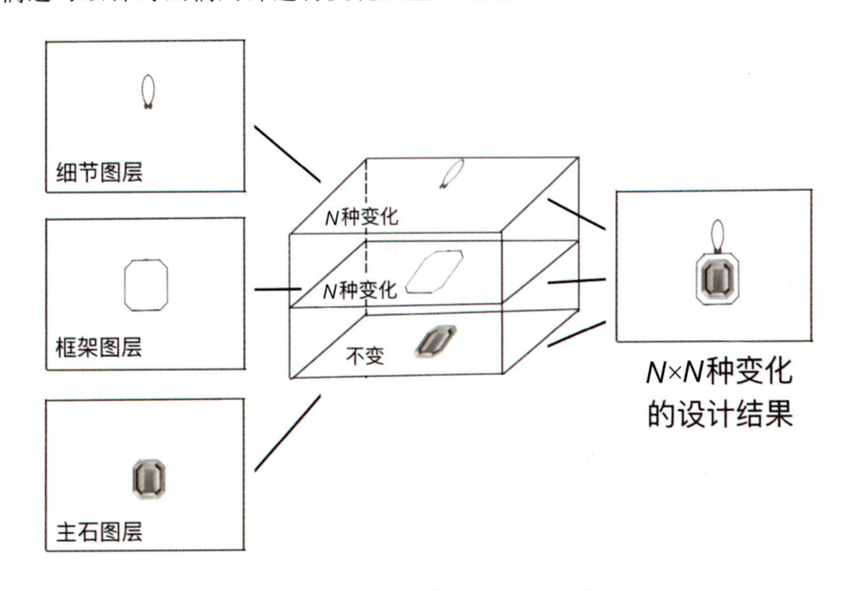

图 3-6-2 使用图层的设计案例

在大致了解图层的概念后，我们来看看 Procreate 的图层操作。

Procreate 里图层的操作按键是在橡皮和调色盘中间的方块按键，点击可以展开图层分布，所有的图层都可以重命名，也可分组管理，如图 3-6-3 所示。之前说过，操作界面右上角的这个工具栏基本属于传统绘画相关工具，图层列表也可以理解为画纸集合。

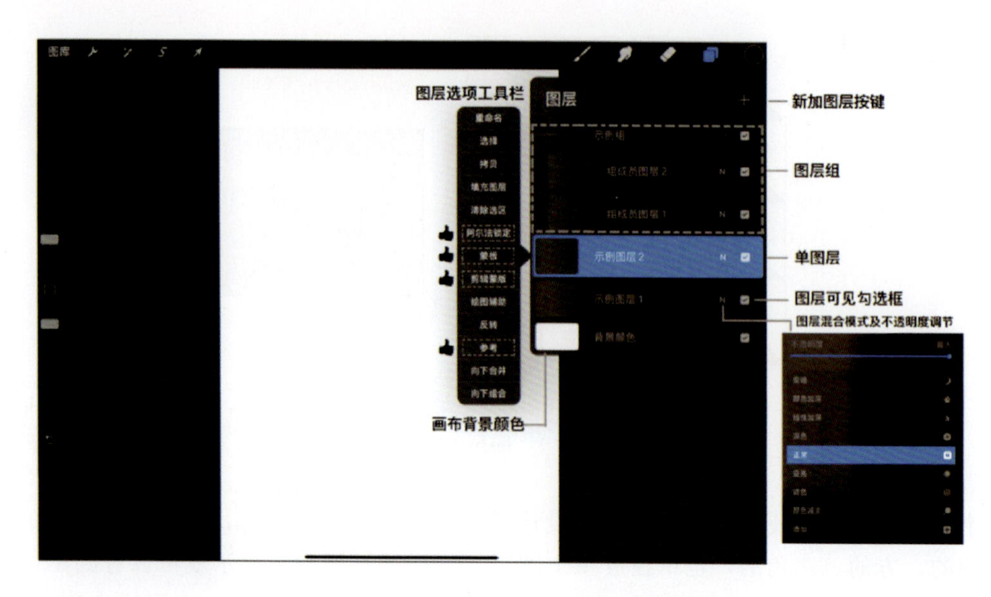

图 3－6－3　Procreate 图层操作选项

一、图层的一般操作

1. 新建图层

点击图层操作面板右上方的“＋”，可以创建新的图层（图 3－6－4）。

图层条内容包括图层画面缩略图、图层名称、*N*（图层混合模式＋透明度调节）和图层状态勾选框（显示/隐藏）（图 3－6－5、图 3－6－6）。图层局部透明度调节操作见本章第七节“调整工具”中的“不透明度”。

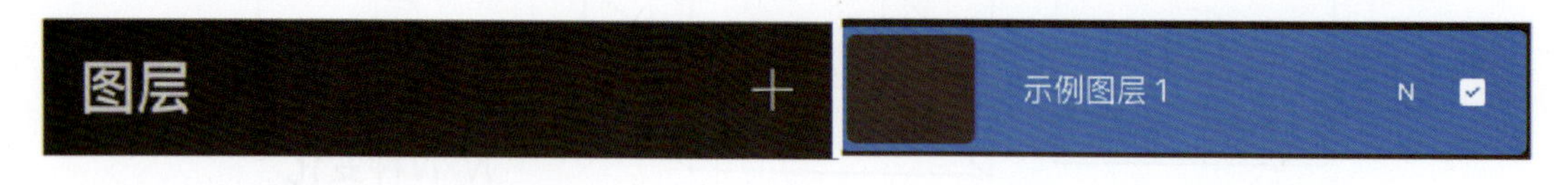

图 3－6－4　新建图层　　图 3－6－5　图层条内容

2. 选中图层

点击图层，显示蓝色即表示选中图层。

3. 锁定/解锁、复制、删除图层

向左滑动选中的图层，可以锁定（不可以变动）/解锁、复制、删除图层(图 3－6－7)。

4. 调用图层工具栏

点击选中的图层（图层状态为亮蓝色），可以调用图层工具栏（图 3－6－3），内容包括“重命名”“选择”“拷贝”“填充图层”“清除选区”“阿尔法锁定”“蒙版”“剪辑蒙版”“绘图辅助”“反转”“参考”“向下合并”“向下组合”。

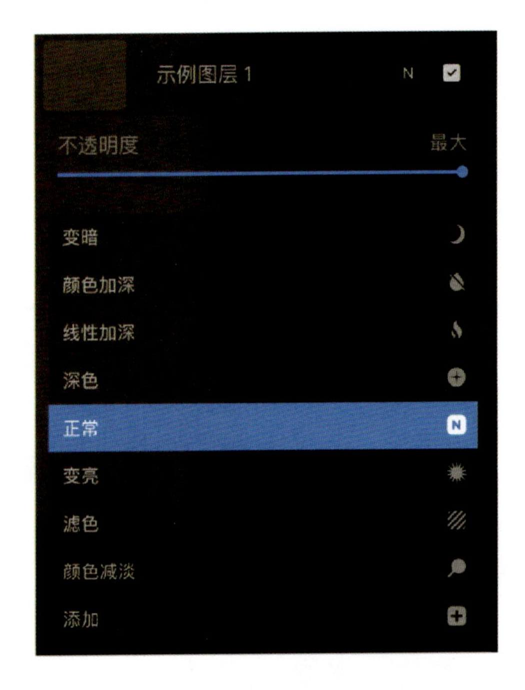

图 3-6-6　图层混合模式与透明度调节设置

图 3-6-7　图层基础操作选项

其中，“重命名”就是字面意思；选择、拷贝常通过选取工具和变形工具完成；填充动作常用色彩快填功能来完成，“填充图层”工具使用频率低；清除选区、向下合并、向下组合一般使用手势来进行；“绘图辅助”的开启基本也通过设置快捷按钮来解决；“反转”是将图层中图像颜色进行互补色反转。剩下的“阿尔法锁定”“蒙版”“剪辑蒙版”“参考”是图层选项工具栏里的重中之重，后面会详细说明。

5. *移动图层*

将一个图层长按可以移动图层位置（图 3-6-8）。

6. *多选图层*

在选中一个图层的基础上，向右滑动其他图层，可以多选图层，当前图层为亮蓝色，其他图层为透明淡蓝色（图 3-6-9）。

图 3-6-8　移动图层操作

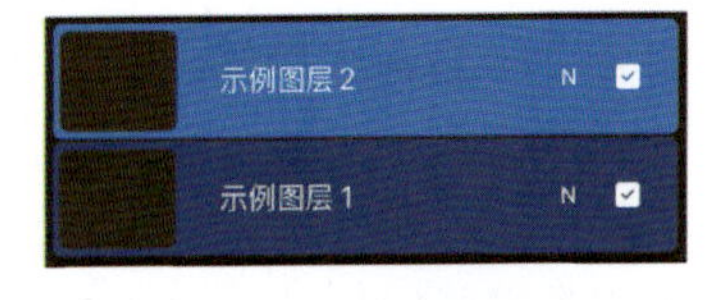

图 3-6-9　多选图层操作

7. 建立图层组

有两种方式建立图层组：

(1) 如果将一个图层放在另一个图层上方，暂留一会儿，会新建一个包含这两个图层的图层组；

(2) 在多选图层后，可以在图层操作面板中原来“+”的位置看到一个“组”字，点击可以创建包含多选图层的图层组。

8. 增减图层组成员

长按图层可以将其移入一个图层组，也可以从图层组里将图层拖出（图 3-6-10）。

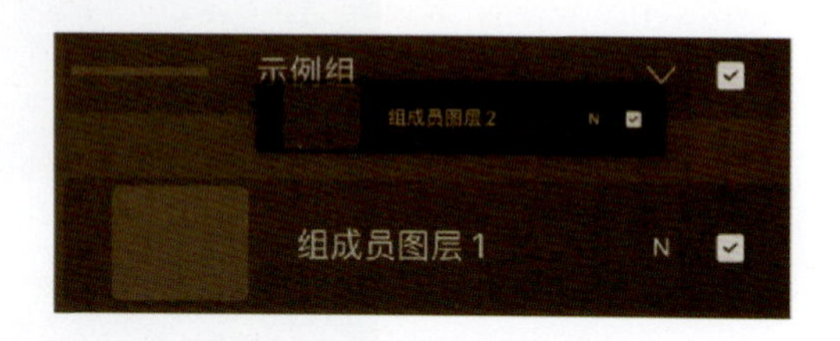

图 3-6-10 增减图层组成员操作

9. 背景颜色图层设置

画布的背景颜色单独为一个图层，通过调色盘可以调节颜色，如果将画布背景颜色图层设置为不可见，可以分享导出透明的 PNG 格式图片。

二、阿尔法锁定、参考、蒙版、剪辑蒙版

图层选项大部分简单好理解，只要多加操作即可融会贯通，如果需要更详细的操作说明可以查看 Procreate 官方使用手册的“图层”章节或者到网上找答案。下面将着重说明图层选项中那些乍看很难，但学会之后直呼妙哉、疯狂点赞的操作选项，它们是阿尔法锁定、参考、蒙版和剪辑蒙版“四兄弟”，如图 3-6-11 所示。

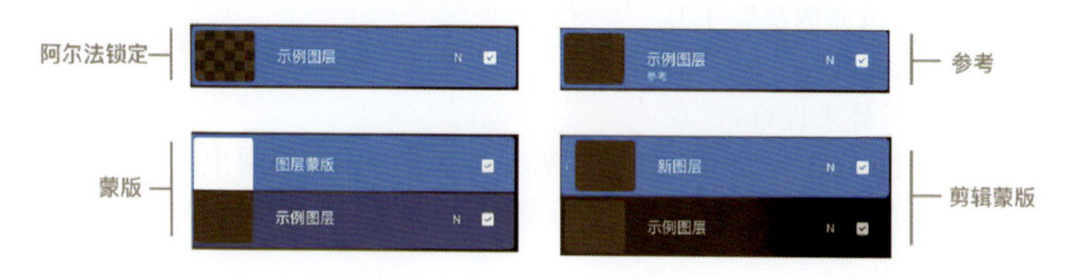

图 3-6-11 阿尔法锁定、参考、蒙版、剪辑蒙版示例

“蒙板”与“蒙版”是相同的，都是英语 Mask 的译文，但 Procreate 的工具栏没有统一翻译，这里可以说是软件翻译人员的一个小失误。虽然都一样，但用同样的字大家会更好理解一点，所以本书统一为“版”。

“四兄弟”都可在绘画过程中辅助我们约束图形，控制在一定范围内绘制或者调节图层画面，四者之间都有所相似、有所联系，为了更好地认识它们，可根据作用将其分为图像约束组（阿尔法锁定、参考）和图像画面调节/绘制组（蒙版、剪辑蒙版）。

除了阿尔法锁定，启用图层的另外三个工具都要与其他图层一起工作才能发挥作用。鉴于四者容易混淆，表 3-6-1 列出了它们的基本属性表，现在看不懂没有关系，等看完四者的详细介绍后再回过头来看，就会了然于胸。

表 3-6-1 阿尔法锁定、参考、蒙版、剪辑蒙版基本属性表

图层选项工具	作用	举例	启用图层选项的图层画面是否会在后续操作中发生改变	与其他图层的依存关系
阿尔法锁定	锁定图层透明部分，只能在图层上有图案（像素）的地方进行更改	画好一个图形，想要上色，又怕颜色涂到边界外，就可以用阿尔法锁定将绘画区域限制在当前图形上	在设置阿尔法锁定的当前图层上更改图案，图层画面会有变化	与其他图层没有关系
参考	将当前图层设置为参考图层，对其他图层进行填充时会以参考图层的图案为颜色填充区域的判定标准	在一个图层中画好线稿，将线稿图层设置为参考图层，再新建一个图层去填充，这样不会破坏线稿	根据其他图层的填充需求来绘制参考图层	参考图层是一个全局图层，所有的图层都受它的约束
蒙版	1. 调节父级图层画面局部透明度； 2. 遮挡父级图层画面局部图案	蒙版如同可以调节透明度的玻璃片，使用黑色为不透明，使用灰色为半透明，使用白色为完全透明，如果想调节某个画面局部的透明度，可以在此图层基础上新建一个蒙版，在蒙版上的对应区域填充黑、白、灰色，进行透明度调节	改变蒙版图层的画面，可以调节父级图层的显示结果	蒙版由下方图层衍生，下方图层为其父级图层，蒙版是父级图层的“独生子”，一个图层只有一个蒙版，蒙版显示结果受父级图层制约，绘制可以超出父级图层的图像范围，但只能显示父级图层的图像范围
剪辑蒙版	1. 在父级图层画面的基础上进行修改（与阿尔法锁定相似）； 2. 使用父级图层的图案对剪辑蒙版上的图案进行选择性展示	1. 画好一个图形，想要在这个图形基础上填色，又怕涂到边界外，可以新建一个图层，设置为剪辑蒙版，这样只会在原来图形的基础上显示变化，和阿法尔锁定很像，但因为是两个图层，不会破坏原来的图层，剪辑蒙版比阿尔法锁定还靠谱； 2. 画好一个画面，但只想保留一部分内容，可以在这个图层下方建一个图层，然后再将有画面的图层设置为剪辑蒙版，这样下方图层为父级图层，因为剪辑蒙版只显示父级图层图像范围的内容，可以在下方图层绘制一个目标形状，这样剪辑图层就只会显示该区域的内容	1. 改变剪辑蒙版图层的画面，可以调节父级图层的显示结果； 2. 改变父级图层画面，可以选择剪辑蒙版的画面的显示区域	剪辑蒙版与父级图层属于契约关系，一个父级图层可以有多个剪辑蒙版，剪辑蒙版虽然只有一个父级图层，但可以与父级图层解除关系。剪辑蒙版与蒙版一样受到父级图层制约，只能显示父级图层图像范围内所绘制的图案

1. 阿尔法锁定

阿尔法锁定是一个译名，英文本名为 Alpha Lock。Alpha 代表的是数字图像里的 Alpha 通道，它记录的是图像透明度信息。阿尔法锁定就是利用图像透明度设计的一个辅助

工具，其功能是锁定图像的完全透明部分，这一部分不可更改。

如果把图像透明的部分锁住了，还剩下什么？不透明的地方？这个答案不够准确，应该是完全不透明和半透明的地方，也就是图像上有画面的地方。

所以这个功能的作用很容易理解，当你启用阿尔法锁定后，就只能在原有的画面上追加变化。比如画了个戒指，填充上了固有色，然后准备在这个基础上去画暗部和高光部分，就可以使用阿尔法锁定，将图像锁定，这样在固有色的基础上去画暗部、亮部、过渡都不用担心有颜色溢出。

启用阿尔法锁定：点击选中图层，再点击图层弹出图层选项工具栏，点击勾选“阿尔法锁定”即可将其启用。

解除阿尔法锁定：重复上述操作即可。

启用阿尔法锁定后，图层的缩略图会变成一个灰黑格子底纹的背景，如图 3 - 6 - 12 所示。具体操作应用，可扫描下方二维码观看演示视频。

图 3 - 6 - 12　启用阿尔法锁定

练习：

1. 用黑色笔刷画一个圆。
2. 选另外一个颜色将圆填充。
3. 对当前图层启用阿尔法锁定。
4. 在圆的上方、边界内外随意画线和填充。
5. 观察圆填充区域、边界、边界外是否有变化。
6. 解除阿尔法锁定，再次对圆内外进行画线和填充。
7. 观察解除阿尔法锁定后与启用阿尔法锁定时的效果有何不同。

阿尔法锁定演示视频

2. 参考

参考图层的作用：将一个图层设置为参考图层后，其他图层进行颜色填充时会按照参考图层的图像来填充。它的用法很简单，但有以下几点需要谨记。

（1）参考图层是父级图层，管理图层列表里的所有图层。

（2）将参考图层设置为可见或不可见，它的约束力不变。

（3）一个图层列表最多只能设置一个参考图层。

（4）当参考图层存在的时候，颜色填充会以参考图层（不是当前图层）中的图像为填充边界，意思就是，你在当前图层画了一个封闭的圆，填充颜色时，Procreate 不会去填充这个圆，除非参考图层在这个地方也是个圆。

（5）参考图层只对当前图层的填充有限制，至于线条，可以想怎么画就怎么画。

设置参考图层：点击选中图层，再点击图层弹出图层选项工具栏，点击勾选启用

“参考”。

解除设置参考图层：重复上述操作即可。

设置完参考图层，图层名称的下方会出现“参考”字样（图 3－6－13），只要这两个字还在，这个图层就是全局的参考图层，不论这个图层是可见还是不可见。

图 3－6－13 设置参考图层

有时在操作过程中，会发现颜色填充在莫名其妙的地方，这种情况下可以去图层列表里看看，是否有图层被设置为参考图层了。

练习：

1. 画一个圆。
2. 将图层设置为参考图层。
3. 新建一个图层，将图层拖至参考图层下方，在参考图层圆对应的位置填充。
4. 再新建一个图层，保留在参考图层上方，选另外一个颜色对圆进行填充。
5. 再新建一个图层，将参考图层设置为不可见（点击“可见”勾选框），再选取一个颜色对圆进行填充。
6. 再新建一个图层，在图层上任意位置画一个封闭的圆，对其进行填充。
7. 再新建一个图层，在图层上任意位置画一个封闭的圆，取消参考图层设置，再填充新画的圆。
8. 对比不同的结果理解参考图层的用法。

3. 蒙版：一块可以调整透明度的盖板

如果是没有接触过蒙版的人，看到教程里介绍“黑色是擦除”“白色是修复”“蒙版没有色相”等，很可能会觉得云里雾里、不知所云，然后觉得蒙版很难，随之放弃。

让我们先设想下面的情况：

（1）你画好了一个复杂的画面，这个时候你想对画面的局部透明度进行修改。如果调整图层的透明度，整个画面都会产生变化；这个时候也可以先圈选区域，然后调整透明度，但如果这样的操作很频繁，改了一通之后发现不是自己想要的结果，使用回退功能可能又要回退很多步，极端情况下甚至会超过回退极限，结果就是白忙一场。

（2）你又画了一个比较复杂的画面，对某部分不是特别满意，于是进行了修改，可是改了几步后，突然觉得还是不如原来的，又要回退好几步改回去。如果回不去，结果还是白忙一场。

如上所述，如果原本的画面被破坏了，就可能会做出让人遗憾的修改。上天能不能再给一次机会？可以的，这里蒙版就是我们的救星。

设置蒙版：点击选中图层，再点击弹出图层选项工具栏，点击“蒙版”，即可生成一个蒙版。

如图 3－6－14 所示，上方的白色图层就是示例图层的蒙版，图层名称为“图层蒙版”。

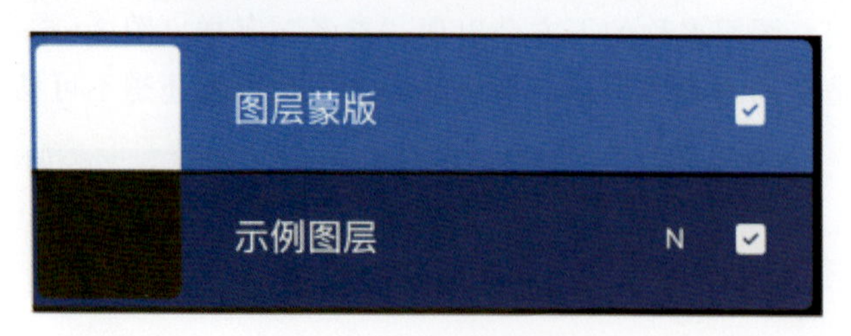

图 3－6－14　蒙版示例

我们可以把蒙版看成一块可以调节透明度的玻璃或亚克力板，将板子盖在画面上方，然后在你想要修改或者调节的区域涂色，涂的颜色越深，覆盖能力就越强，板子就越不透明，显现出的图案也就越模糊；涂的颜色越浅，覆盖能力就越弱，板子就越透明，显现出的图案也就越清晰。图 3－6－15 展示的即蒙版颜色分别为黑（图案不可见）、50 度灰（图案半透明）、白（图案完全可见）所显示的不同结果。

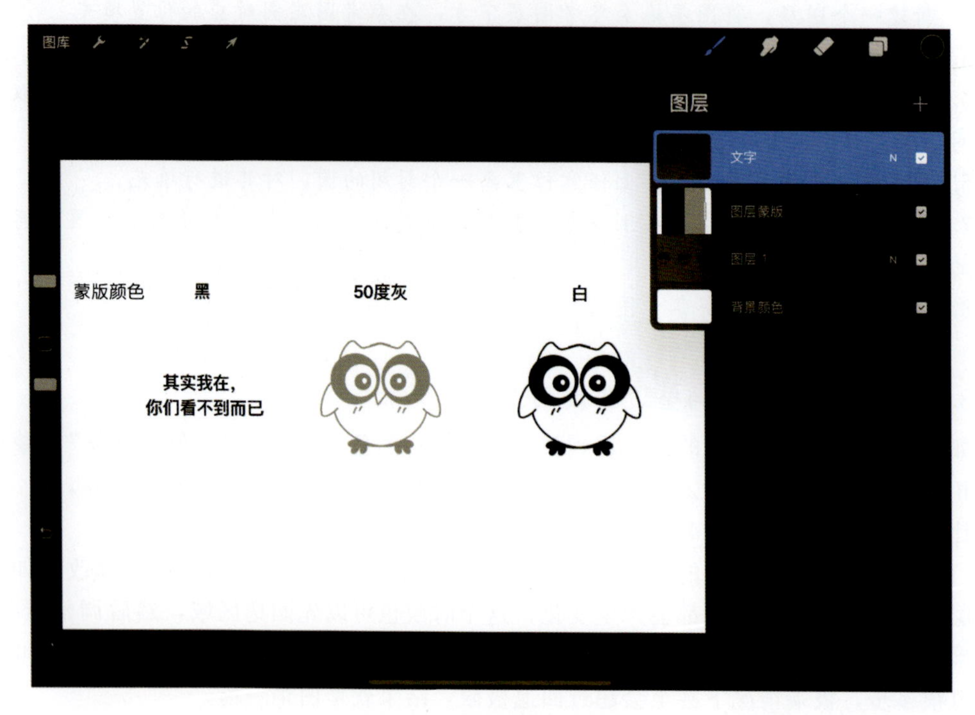

图 3－6－15　蒙版使用示例

在蒙版上涂颜色，只需要考虑颜色的亮度，色相和饱和度不起作用，所以使用蒙版工作的时候可以将调色盘的取色类型调为“值”，滑动亮度滑条（B）来选择自己需要的准确透明度（图 3－6－16）。

现在我们来回答之前设想的两种情况该怎样应对。

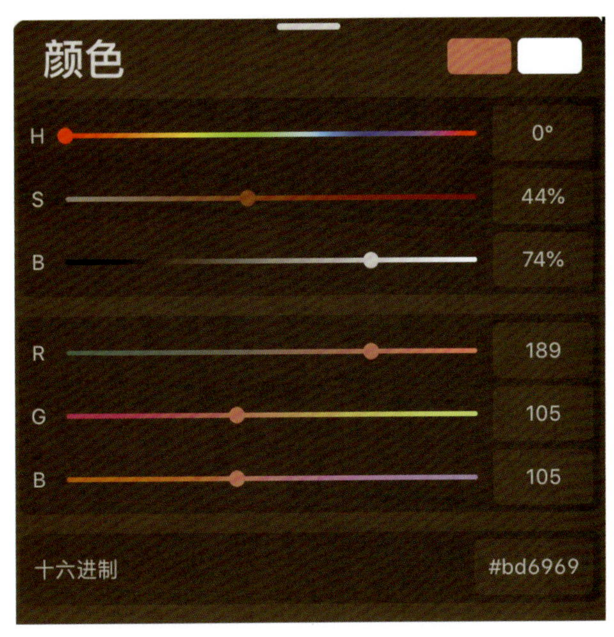

图 3－6－16　“值”选色面板

针对第一种情况，需要局部调节透明度。只需要新建一个图层蒙版，使用不同明度的颜色来覆盖需要调节的画面即可。

针对第二种情况，需要不变动原图层内容来修改。只需要新建一个图层蒙版，用明度为 0 的颜色，也就是黑色来覆盖需要更改的画面，这时画面就不见了，然后再新建一个图层，在新的图层上画想要修改的内容，等修改好了，再合并图层即可。如果修改到一半不想要了，把新图层清空即可，和原本图层无关。

蒙版只有一个父级图层，而图层也只对应一个蒙版，默认情况下它们都是一起“行动”的，比如选区、移动等，如果要分开单独进行操作，需要先切断它们的“父子关系”。怎么切断？点击“图层”按钮，可以看到图层与其蒙版都是蓝色的，表明二者都是选中状态。这个时候，将图层蒙版向右滑一下，蓝色选中状态不见了，剩下的图层是蓝色的，可以单独对图层进行编辑，反之亦然，如图 3－6－17 所示。

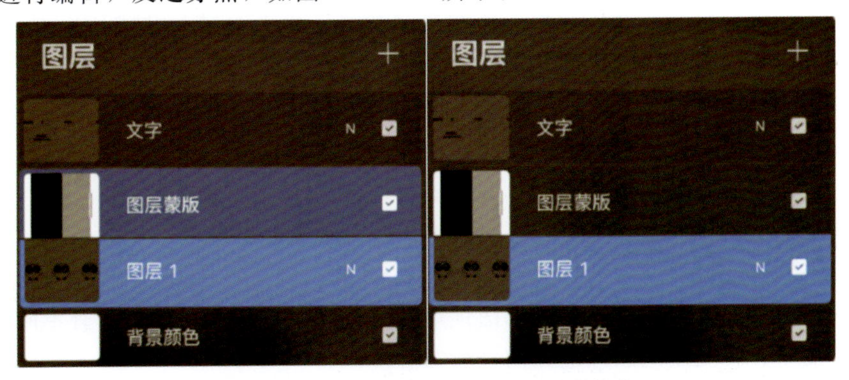

图 3－6－17　蒙版与父级图层的分离操作

具体蒙版操作演示，可扫右侧二维码观看视频。

练习一：

1. 先画一个圆，对圆进行填充。

2. 点击选中图层，再点击弹出图层选项工具栏，点击“蒙版”，生成一个蒙版。

3. 将调色盘的取色模式选为“值”。

4. 分别使用黑、白、灰等不同的颜色在圆上画线和画个小区域填充。

5. 观察不同颜色所带来的图像局部透明度的变化。

6. 用橡皮擦掉灰色部分，用白色填充黑色部分，观察结果。

蒙版演示视频

练习二：

1. 新建两个图层，在上方图层画一个圆填充，在下方图层对应圆的大概位置也画一个圆，用另外一种颜色填充。

2. 点击上方图层，再新建一个蒙版。

3. 在蒙版上圆的范围内使用黑、白、灰色画线和画小区域填充。

4. 观察不同颜色画线和填充的地方能看到什么，是不是下方图层的画面，画面的透明度有什么不一样。

4. 剪辑蒙版

关于剪辑蒙版的作用，Procreate官方使用手册（图层—层选项—剪辑蒙版）中的说明是：利用某图层上的物件来编辑另外一个图层。不明所以？

举个例子，现在有两个图层，图层1中色彩丰富，图层2中只有一个黑色的正方形，我们将图层1放在图层2的上方，然后将图层1设置为剪辑蒙版，就可以看到图层1只显示了等同于图层2正方形大小的画面，这里就是用图层2的正方形剪辑了图层1。两者相加的结果就是采用了图层1的画面颜色和图层2的形状。

换句话说，使用剪辑蒙版的图层组，会保留父级图层（底部图层）的画面形状和剪辑蒙版图层（可以多个，为并列关系，和普通图层组优先级相同）对应父级图层画面形状范围内的画面颜色。

如果学会剪辑蒙版，恭喜你获得一个强大的帮手，它兼具阿尔法锁定和蒙版的部分个性和能力，之所以说“四兄弟”的关系微妙，也是因为它们是我中有你、你中有我的关系。

剪辑蒙版依用法可以分为主动式剪辑蒙版和被动式剪辑蒙版。

主动式剪辑蒙版：剪辑蒙版动，父级图层不动。

被动式剪辑蒙版：剪辑蒙版不动，父级图层动。

两种剪辑蒙版的操作演示，可扫下页二维码观看视频。

1）主动式剪辑蒙版

主动式剪辑蒙版的使用方式和阿尔法锁定的部分功能很像，但两者又有不同。

相同的能力：在规定的图像边界内进行内容修改。

主动式剪辑蒙版的使用方式和阿尔法锁定很相近，可以在剪辑蒙版上进行不超出父级图层图像边界的更改，在剪辑蒙版上操作不会破坏父级图层的画面，两者关系为：阿尔法锁定=合并（剪辑蒙版、父级图层）。

剪辑蒙版演示视频

不同的能力：进行颜色填充时，二者效果不同。

利用阿尔法锁定，可以在约束的范围内根据自己的意愿对局部进行颜色填充，但剪辑蒙版的图层实际是空的，进行颜色填充的时候是没有边界的，会对整个图层执行填充。不过可以借助参考图层的用法，将父级图层设置为参考图层，这样，在剪辑蒙版上填充时就和阿尔法锁定一样了。

主动式剪辑蒙版设置使用方式：在选中的图层上方新建一个图层，点击选中新建的图层，再点击弹出图层选项工具栏，将新图层设置为剪辑蒙版，在剪辑蒙版上进行更改即可，如图 3-6-18 所示。

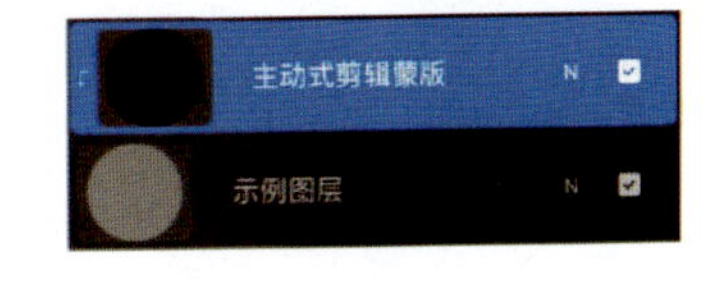

图 3-6-18　主动式剪辑蒙版设置使用示例

练习：

1. 先画一个圆，对圆进行填充。
2. 在图层上方新建一个图层，设置为剪辑蒙版。
3. 在剪辑蒙版上任意位置画图形。
4. 观察画面的变化。
5. 将剪辑蒙版的设置解除，上层图层恢复为普通图层。
6. 观察实际上你在剪辑蒙版图层画的是什么形状。

2）被动式剪辑蒙版

被动式剪辑蒙版的使用方式和蒙版类似，都是通过遮盖剪辑掉原图像的部分内容，以露出需要展示的目标内容。

蒙版：被剪辑的图像在父级图层中，位于蒙版下方，在蒙版上将需要遮盖的区域用黑色的笔刷涂抹，露出父级图层需要展示的区域。

被动式剪辑蒙版：被剪辑的图像在剪辑蒙版图层中，位于父级图层上方，在父级图层将需要遮盖的区域画出来（颜色不限），就可以看到剪辑蒙版图层只露出需要展示的区域。

被动式剪辑蒙版设置使用方式：在选中的图层下方新建一个图层，点击选中上方原有的图层，再点击弹出图层选项工具栏，将原来的图层设置为剪辑蒙版，在下方新的图层上进行更改即可，如图 3-6-19 所示。

图 3-6-19　被动式剪辑蒙版设置使用示例

练习：

1. 先画一个圆，对圆进行填充。
2. 在图层下方新建一个图层。

3. 将上方图层设置为剪辑蒙版。
4. 在下方画一个方形，使用另外一种颜色对方形进行填充。
5. 在下方图层中对应于上方圆的位置内外移动方形。
6. 观察画面的结果。

注意，图层列表最底下的那个图层无法设置为剪辑蒙版，因为它的下方没有父级图层，如图 3－6－20 所示。

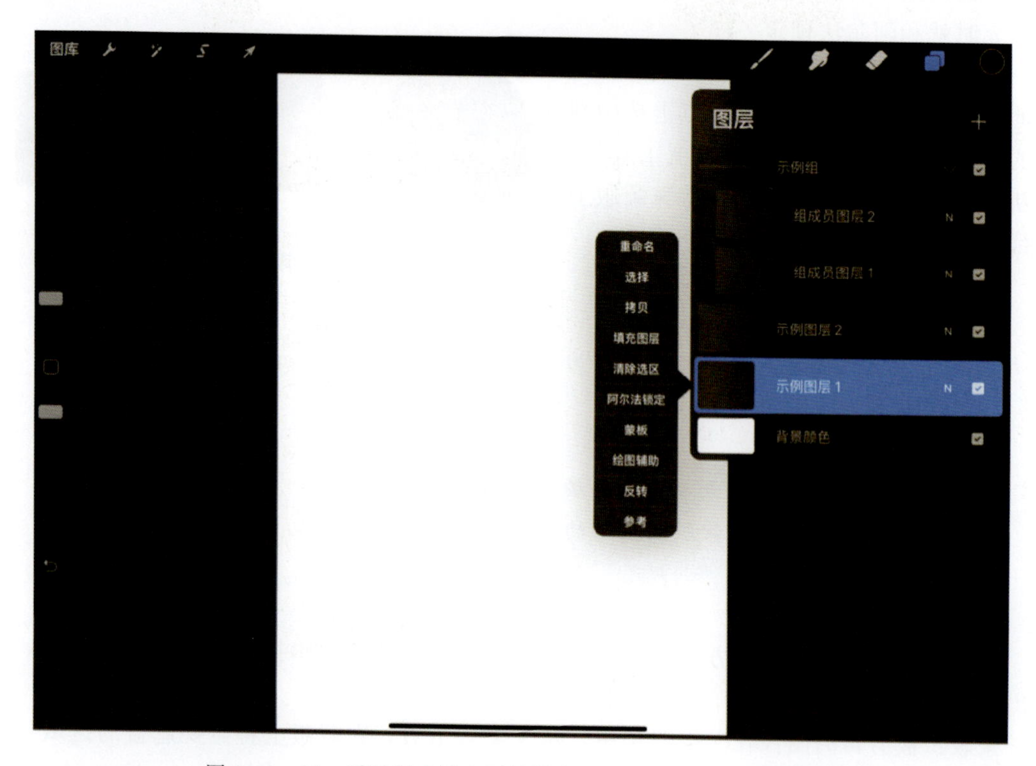

图 3－6－20　图层列表最底下的那个图层无法设置为剪辑蒙版

图层选项“四兄弟”的介绍就到此为止，这些操作很难在短时间精通，需要在日常使用过程中逐渐掌握其要领。鉴于四者的功能，推荐优先选用剪辑蒙版和参考图层搭配的组合。

第七节　见证奇迹的时刻：调整工具、图层混合模式

如同变魔术一般，调整工具（图 3－7－1）和图层混合模式（图 3－7－2）这两个画面效果调整工具组的能力都很强，一秒换新图也不在话下，这些效果几乎非人力所能，只能借助 Procreate 强大的机器算法来实现。

调整工具和图层混合模式都是使用算法对画面取样重新计算给出新的呈现结果的工具，

图 3-7-1　调整工具选项面板

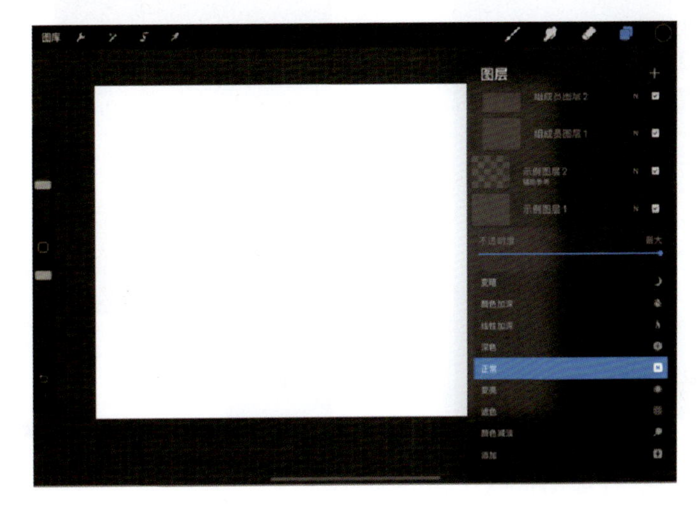

图 3-7-2　图层混合模式选项面板

但两者调整的内容和范围有所不同：调整工具是对单一图层选区内的画面进行调整，若没有特定选区则默认对整个图层进行操作，每个调整工具都能进行进一步的精准调整，可用于图像模糊、液化、克隆（复制）、颜色调整；而图层混合模式是利用当前图层对下方整个画面（所有图层叠加的结果）进行调整，调整结果根据算法一步到位，无法根据自己的意愿进行进一步的精准调整，主要用于图像整体明暗光效和颜色调整。

换句话说，调整工具是单图层工具，使用时这个图层的效果和其他图层没有直接关系；而运用图层混合模式，需要对其下方所有图层重新计算，当确定效果需要合并图层的时候，要从混合模式的图层一直到画布背景颜色一起合并才能得到正确的结果。

一、调整工具

调整工具，实际为选区调整工具，可针对选定区域进行画面调整，如果不选就默认选取整个图层的内容。点击工作界面左上角的魔术棒图标，可打开调整工具集合，选择需要的调整工具对选区进行调节。调整工具有“不透明度”“色相、饱和度、亮度”“颜色平衡”“曲线”“渐变映射”“高斯模糊”“动态模糊”“透视模糊”“杂色”“锐化”“泛光”“故障艺术”“半色调”“色像差”“重新着色”“液化”“克隆”。

Procreate 5X 相比 Procreate 5.0 增加了“渐变映射”“泛光”“故障艺术”“半色调”和“色像差”这几个滤镜，同时调整了“不透明度”和“重新着色”功能（图 3-7-3）。

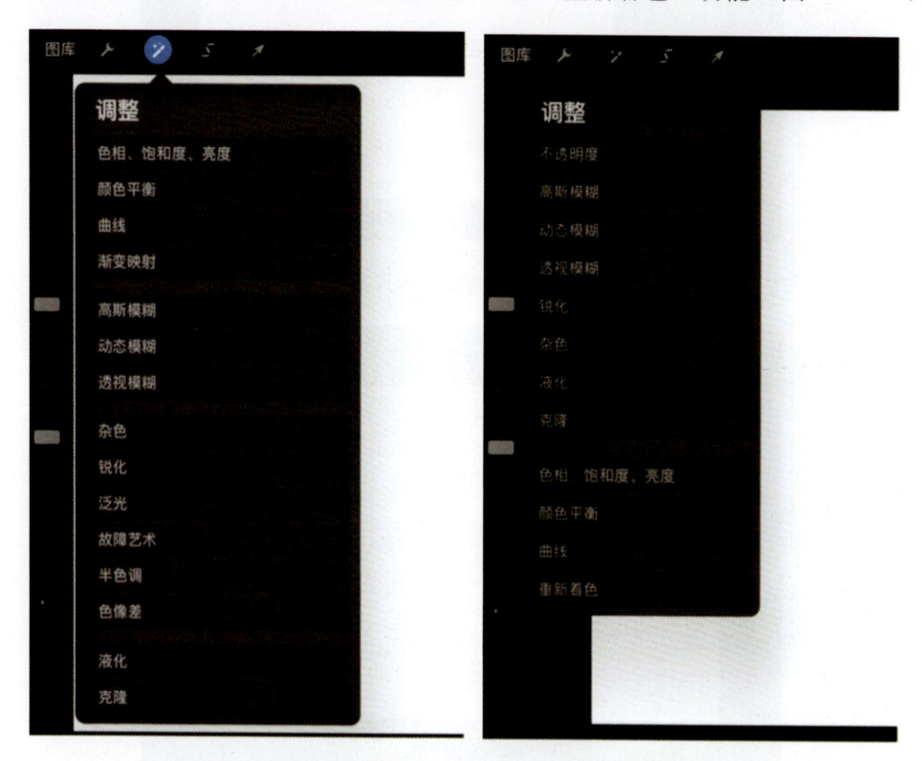

图 3-7-3　Procreate 5X（左）与 Procreate 5.0（右）调整工具选项对比图

同时，Procreate 5X 还对调整工具进行细分，每一个调整工具都可以选择是针对图层（选区）进行调整，还是使用 Pencil 对局部进行调整。点击调整工具图标，直接选择调整工具中的选项，是对图层进行调整；如果从左向右滑动调整工具中的选项，就可以看到“图层”和“Pencil”的选择按钮，如图 3-7-4 所示。

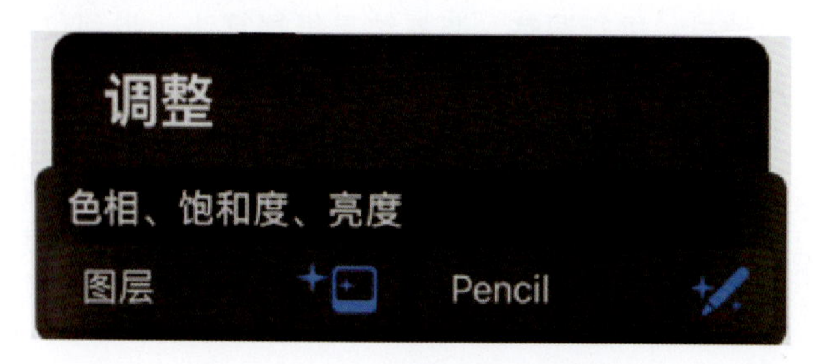

图 3-7-4　图层或 Pencil 选择

1. 色相、饱和度、亮度

选区的色相、饱和度、亮度皆可单独调节。图层混合模式也有色相、饱和度、明度（与亮度不是一个概念）的调节，这两种调整相似，却不完全相同。首先，调整工具是在同一图层操作，是破坏性的；而图层混合模式是多图层混合效果，不会破坏原本图层内容。其次，两种调节方式的算法不同。

2. 颜色平衡

颜色平衡也称偏色校正，如果图像有颜色偏色，可以通过这个工具来增加和减少颜色，以达到画面平衡。颜色平衡可以调节阴影、中间调、高亮区域的颜色，这里的颜色调节会同时影响色相和饱和度。它依 RGB 颜色系统分为红色、绿色、蓝色三个色调，可以在本色到互补色区间调节。

3. 曲线

曲线工具可用来调节颜色的饱和度、亮度，分为伽马、红色、绿色、蓝色，伽马曲线可同时调节绿色、红色、蓝色三个通道，绿色、红色、蓝色曲线可进行单色通道的调节。

将曲线向上拖，调高颜色的明度；向下拖，降低颜色的明度。

将曲线向右拖，调高颜色对比度；向左拖，降低颜色的对比度。

4. 渐变映射

渐变映射是一种根据图像明暗度自动套用填充渐变色板进行重新着色的功能。在了解渐变映射后，可以根据自己的需求制作渐变色板，对画面的色彩风格和细节进行调整。

Procreate 渐变色库提供几种常用的渐变色板，点击渐变色库选择面板（图 3－7－5）右上角的“＋”还可以添加新的渐变色板。

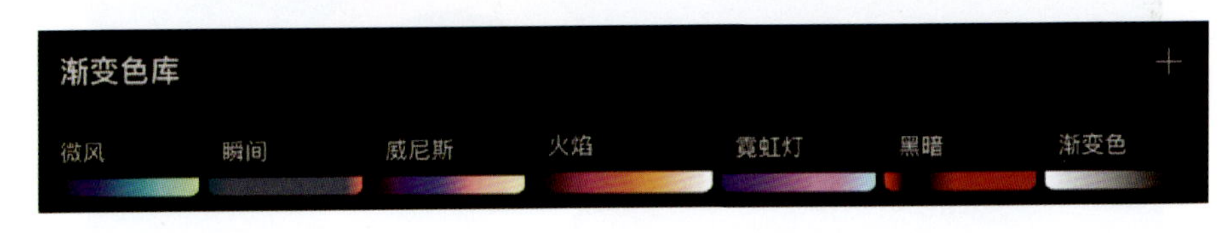

图 3－7－5　渐变色库选择面板

渐变映射的工作原理是先去掉图像的饱和度，使之变成一个只有明暗度的黑白图像，然后统计图像的明暗度，再根据明暗度填充相对应的颜色。

所以，如果使用渐变映射，在没有把握的情况下，可以使用调整工具中的“色相、饱和度、亮度”选项，将饱和度调整为 0，观察图像的明暗区域是否符合预期，如果不合适，则先调整图像的明暗度再使用渐变映射。

图 3－7－6 下方的宝石为其上方蓝宝石去除饱和度后的结果，对两者进行相同的渐变映射处理，得到相同的结果，这也进一步证实了渐变映射结果与颜色无关。

渐变映射的渐变色板从左到右对应暗部到亮部，最左边方格对应亮度 0，最右边方格对应亮度 255，注意是左、右两端的方格，而非左、右两端的颜色，两端的方格不需要固定在渐变色板的左、右两端。

图 3－7－6　渐变映射结果与颜色关系示意图

点击渐变色板上任意位置（除已经存在方格的地方），可以新增渐变调节方块。

点击渐变色板上的方块可以更改方块的颜色，以调节整个渐变色板（图 3－7－7）。

图 3－7－7　调节渐变色板上方块的颜色

长按渐变色板上的方块，可以将其删除（图 3－7－8）。

图 3－7－8　删除渐变色板上的方块

5. 高斯模糊

将工作界面上的滑条左右滑动，可以控制高斯模糊工具，调整选区图像的模糊程度。高斯模糊可以让画面柔焦和失焦。Procreate 没有渐变色工具，但我们可以通过高斯模糊来制作渐变色，方法为：用画笔在一个区域内涂上不同的颜色，选取这个区域，对选区进行高斯模糊，可通过调节模糊程度来获取渐变效果，如图 3－7－9 所示。

图 3－7－9 使用高斯模糊制作渐变色

熟练掌握操作技巧后，会发现这种方式比渐变色工具还好用，渐变色一般为线性填充渐变和径向填充渐变，只有大方向可设置，但如果中间再掺杂局部渐变就比较困难了。

6. 动态模糊

动态模糊工具可利用模糊线条拉伸画面，制造动态的模糊效果。可以用触控笔（或者手指）压在屏幕上旋转控制动态模糊的方向，通过滑动工作界面上的滑条来控制模糊程度。

7. 透视模糊

透视模糊工具可以制造带方向的收缩和爆炸模糊效果。用触控笔（或者手指）点击画布来确定焦点，此时收缩和爆炸模糊的方向是径向均匀的，如果点击下方工具栏的“方向”按钮，会有一个方向盘，可以确定模糊方向。它也是通过滑动工作界面上的滑条来控制模糊程度。

8. 杂色

杂色工具可以为画面增添颗粒噪点，杂色化程度通过滑动工作界面上的滑条来控制。轻度的杂色调整可以使得画面有颗粒感，质感增强。

Procreate 5X 对“杂色”进行了细化，提供三种形态的颗粒，分别为“云”“巨浪”和“背脊”。

9. 锐化

锐化工具可以提高线条对比程度，使得线条更聚焦，从而使画面看起来更立体。锐化程度可以通过滑动工作界面上的滑条来控制。但要注意，过度锐化会使得画面看起来不自然。

10. 泛光

泛光工具可以用来制作画面发光的效果。如果是对图层进行调整，会得到整体发光的效果；如果使用Pencil模式，则可以制作精准的局部发光效果。比如我们在画珠宝设计稿时，就可以使用泛光工具来制作金属或者宝石的局部发光效果，让画面质感提升。

11. 故障艺术

故障艺术工具提供伪影、波浪、信号和发散四种艺术效果，用于模拟信号干扰、扭曲失真，适合用于制作类似赛博朋克风格的插图。

12. 半色调

半色调工具套用印刷风格的滤镜，有全彩、丝印和报纸三种打印风格效果，可以设置颗粒的大小。

13. 色像差

色像差工具通过改变图像RGB通道中的红色和蓝色通道，来制造红色或蓝色的色晕，有透视和移动两种效果。透视为色晕沿着透视点往外扩大，移动则是色晕沿着指定方向扩散。

14. 液化

液化是一个很有趣的功能，就像玩水一样，可以在画面上滑动，按照自己的意愿去调整图像的融合度。在珠宝设计的过程中，用这个功能去调珐琅彩的效果非常好用，下面我们结合操作界面来说明一下。

（1）液化选项：推、顺时针转动、逆时针转动、捏合、展开、水晶、边缘。

（2）控制选项：重建、调整、重置。

（3）调整选项：尺寸、压力、失真、动力。

液化选项中，“推”“顺时针转动”“逆时针转动”“捏合”“展开”这几项如字面意思，使用“水晶”液化所得到的结果是带尖刺状的边缘，使用“边缘”液化所得到的结果是规则整齐的边缘。

控制选项中，“重建”相当于撤销；在使用液化功能后，“调整”和“重置”两个按钮会亮起，点击“调整”，向左滑动滑条可以降低执行的液化程度，“重置”则将图像恢复到开启液化前的图像状态，但不退出液化操作界面。

调整选项中，“尺寸”用于调整液化范围；“压力”用于调整Procreate对压力大小的敏感度以做出变化；“失真”可使得液化更扭曲，变形更大；“动力”用于设置触控笔（或者手指）离开屏幕后液化继续执行的距离，类似于手指拨动水之后，涟漪继续散开的程度。

15. 克隆

在进入“克隆”操作界面时，Procreate会瞬间拷贝当前图层的内容，画布上会出现一个小圆圈，滑动小圆圈确认一个位置，就可以在画面上任意处进行以圆圈位置为来源点的画面复制，复制的内容为圆圈所指位置的内容。

克隆工具操作演示视频可扫下页二维码观看。

此时圆圈会跟着画笔动，当触控笔（或者手指）离开后，再次进行克隆时，会以小圆圈目前所在位置为起始位置。如果希望起始位置不变，可以启用克隆锁定状态，方法是：

克隆工具演示视频

移动小圆圈后，长按小圆圈，直到小圆圈出现一个放大缩小的效果，界面上方弹出“克隆锁定状态”字样。再次长按小圆圈可以解锁克隆锁定状态。

建议进行克隆的时候，一开始就开启克隆锁定状态，这样克隆的内容比较好掌控。

克隆界面的下方有调节工具栏，分别为画笔、画笔尺寸和强度。点击画笔图标可以选择笔刷样式；滑动“画笔尺寸”进度条可以调节画笔尺寸大小，也就是克隆区域大小；“强度”可用于控制克隆内容的透明度。

16. 不透明度

在 Procreate 5X 之前的版本中，调整工具栏和图层条“N”选项下各有一个透明度调整工具，前者用来调整选区的透明度，后者用来调整图层的透明度。

而在 Procreate 5X 中，透明度调节功能被集中在图层条“N”选项下的透明度工具中，默认情况下，对“不透明度”滑条进行拉动操作可以调整图层画面的整体不透明度。如果需要对图层局部进行透明度调整，可以通过以下两种方式。

（1）使用选取工具选取需要调整透明度的区域，打开图层列表，用两根手指双击图层即可调整选区的不透明度；如果没有选取局部，则默认对整个图层进行透明度调整。

（2）使用蒙版调整透明度。

第一种方式是对当前图层内容的调整，会改变图像本身，具有破坏性；第二种方式是在图层上方的蒙版进行遮盖调整，没有破坏性。二者没有绝对的好坏，应根据使用环境选择合适的方式。

二、图层混合模式

图层混合模式可以使图像通过不同模式进行混合，包括内容混合、光效混合和颜色混合。其中颜色和光效混合有点类似于调整工具里的“曲线”“颜色平衡”和“色相、饱和度、亮度”功能，只是它的结果是根据不同算法对上下画面的颜色数据进行计算得来，没有调整工具直观，但好处在于它不会影响到原始画面的数据（也就是说，上层的混合图层怎么改都没有事），而且，往往能得到一些出乎意料的惊艳结果。像美图秀秀此类软件的滤镜功能便可以理解为多个混合模式叠加出来的效果。所以若混合模式用得好，自己就可以配置滤镜。

光效混合模式有：降暗组、融合组、提亮组。

颜色混合模式有：差值组、色彩组。

在对图层混合模式有一点了解后，也可以进行内容混合，即将上下画面的内容根据你的意愿融合到一起。比如某些情况下的快速去背景，放一团火，加个月亮，掺几颗宝石，等等。

图层混合模式演示视频，可扫右侧二维码观看。

图层混合模式演示视频

1. 光效混合

光效混合模式有降暗组、融合组、提亮组三种（图 3-7-10，表 3-7-1）。

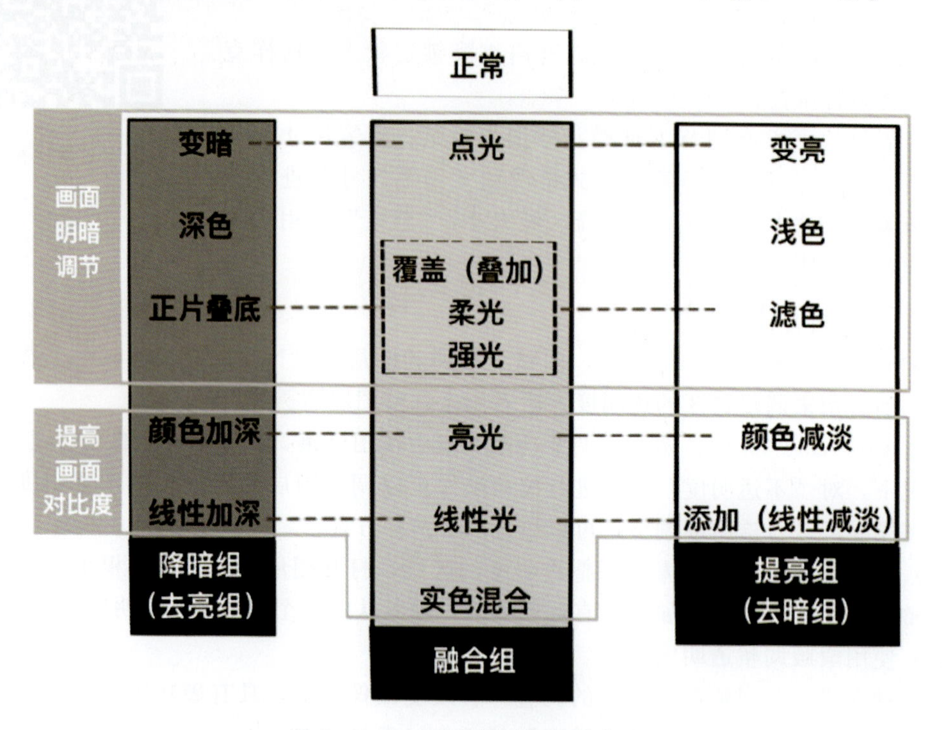

图 3-7-10　光效混合模式分类图

表 3-7-1　三种光效混合模式关系及原理

降暗组（去亮组）	
变暗	RGB 色彩通道里，谁暗选谁，谁数值低选谁
深色	选取 RGB 数值总和小的
正片叠底	整体变暗，叠加黑色则变黑，叠加白色没有变化
颜色加深	暗部会变黑，亮部变化不大，具有强对比效果
线性加深	暗部会变黑，亮部压暗，对比效果比“颜色加深”弱
融合组	
点光	当上层画面 RGB 数值>128，上层会替换下层比它暗的部分，下层越亮越明显 当上层画面 RGB 数值≤128，上层会替换下层比它亮的部分，下层越暗越明显
覆盖（叠加）	亮的更亮，暗的更暗，由下方图像决定，看到的下方画面多一点
柔光	混合结果介于“覆盖”和“强光”之间，相对柔和，画面看起来我中有你、你中有我
强光	亮的更亮，暗的更暗，由上层图像决定，看到的上方画面多一点

续表 3－7－1

亮光	若上层画面 RGB 数值≤128，暗的更暗；若上层画面 RGB 数值＞128，亮的更亮 但总体混合结果处于“颜色加深”和“颜色减淡”之间
线性光	若上层画面 RGB 数值＜128，暗部为线性变暗；若上层画面 RGB 数值≥128，亮部为线性变亮 混合结果与“亮光”相似，相对柔和
实色混合	上层 RGB＋下层 RGB≥255，结果为 255（白）；上层 RGB＋下层 RGB＜255，结果为 0（黑）
提亮组 （去暗组）	
变亮	RGB 色彩通道里，谁亮选谁，谁数值高选谁
浅色	选取 RGB 数值总和大的
滤色	整体提亮，叠加白色则变白，叠加黑色没有变化
颜色减淡	亮部会变亮，暗部变化不大，具有强对比效果
添加（线性减淡）	亮部会变亮，暗部稍微提亮，对比效果比“颜色减淡”弱

降暗组和提亮组是针对下层画面的，前者对于上层画面就相当于留暗，后者对于上层画面就相当于留亮。如果想要将上层画面和下层画面进行结合，当上层画面的目标为亮光物体，就可以使用提亮组的混合模式；当目标为暗色物体，可以使用降暗组的混合模式。

比如说一团火焰，火焰是亮光的，其背景一般为深色，就可以使用提亮组的混合模式，将上层图像的火焰留下来，将暗色背景去掉。对于上层画面为白色和黑色背景的画面来说，这类操作最为直接有效。

2. 颜色混合

颜色混合模式有差值组和色彩组两种。

1）差值组

差值组的使用效果比较魔幻，往往会有一些出人意料的色彩表现。其结果是通过计算 RGB 三个颜色通道的差值所得出，整个计算逻辑比较绕，想要通过计算去预判结果比较难，但总体呈现出来就是像负片一样的高对比度反色效果。所以使用这组混合模式时，只需要大致了解“差值”“排除”“减去”“划分”这四个不同选项的工作原理和效果（表 3－7－2），剩下的就是凭借感觉去试。

表 3－7－2 差值组颜色混合原理

差值组	
差值	类似于负片效果，高饱和度
排除	类似于负片效果，低饱和度
减去	比较容易使结果色变成黑色，会让画面往黑色增强对比度，比“颜色加深”的对比度高，常用于对比两张照片看画面是否一致
划分	与“减去”相反，会让画面往白色增强对比度，增强曝光，比“颜色减淡”对比度高

使用的窍门：可以新建一个图层，然后选择差值组的混合模式，在新图层上尝试刷不同的颜色，试一下效果。这种负片效果很跳跃，用它来点缀一个比较平静的画面，可以让整个画面变得活泼起来。

2）色彩组（表 3－7－3）

表 3－7－3　色彩组颜色混合原理

色彩组（注意不是用 HSB）	变色
色相	只改变色相，使用上层色彩的色相数值，饱和度、明度不变
饱和度	只改变饱和度，使用上层色彩的饱和度数值，色相、明度不变
颜色	只改变色相和饱和度，使用上层色彩的色相和饱和度数值，明度不变
明度	只改变明度，使用上层色彩的明度数值，色相和饱和度不变

注意：Procreate 颜色配置 RGB 模式使用的是 HSB（色相、饱和度、亮度）颜色模型，但混合模式的色彩组用的是 HSY 颜色模型，二者之间需要转换，所以使用的时候凭感觉就好，不用去对具体数值。

图层混合模式里，色彩组是最容易理解的，使用效果类似于调整工具中的颜色调整部分。只是调整工具是对图层上的内容进行调整，会改变图像本身，具有破坏性；而颜色混合是通过图层混合，不会改变图像本身，没有破坏性。但调整工具只需要滑动滑条就可以做出改变，这点比起图层混合模式的操作要方便一点，使用频率也高。

色彩组有四种混合模式——色相、饱和度、颜色和明度，分别对应的是用上层图像的色相、饱和度、颜色（色相＋饱和度）、明度替代下层图像的色相、饱和度、颜色（色相＋饱和度）、明度。

这里需要注意的是，关于色彩组，Procreate 官方使用手册中的说法不够准确。例如饱和度，官方手册是这么描述的——“饱和度”模式保留原图层的明度和色相，但采取混合图层的饱和度数值”。但如果用调色盘的“值”模式来观察颜色的饱和度数值，就能看到上层图层混合下层图层之后的结果色饱和度不一定等于上层图层的颜色的饱和度。

练习：

1. 新建一个图层，填充一种颜色。
2. 再建一个新的图层，填充另外一种颜色。
3. 对上层选用图层混合模式中的“饱和度”模式。
4. 用手指长按图层混合的结果画像，吸取当前颜色。
5. 到调色盘中选择“值”模式。
6. 在“颜色历史”上查看原图层、混合图层和混合结果的颜色中的饱和度。

在这个练习中，上述三个数值大概率是不一致的。那是官方说错了？其实也不是，只是这个描述还不够准确，因为图层混合模式在做计算的时候用的不是 Procreate 默认的 HSB 色彩模型，而是 HSY 色彩模型，两者略有不同，可以转换。

同理，颜色混合模式中色彩组的四种模式都是如此，所以发现实际操作和官方手册说明有不同的时候也不用怀疑其正确性。

对于图层混合模式的使用窍门，千言万语汇成一句话：偶有灵感，多多尝试。怎么理解？就是在你大致了解图层混合模式后，在绘画过程中如果有想法，不妨多试几种混合模式，可能就有一种是令你最满意的。

第八节 通达人笔合一之境：手势操作

要说 iPad 与其他的平板电脑相比还有什么优势，那就是 iOS 设计的手势操作模式比较好用；要说 Procreate 与其他的绘画软件相比还有什么优势，那就是它深得 iOS 手势操作的精髓，配备了一套很棒的手势操作体系，手势、触控笔和为数不多的按键操作配合在一起，让你可以完全沉浸在绘画状态中，就好像很多画师在电脑端用数位板或数位屏配合键盘快捷键一般。

手势操作教学分为两个部分：一是通过不同数量手指可以进行的常规操作，二是通过手势控制选项可以设置的常用操作。

一、不同数量手指的常规操作

1. 一指（表 3-8-1）

表 3-8-1 一指操作集合

序号	操作类型	动作行为	执行结果
1	系统操作	移动手指，点击按键	如同电脑鼠标按键一般，选中目标点击
2	系统操作	长按调色盘操作面板上方的小长条	可以拖动调色盘到屏幕上的任何地方
3	图层操作	向左滑动图层图标	弹出“锁定/解锁”“复制”“删除”图层选项
4	图层操作	向右滑动图层图标	选中图层
5	系统操作	长按 iOS 界面软件快捷栏里的软件，拖到 Procreate 的两边	实现分屏操作，可以在屏幕上看到两个软件
6	文件操作	在分屏模式下，长按笔刷/色卡文件/图片，拖到 Procreate 中	将笔刷/色卡/图片导入 Procreate
7	文件操作	在分屏模式下，长按 Procreate 中的笔刷/色卡/图层，将其拖到文件管理的其他软件中	可以导出笔刷/色卡/图片（默认格式）
8	快捷方式	触控笔画完速创形状后用手指在边上点击	将形状修正为圆形、正多边形

2. 二指（表 3-8-2）

表 3-8-2 二指操作集合

序号	操作类型	动作行为	执行结果
1	画布操作	在画布上捏合、展开	缩放画布
2	画布操作	在画布上旋转	旋转画布
3	画布操作	在画布上双击	撤销操作
4	图层操作	在图层列表里将确定合并的图层捏合	合并图层
5	图层操作	双指单击图层	调整图层或图层选区透明度
6	图层操作	双指向右滑	启用阿尔法锁定

3. 三指（表 3-8-3）

表 3-8-3　三指操作集合

序号	操作类型	动作行为	执行结果
1	快捷方式	在画布上双击	重做操作
2	快捷方式	向下拉	弹出选区剪切复制快速操作面板
3	图层操作	在画面上左右滑动几次	清除图层内容

4. 四指

四指单击“画布”，则画布自适应全屏幕。

二、手势控制选项

除了基础的手势操作，Procreate 也允许用户根据自己的使用习惯调整部分手势操作控制，设置路径：操作—偏好设置—手势控制。

手势控制选项包括“涂抹”“抹掉”“辅助绘图”“吸管”“速创形状”“速选菜单”“全屏”“清除图层”“拷贝并粘贴”“图层选择”和“常规”。其中，“速选菜单”“辅助绘图”“图层选择”“拷贝并粘贴”比较重要，以下单独介绍。

1. 速选菜单

“速选菜单”的设置路径为操作—偏好设置—手势控制—速选菜单（图 3-8-1）。

图 3-8-1　速选菜单选项面板

虽然 Procreate 已经把大部分的操作浓缩设计放在一、二级菜单，但还是有部分操作需要进入三级菜单，还有一些使用频率比较高的操作放在二级菜单，频繁地开合菜单选择操作势必影响绘画速度，而且会打断思路，但为了保证操作界面的整洁，在画布周边也很难再增加操作键。这个时候，Procreate 给出了一个极具创意的解决方案，即增加“速选菜单”——一个可在画布任意地方快速调用的悬浮菜单。

在速选菜单的自定义选项中，推荐采用“□（点击功能键）＋触摸”的调用方式，其效果如图 3-8-2 所示。

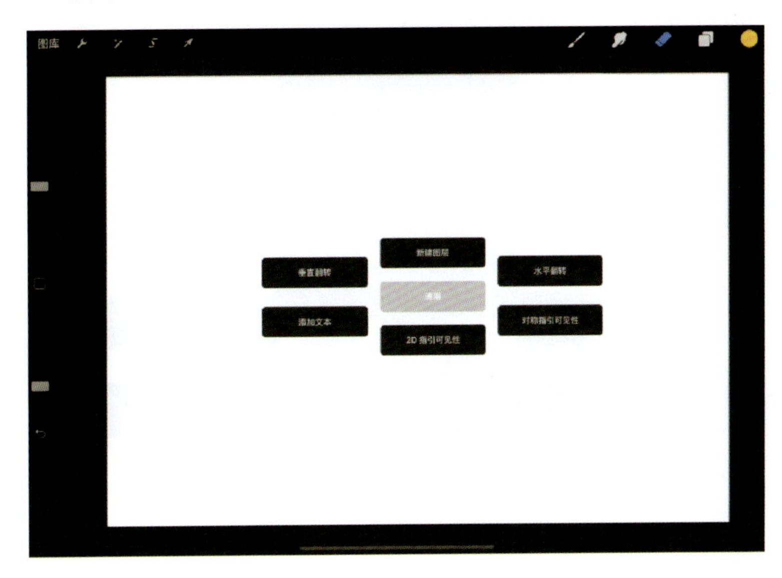

图 3-8-2　速选菜单调用效果图

可以看到出现一个带有 6 个选项的悬浮工具栏，可以在任意位置调用，中心点为手指点击屏幕的地方。长按工具栏的选项，会出来一个选择菜单（图 3-8-3），可以将该选项更改为你想要的操作。

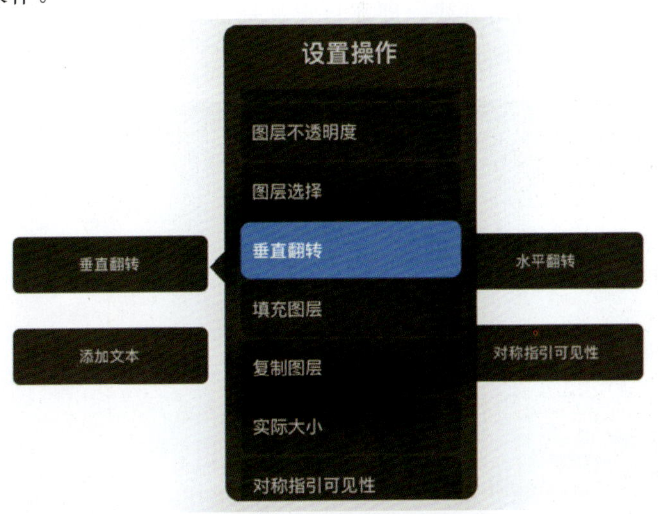

图 3-8-3　速选菜单工具栏

根据 Procereate 珠宝设计绘画可能会频繁使用的功能，建议将速选菜单工具栏设置为如下几项：新建图层、垂直翻转、水平翻转、添加文本、2D指引可见性、对称指引可见性。

在Procreate5X中，还将原本只有一个的速选菜单更新为速选菜单配置集（图3-8-4），可以设置多个不同的速选菜单以适应不同的绘画要求。

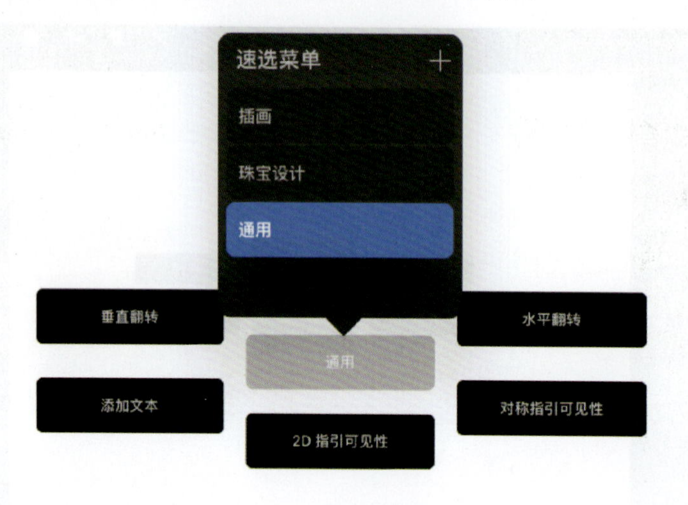

图3-8-4　速选菜单配置集

2. 辅助绘图

“辅助绘图”的设置路径为操作—偏好设置—手势控制—辅助绘图。

辅助绘图的使用在之前第三章第五节绘图指引部分有详细介绍，这里只是复习一下启用方式。因为辅助绘图时常是在作画的时候突然需要或者突然不需要，调用的频率会比较高，所以推荐设置一个快捷调用方式，即在自定义辅助绘图中选择“轻点□”（点击功能键，图3-8-5），这样不会打断惯用手还在绘画的动作。辅助绘图启用效果见图3-8-6。

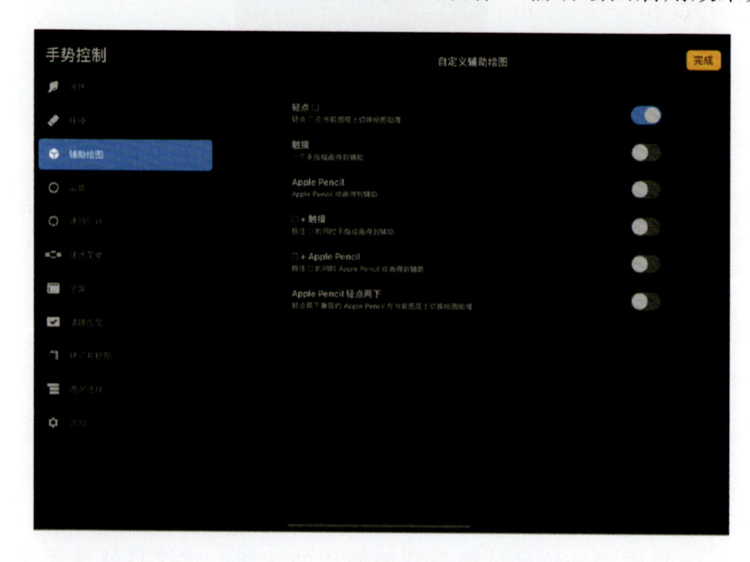

图3-8-5　辅助绘图选项面板

图 3－8－6　辅助绘图启用效果图

3. 图层选择

“图层选择”的设置路径为操作—偏好设置—手势控制—图层选择。

图层选择可以帮助快速定位某个像素点所在图层，并将当前图层设置为该图层。当绘画的图层、线条、颜色块较多的时候，图层选择就能发挥作用。这里需要注意的是，如果在同一像素点叠加了多个图层，Procreate 会默认选择显性特征更明显的图层；如果图层特征不够明显，Procreate 还会弹出一个图层列表让你自己选择，比如当一个半透明图层叠加在另外一个图层上时，就有可能会发生这种情况。

推荐使用的“图层选择”调用方式：□（点击功能键）＋Apple Pencil（图 3－8－7）。图层选择使用效果如图 3－8－8 所示。

图 3－8－7　图层选择选项面板图

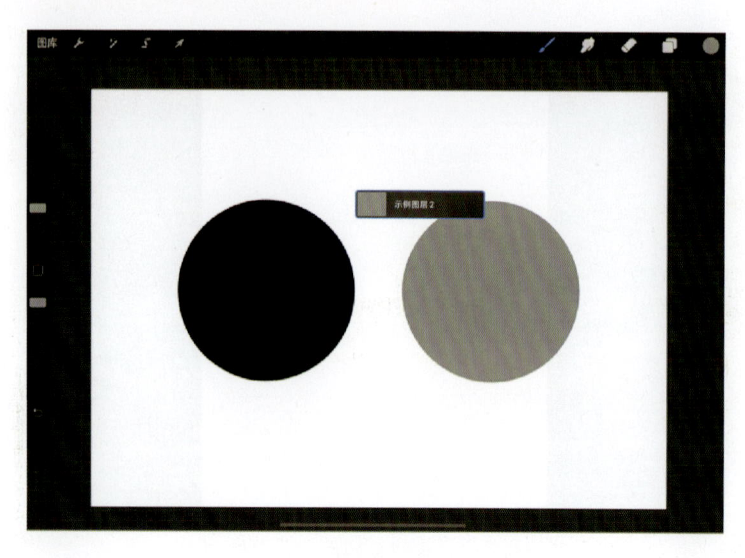

图 3-8-8　图层选择使用效果图

4. 拷贝并粘贴

“拷贝并粘贴”的设置路径为操作—偏好设置—手势控制—拷贝并粘贴。

这个快速悬浮工具栏非常好用。“拷贝并粘贴”工具栏中包括剪切、拷贝、全部拷贝、复制、剪切并粘贴、粘贴这几个选项，是一个使用频率较高的操作集合。它和电脑端软件鼠标的左右键相似，以快捷方式将其调用能够缩短操作距离，节省时间。使用“剪切并粘贴”和“复制”会剪切或复制选区然后新建一个图层粘贴上去，这里针对一些不确定的修改或者多个重复物体经常会用到。

推荐的调用方式：三指向下滑动（图 3-8-9），使用效果如图 3-8-10 所示。

图 3-8-9　“拷贝并粘贴”设置选项面板图

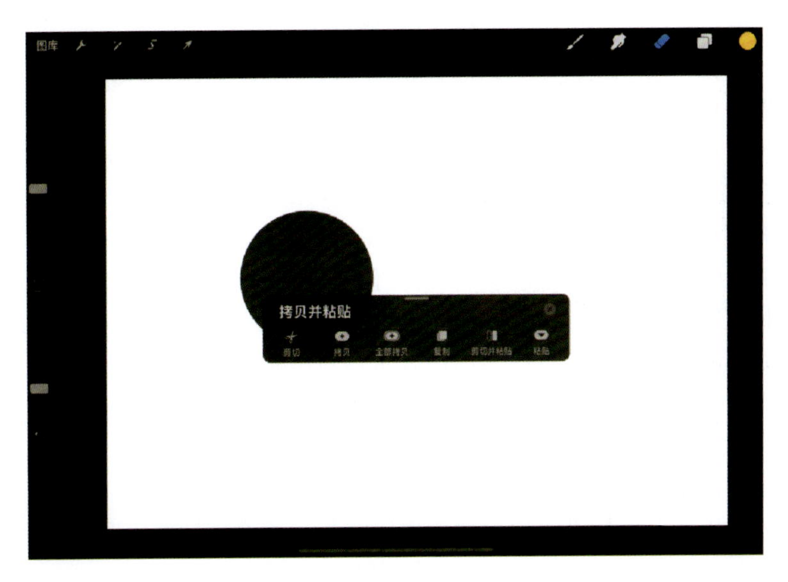

图 3-8-10 “拷贝并粘贴”使用效果图

对于 Procreate 的软件操作说明到这里就结束了，若想了解更多内容，如动画协助、键盘快捷键操作等，可以参照 Procreate 官方使用手册。

Procreate 基本操作测试

1. 使用色彩快填的时候，如果发现颜色填充范围超过预期，需要做什么（多选）?

   A. 检查边缘是否有缺口　　B. 调整阈值大小

   C. 换一个颜色　　D. 启用蒙版

2. 用黑色线画一个圆圈，启用阿尔法锁定，对黑色线圈起来的区域进行颜色填充，操作能否顺利完成?

   A. 能　　B. 不能

3. 一个图层可以有多个蒙版和多个剪辑蒙版。该说法是否正确?

   A. 正确　　B. 不正确

4. 如果发现画线不顺畅，我们可以通过调节画笔工作室描边路径中的哪个参数来辅助画更加顺畅的线条?

   A. 间距　　B. 流线

   C. 抖动　　D. 掉落

5. 缩时视频的质量在画布创建后还能够调整吗?

   A. 可以　　B. 不可以

6. “深色”属于哪一组图层混合模式?

   A. 降暗组　　B. 提亮组

C. 融合组　　　　D. 颜色组

7. 如果我们需要一张透明背景的 PNG 格式图片，背景图层该如何设置？

A. 设置为白色　　　　B. 设置为黑色

C. 设置为灰色　　　　D. 设置为不可见

8. 要改变一个区域颜色的色相可以（多选）：

A. 填充颜色　　　　B. 使用调整工具

C. 使用图层混合模式　　　　D. 使用蒙版

9. 如果图层已达到最大数量限制，想要继续新建图层，以下做法有效的是（多选）：

A. 合并不必要的图层，以空出图层数量供新图层使用

B. 调整画布大小，降低画布尺寸增加图层最大数量

C. 降低画布 dpi 值，增加图层最大数量

D. 使用变换工具将整体画面缩小以减少像素，空出可用像素

10. 图层列表中所有图层都可以设置为剪辑蒙版。该说法是否正确？

A. 正确　　　　B. 不正确

答案

1. B　2. B　3. B　4. B　5. B　6. A　7. D　8. ABC　9. ABC

10. B

第四章　Procreate 珠宝设计绘画

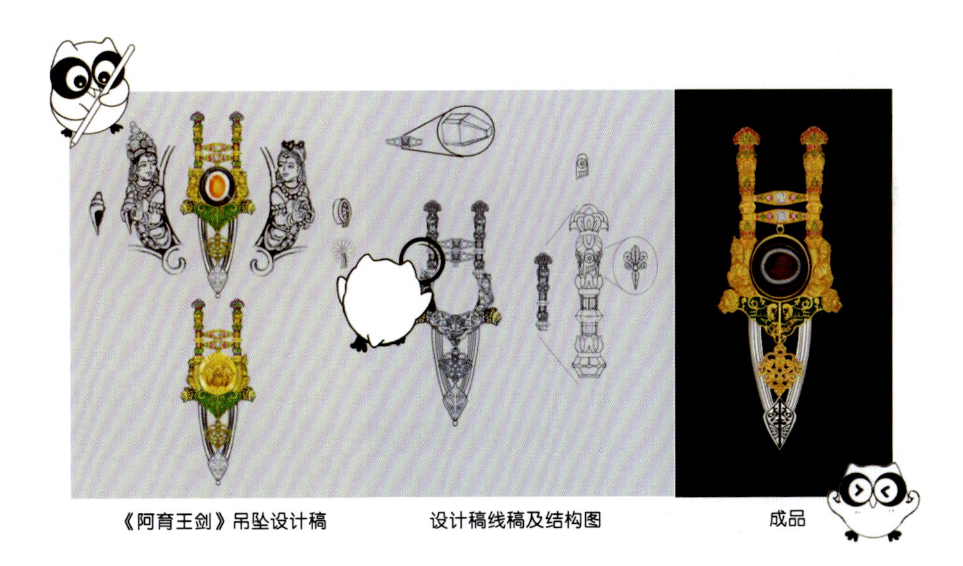

《阿育王剑》吊坠设计稿　　设计稿线稿及结构图　　成品

一张珠宝设计稿再复杂，和艺术品画作还是有很大区别的，更多的时候是介于画作和工程图之间，画得好看是基础，但结构清楚也很重要。珠宝设计师有一个大忌，即只在乎画作的炫彩夺目而忽略了制作的可能性，从而导致只有大量好看的画稿而没有能实现出来的作品。作为一名珠宝设计师，画得好看不是我们的最终目的，把实物最终呈现得好看才是我们的终极目标。所以我们在画设计稿的时候一定要仔细思量：这么画是不是能够做得出来？

前面的章节中介绍了 Procreate 软件的基础知识，从本章起，我们将学习这一软件在珠宝设计领域的应用。

第一节　刻面宝石的基本描绘

一、透视关系及其分类

在素描绘画中，透视是一个观察物体形状的概念，理解透视可以帮助我们更好地把控造型。

1. 透视的特点

（1）近大远小。两个体积相同的物体，距离远的一定比距离近的物体看起来小。

（2）近宽远窄。当我们站在一条笔直的马路中间时，我们会感觉远处的路面越来越窄。

（3）近实远虚。距离我们近的物体会看得更清晰，距离越远越模糊。

2. 透视的分类

透视分为一点透视、两点透视、三点透视。

1）一点透视（图 4-1-1）

一点透视是指在透视关系中只有一个消失点，也可称之为平行透视。

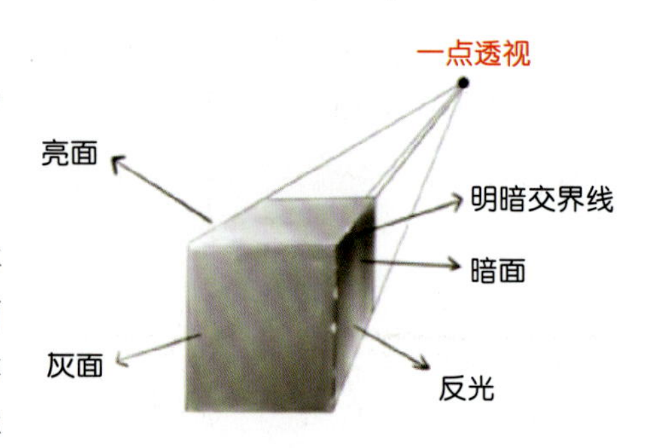

图 4-1-1　一点透视示意图

2）两点透视

两点透视也叫成角透视，其特点是所画物体有一组垂直线与画面平行，其他两组线均与画面成一定角度，而且有两个消失点。两点透视更容易表现出体积感，加上明暗对比之后，物体的体积感会更强。

3）三点透视

三点透视也是一种绘图方法，通常用于超高层建筑的俯瞰图或者仰视图。它有三个消失点，其高度线不完全垂直于画面。它在珠宝首饰的辅助绘图中使用较少，此处不作赘述。

二、光影明暗关系

传统美术包括素描、速写、色彩等，其中素描来源于西方美术，速写来源于中国的白描，它们都注重线的排布与面的关系。而数字绘画的方式则大有不同，同样的球体，板绘无需排线，只需要简单的几步就能完成。

但是，不论是传统绘画还是数字绘画，都脱离不了光影、色调与空间的关系。先有空间，再有光，才能有明暗色调和影子。

三、常见宝石琢型种类及画法

在珠宝首饰行业中，宝石的琢磨方式主要分为两大类型——刻面型和素面型。常见刻面宝石有圆形、椭圆形、水滴形、马眼形、心形、枕垫形、祖母绿型，见图 4-1-2。

图 4-1-3 展示了圆钻的冠部亮面结构，大部分的宝石琢型都是对称的，在 Procreate 这款软件中我们可以利用对称工具快速建立宝石琢型。

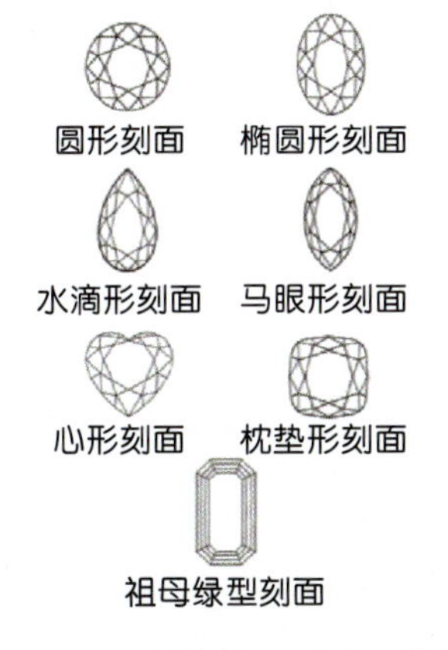

图 4-1-2 常见宝石琢型种类

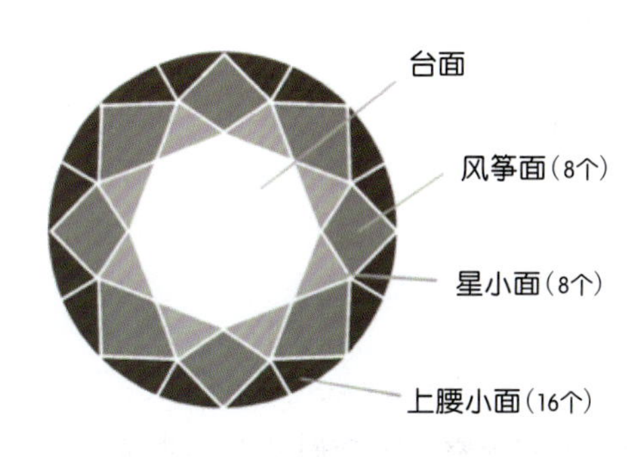

图 4-1-3 钻石冠部亮面结构

1. 圆形刻面宝石画法

(1) 利用图形工具画出一个正圆，见图 4-1-4。

(2) 在操作界面中打开绘图指引，并点击“编辑绘图指引”，见图 4-1-5。

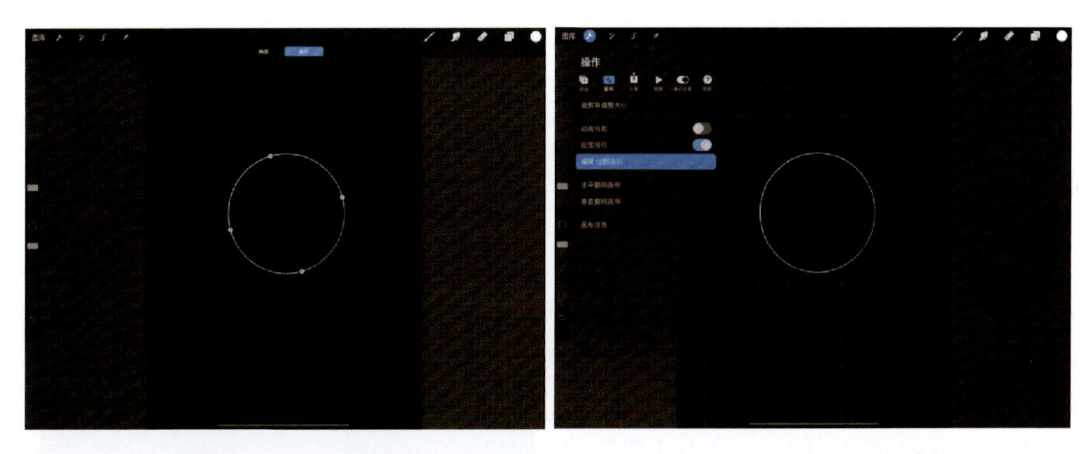

图 4-1-4 画正圆

图 4-1-5 打开绘图指引

(3) 在“对称”选项中选择“径向”，见图 4-1-6。

（4）打开变形工具，选择“等比”，移动圆形，使其外接正方形的八个点落在八条径向线上，见图 4－1－7。

图 4－1－6　选择径向对称

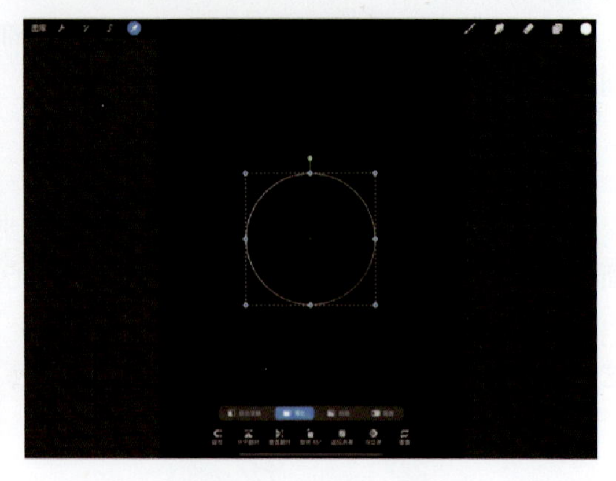

图 4－1－7　移动圆形

（5）新建图层作为辅助线图层，见图 4－1－8。

（6）在辅助线图层中作 45°径向角的角平分线，选择红色便于观察，见图 4－1－9。

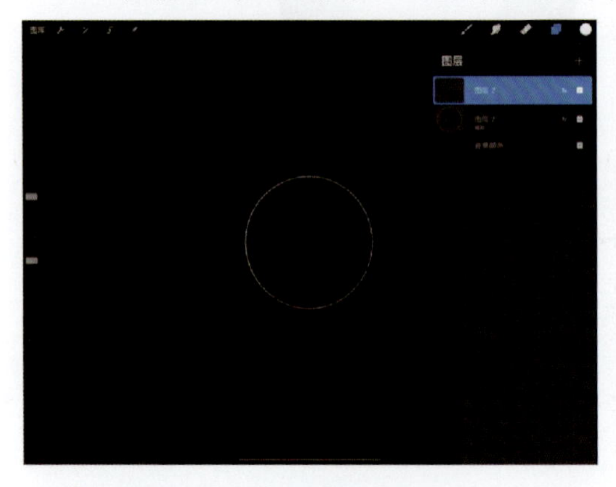

图 4－1－8　新建辅助线图层

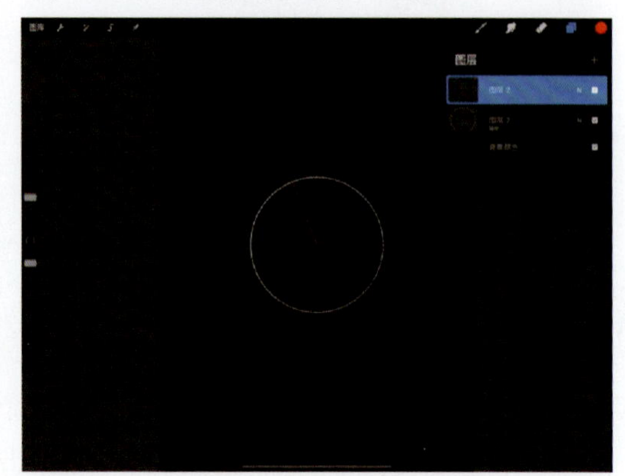

图 4－1－9　作红色角平分线

（7）在圆心到径向线与圆交点之间的线段大约 1/2 处做标记，并连接标记点，观察对角连接线是否平行，此时会在圆内出现一个正八边形台面，见图 4－1－10。

（8）在辅助线图层中选择辅助线 1/4 的地方作点，回到线稿图层并连接 1/2 点和 1/4 点。此时在八边形的棱线上又多出八个角，形成星小面，见图 4－1－11。

（9）将径向线与圆的交点和八个角的顶点连接起来，画出风筝面和上腰小面，得到的圆形刻面效果如图 4－1－12 所示。

图 4－1－10　连接标记点，画出台面

图 4-1-11　画出星小面

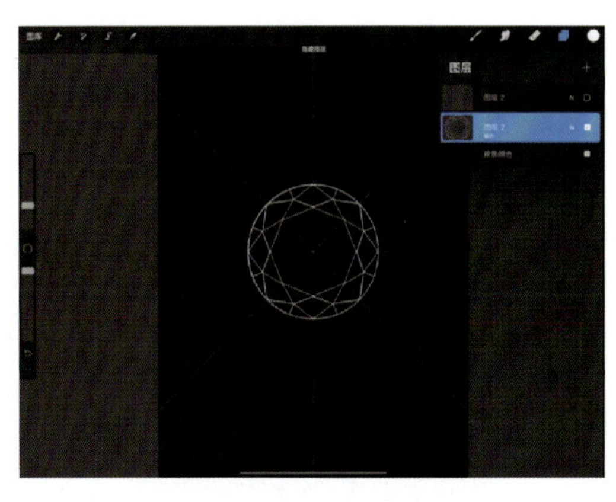

图 4-1-12　圆形刻面效果

2. 椭圆形刻面宝石画法

（1）利用图形工具画出一个椭圆。

（2）在操作界面中打开绘图指引并点击“编辑绘图指引”，在“对称”选项中选择“四象限”，见图 4-1-13、图 4-1-14。

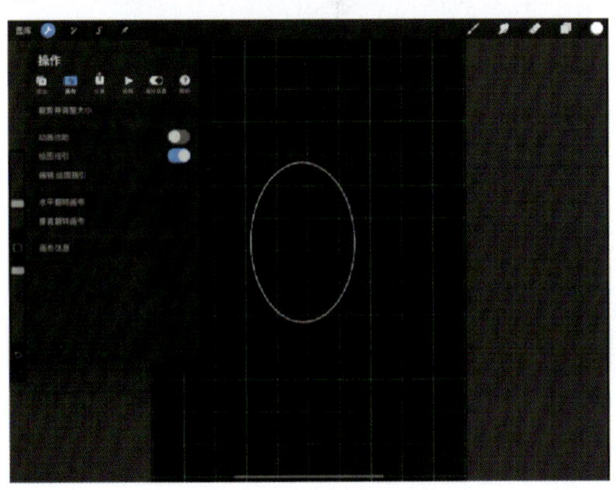

图 4-1-13　打开绘图指引

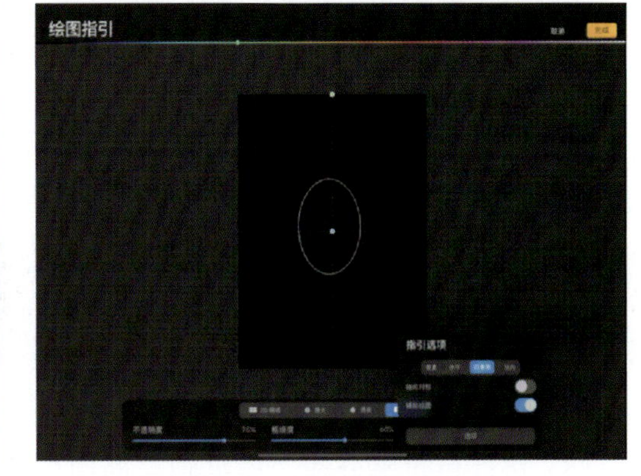

图 4-1-14　选择四象限对称

（3）打开变形工具，选择“等比”，移动椭圆，使其外接矩形的四个中点落在横纵轴线上，见图 4-1-15。

（4）新建图层作为辅助线图层，见图 4-1-16。

（5）在辅助线图层中作 90°角的角平分线，选择红色便于观察（图 4-1-17）。再作 45°角的角平分线，选择蓝色便于观察。

（6）以中心点为起点，在横纵轴和红色辅助线大约 1/2 处做标记，并连接标记

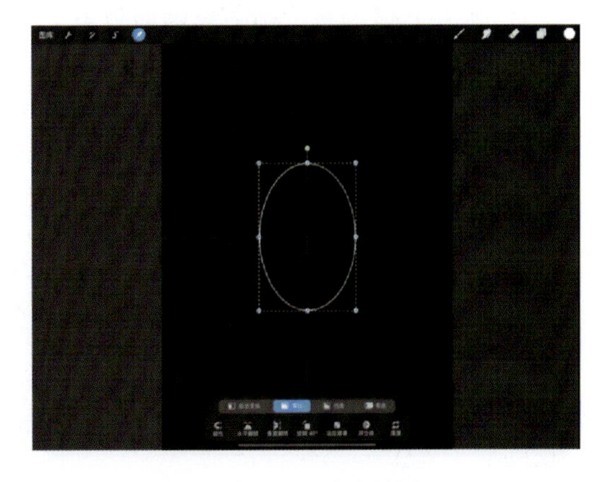

图 4-1-15　移动椭圆

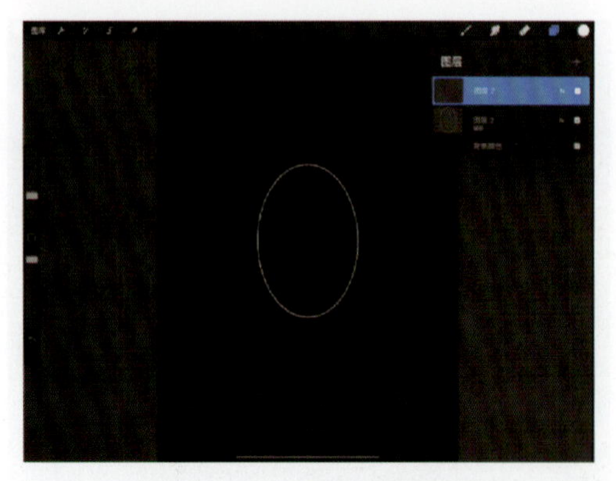

图 4－1－16　新建辅助线图层

图 4－1－17　作红色角平分线

点，观察对角连接线是否平行，此时会在椭圆内出现一个八边形，见图 4－1－18。

（7）在辅助线图层中选择蓝色辅助线上中心点至与椭圆交点距离 3/4 处作点，回到线稿图层并连接红线标记点和蓝线标记点，画出星小面。此时在八边形的棱线上又多出八个角，见图 4－1－19。

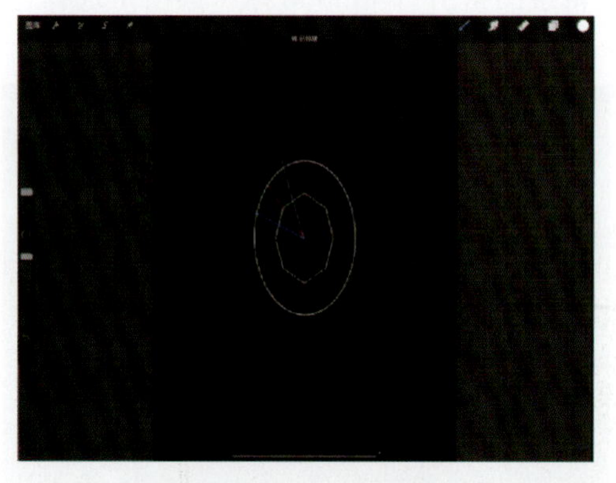

图 4－1－18　画出台面

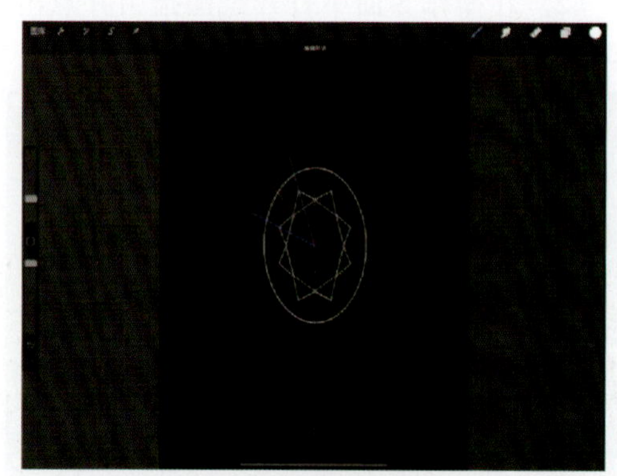

图 4－1－19　画出星小面

（8）将红色角平分线、横纵轴与椭圆的交点和八个角的顶点连接起来，画出风筝面，见图 4－1－20。

（9）画出上腰小面，椭圆形刻面效果见图 4－1－21。

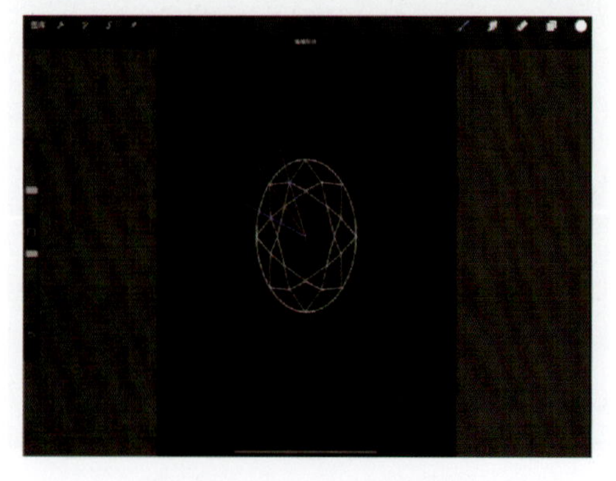

图 4－1－20　画出风筝面

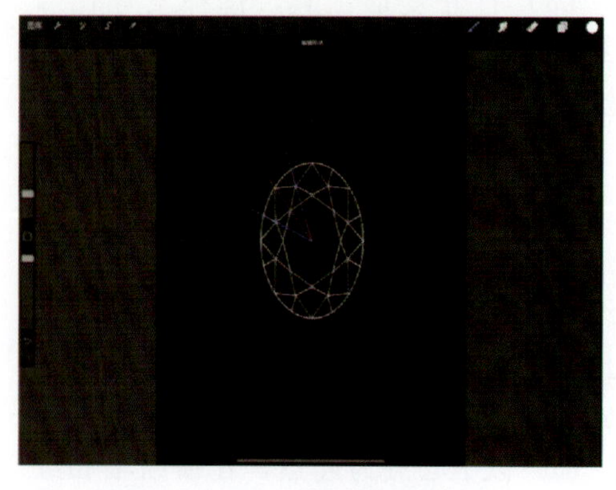

图 4－1－21　椭圆形刻面效果

3. 水滴形刻面宝石画法

（1）打开绘图指引，点击“编辑绘图指引”并选择垂直对称，见图 4-1-22。

（2）利用垂直对称和图形工具画出两个斜交的椭圆切出水滴形，见图 4-1-23。

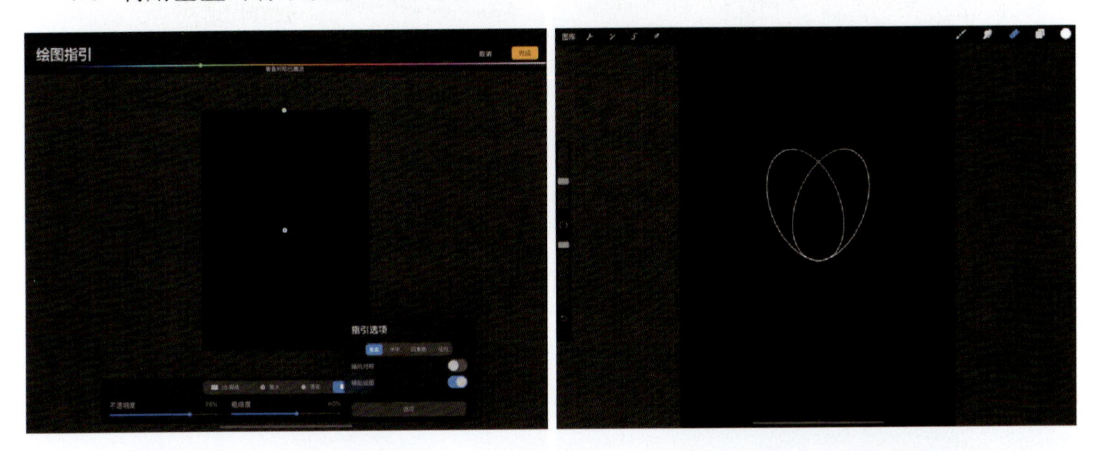

图 4-1-22 选择垂直对称　　图 4-1-23 画出水滴形

（3）新建辅助线图层，见图 4-1-24。

（4）选择辅助线图层，在水滴靠底部的中心位置作横纵轴和 45°角平分线（标记为红色），见图 4-1-25。

图 4-1-24 新建辅助线图层　　图 4-1-25 作横纵轴和角平分线

（5）在红色辅助线大约 1/2 处标记点，回到线稿图层连接标记点，此时出现一个八边形水滴台面，见图 4-1-26。

（6）回到辅助线图层，作 45°角的角平分线（标记为蓝色），选择中心点至与水滴形交点距离 3/4 处作标记，见图 4-1-27。

（7）回到线稿图层，连接蓝线标记点和红线标记点，画出星小面，见图 4-1-28。

（8）连接蓝色标记点和水滴边缘点，画出风筝面，见图 4-1-29。

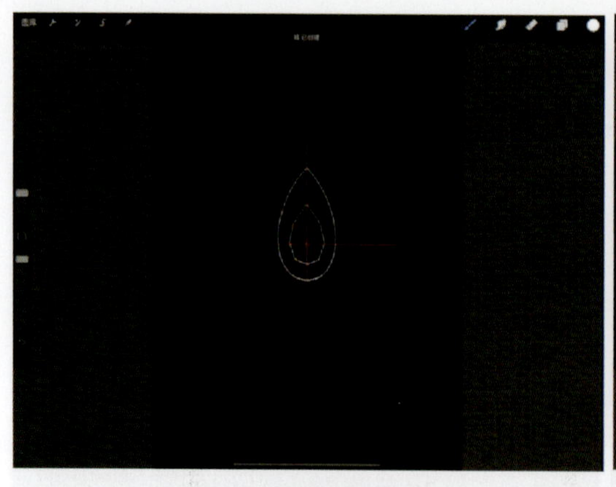

图 4－1－26　画出台面

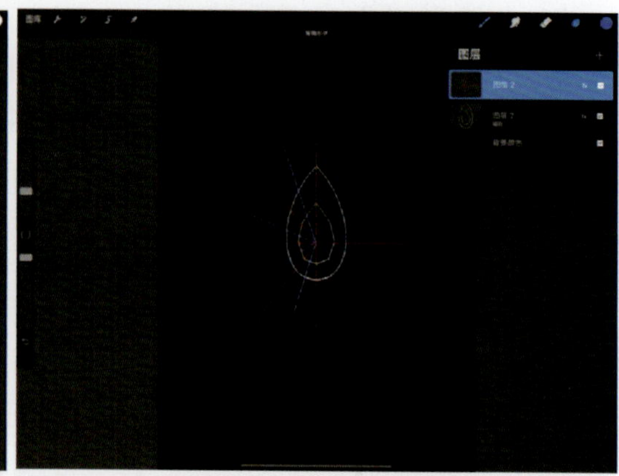

图 4－1－27　作蓝色角平分线并标记点

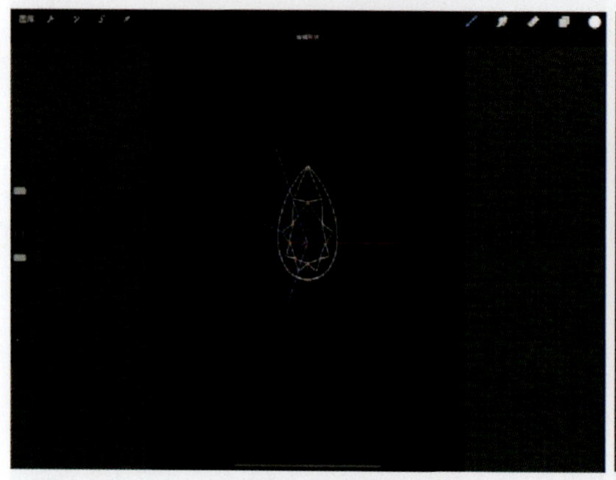

图 4－1－28　画出星小面

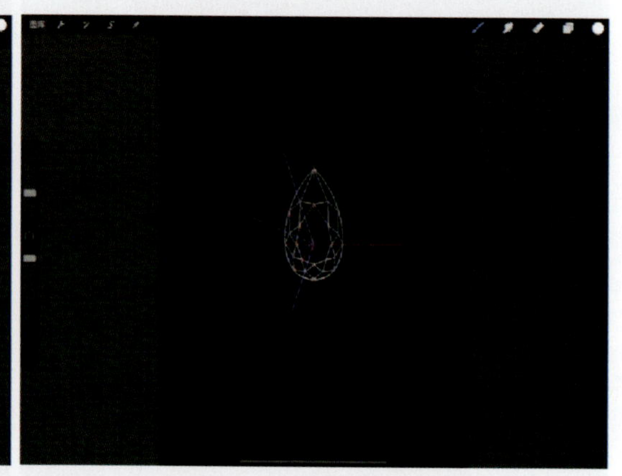

图 4－1－29　画出风筝面

（9）画出上腰小面，水滴形刻面效果见图 4－1－30。

图 4－1－30　水滴形刻面效果

4. 马眼形刻面宝石的画法

（1）打开绘图指引，选择垂直对称，利用两个椭圆相交组合成一个马眼形状，见图 4－1－31。

（2）擦除多余的部分，剩下马眼形状，见图 4－1－32。

（3）新建辅助线图层，在马眼中心位置作横纵轴，并分别作 90°角、45°角的角平分线，标记为红色、蓝色；在横纵轴和红色辅助线大约 1/2 处作标记，见图 4－1－33。

（4）连接八个标记点，观察对角连接线是否平行，此时会出现一个八边形台面，见图4-1-34。

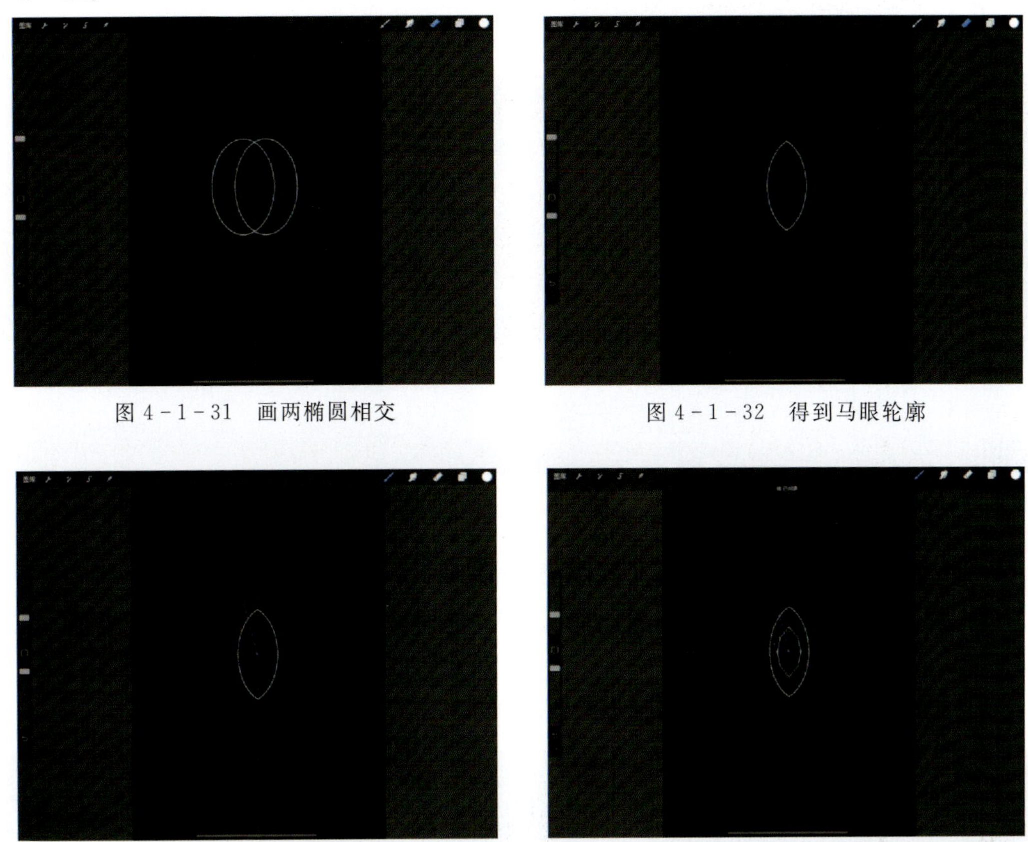

图4-1-31　画两椭圆相交

图4-1-32　得到马眼轮廓

图4-1-33　建立辅助线图层

图4-1-34　画出台面

（5）在辅助线图层中选择蓝色辅助线上与马眼形交点至中心点线段1/4处作点，回到线稿图层并连接红线标记点和蓝线标记点，画出星小面。此时在八边形的棱线上又多出八个角，见图4-1-35。

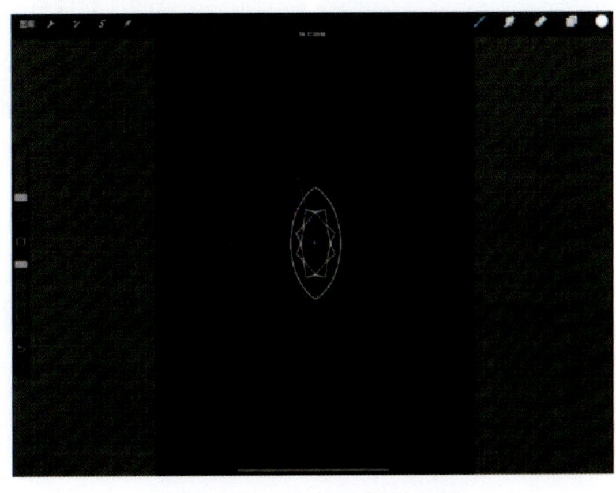

图4-1-35　画出星小面

（6）将横纵轴、红色角平分线与马眼形的交点和八个角的顶点连接起来，画出风筝面，见图 4－1－36。

（7）画出上腰小面，马眼形宝石刻面效果见图 4－1－37。

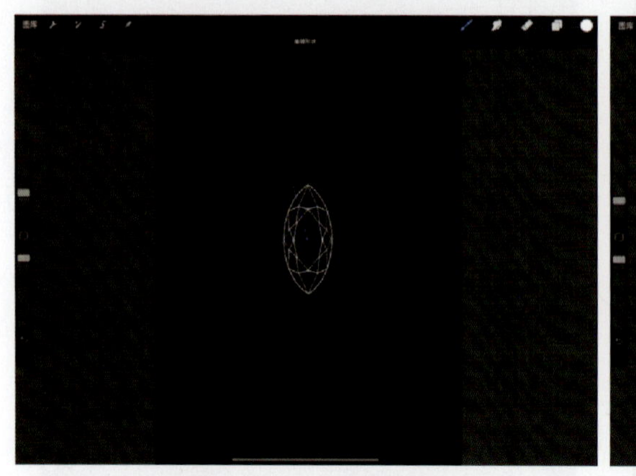

图 4－1－36　画出风筝面

图 4－1－37　马眼形刻面效果

5. 枕垫形刻面宝石的画法（可参考椭圆形刻面宝石画法）

（1）打开绘图指引，点击“编辑绘图指引”，选择四象限对称，画出一个矩形，见图 4－1－38。

（2）用图形工具作弧线，切出矩形的四个圆角，见图 4－1－39。

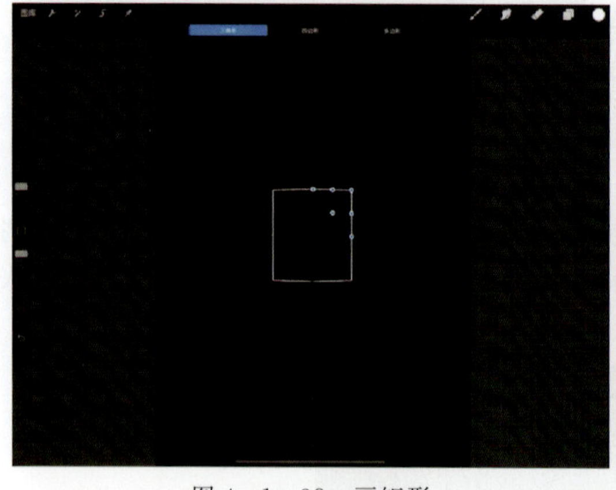

图 4－1－38　画矩形

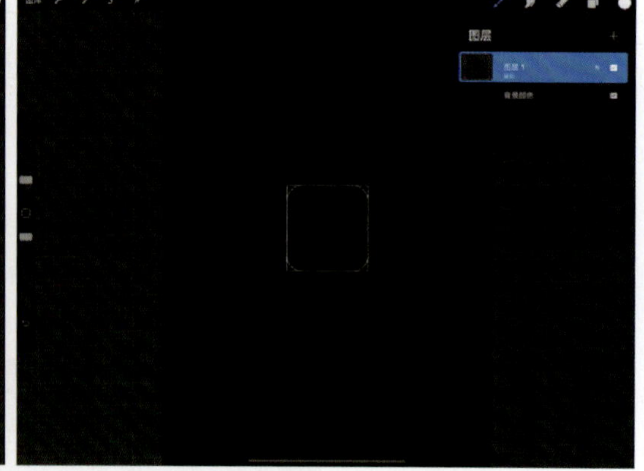

图 4－1－39　画弧线切出圆角

（3）擦除四边形棱角，新建图层作为辅助线图层。在辅助线图层中作 90°角的角平分线，选择红色便于观察。再作 45°角的角平分线，选择蓝色便于观察，见图 4－1－40。

（4）以中心点为起点，在横纵轴、红色辅助线与矩形相交形成的线段上大约 1/2 处作标记，连接标记点，观察对角连接线是否平行，此时会在椭圆内出现一个八边形台面，见图 4－1－41。

（5）在辅助线图层中，选择蓝色辅助线上与矩形的交点至中心点线段 1/4 处作点，回到线稿图层并连接红线标记点和蓝线标记点，画出星小面。此时在八边形的棱线上又多出八个角，见图 4-1-42。

（6）将红色辅助线、横纵轴与矩形的交点和八个角的顶点连接起来，画出风筝面，补齐上腰小面，枕垫形宝石刻面效果见图 4-1-43。

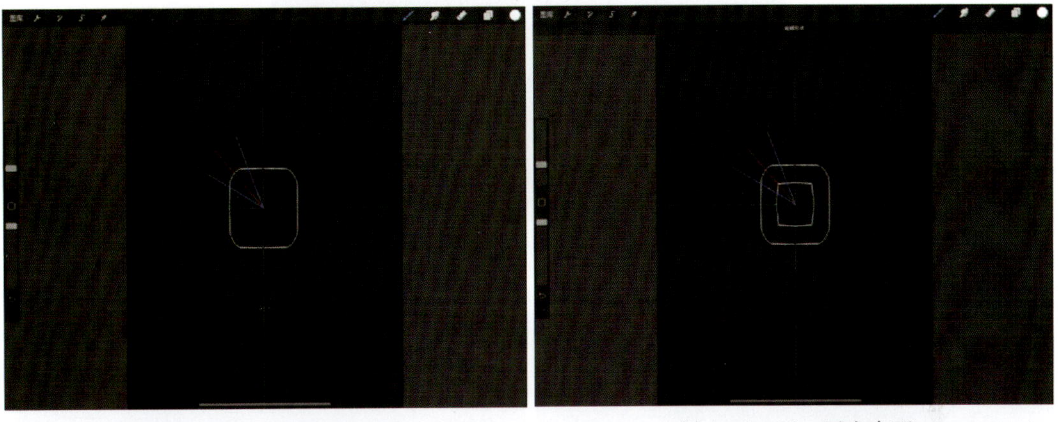

图 4-1-40　做红蓝辅助线　　图 4-1-41　画出台面

图 4-1-42　画出星小面　　图 4-1-43　枕垫形刻面效果

6. 心形刻面宝石的画法

（1）打开绘图指引，点击“编辑绘图指引”，选择垂直对称；画两个相交的圆，见图 4-1-44。

图 4-1-44　画两圆相交

（2）心形的下端由两条弧线相交得到，见图 4-1-45。

（3）擦除多余的线条，只留下心形轮廓，新建辅助线图层。分别作 90°（红色）和 45°（蓝色）角平分线，见图 4-1-46。

（4）选择辅助线图层，在红色辅助线上与心形的交点至中心点之间的线段大约

图 4-1-45　画出底尖

1/2 处标记点，回到线稿图层连接标记点，此时出现一个七边形台面，见图 4-1-47。

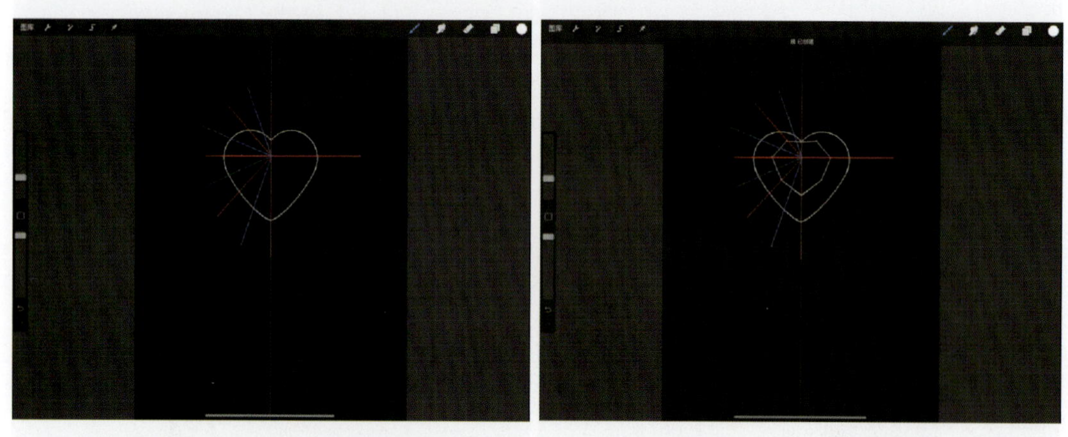

图 4-1-46　作红、蓝色角平分线

图 4-1-47　画出台面

（5）回到辅助线图层，在蓝色辅助线上与心形交点至中心点之间的线段 1/4 处标记，连接蓝线标记点和红线标记点，画出星小面，见图 4-1-48。

（6）画出风筝面，见图 4-1-49。

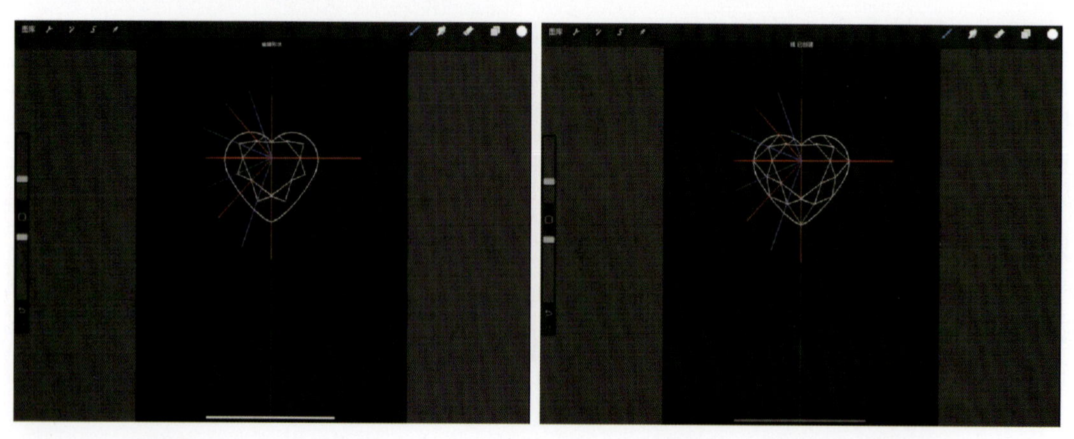

图 4-1-48　画出星小面

图 4-1-49　画出风筝面

（7）连接蓝线标记点和心形边缘点，画出上腰小面，心形刻面效果见图4－1－50。

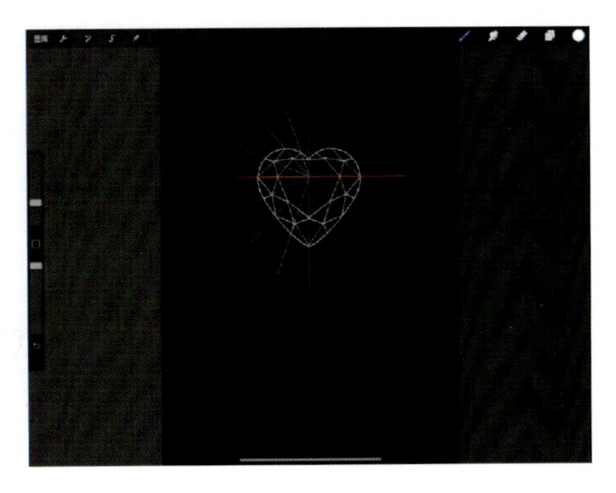

图4－1－50 心形刻面效果

7. 祖母绿型刻面宝石画法

（1）选择四象限对称，画出两个矩形，见图4－1－51。

（2）分别作两个矩形的切角线，见图4－1－52。

（3）连接八个切角的端点，见图4－1－53。

（4）擦除多余的线条，见图4－1－54。

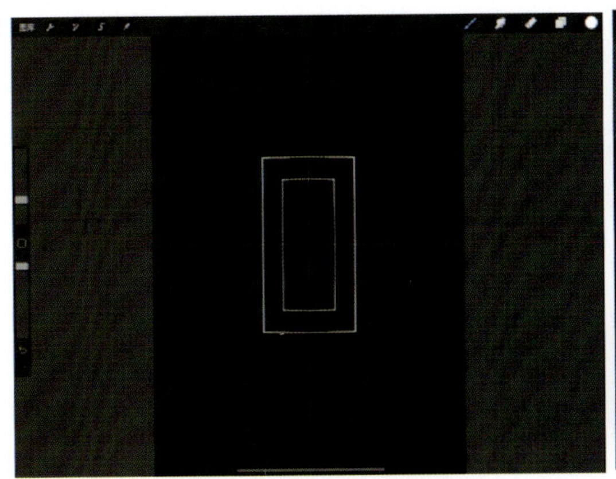

图4－1－51 画两个矩形

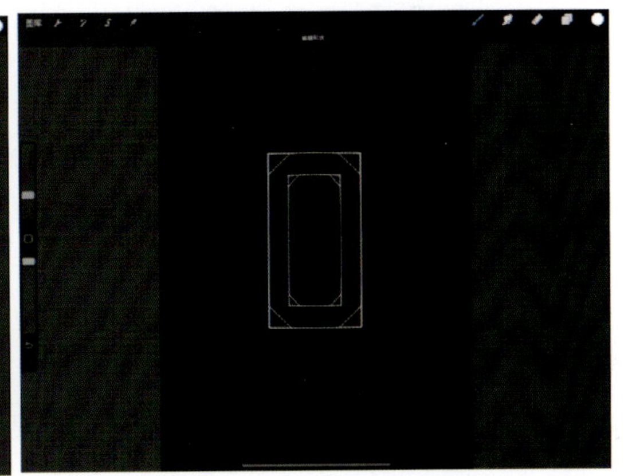

图4－1－52 作矩形的切角线

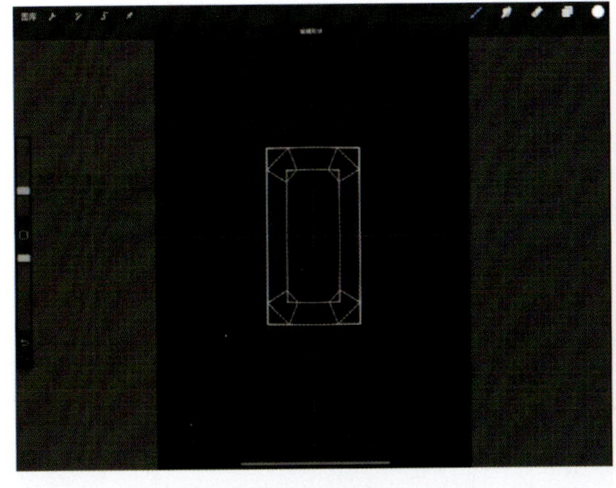

图4－1－53 连接切角端点

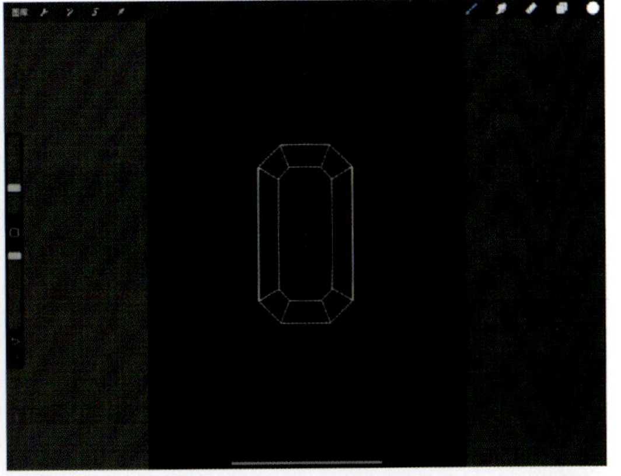

图4－1－54 擦除多余线条

（5）画出剩余的直线刻面，祖母绿型刻面效果见图4－1－55。

图 4－1－55　祖母绿型刻面效果

四、常见宝石的涂色方法

1. 钻石的反光原理

钻石反光原理如图 4－1－56 所示，借助此图可理解光线的折射路径，区分钻石的明暗区域。

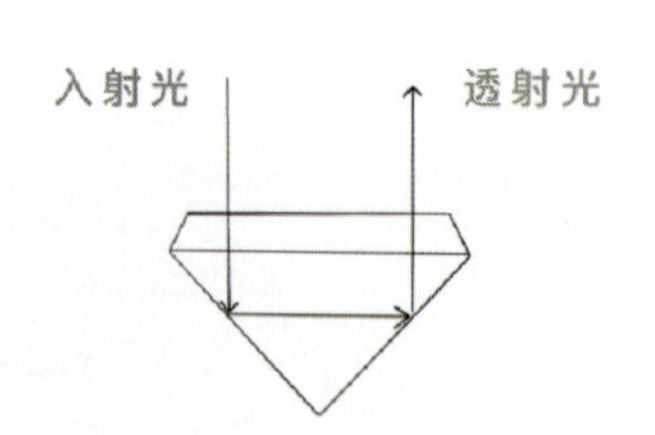

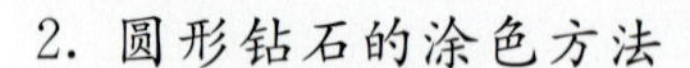

2. 圆形钻石的涂色方法

(1) 将画布背景调至深灰色（灰度 25%），画出钻石的冠部刻面，见图 4－1－57。

(2) 选择偏蓝色色调的深灰色涂于钻石左上扇形区域和右下星小面区域（硬气笔），见图 4－1－58。

(3) 选择较浅的灰色涂于深灰色色调周围（硬气笔），台面偏右下留出空位，见图 4－1－59。

(4) 将更白的灰色涂于台面右下方空位，周围区域也酌情填涂，见图 4－1－60。

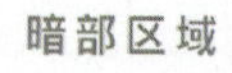

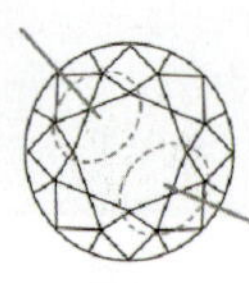

图 4－1－56　钻石反光原理图

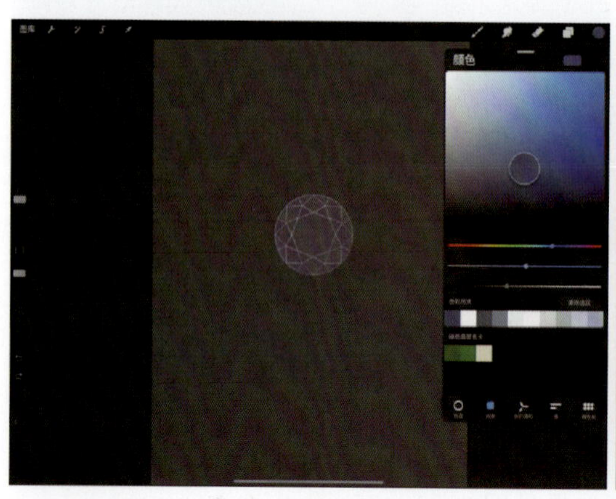

图 4－1－57　画出钻石冠部刻面

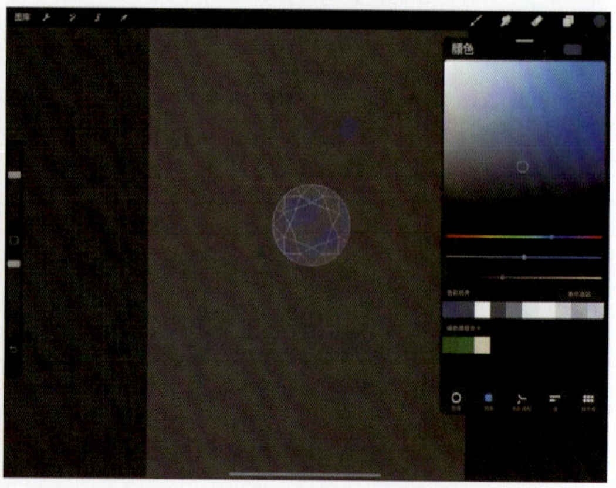

图 4－1－58　画出暗部区域

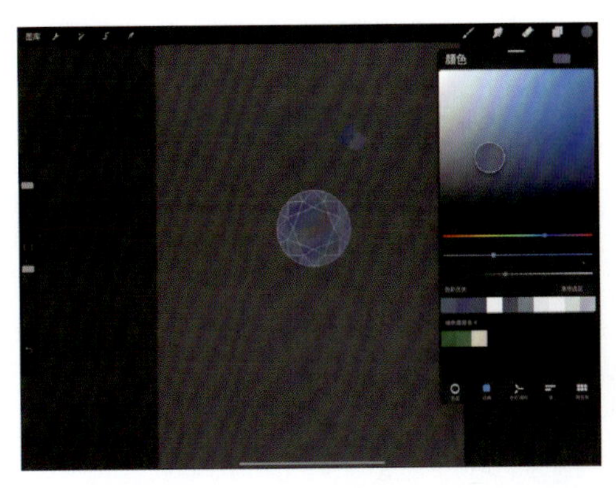

图 4-1-59　填涂灰部

图 4-1-60　提亮灰部

(5) 将更白的灰色涂于左上部三个星小面和右下部台面扇形区域(硬气笔)，见图 4-1-61。

(6) 选一个更白的颜色加亮三个星小面和台面下端，并且加深暗部区域（素描—黑星星粉笔），见图 4-1-62。

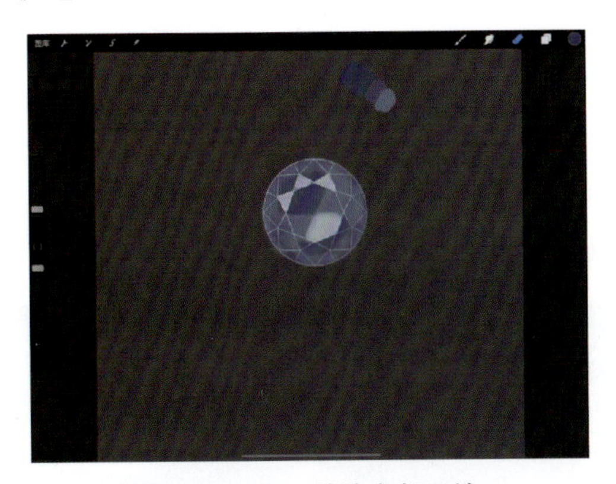

图 4-1-61　填涂亮部区域

图 4-1-62　加深暗部区域

(7) 选择一个较深的灰蓝色画出暗部的刻面棱线（6B 铅笔），见图 4-1-63。

(8) 选择白色画出亮部刻面棱线，并将中间的星小面涂亮（6B 铅笔），见图 4-1-64。

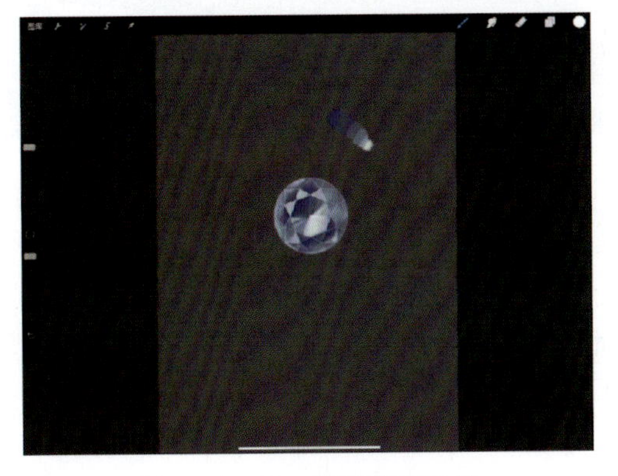

图 4-1-63　刻画暗部棱线

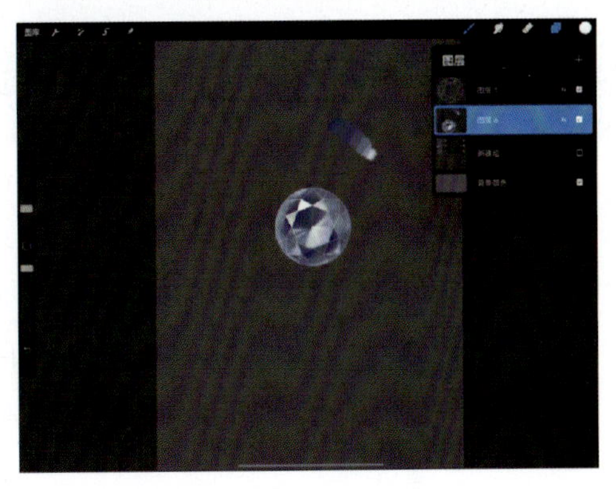

图 4-1-64　刻画亮部棱线

(9) 选择白色画出高光点，并新建一个图层，将台面和星小面的棱线加亮（单线），见图 4-1-65。

(10) 继续用白色画出闪光效果（闪光），见图 4-1-66。

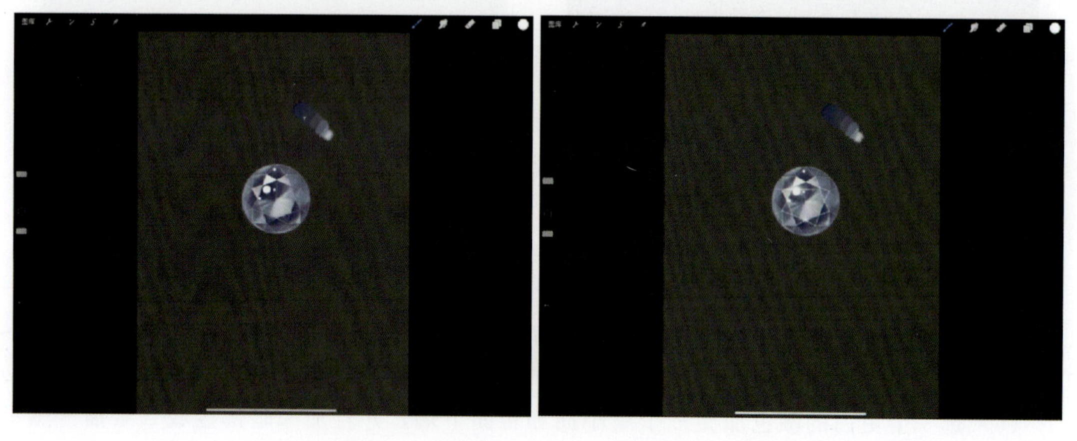

图 4-1-65　画出高光点　　图 4-1-66　画出闪光效果

3. 椭圆形刻面彩色宝石的涂色方法

(1) 新建画布，画好线稿，并将线稿图层设置为“参考”，见图 4-1-67。

(2) 新建图层并选择合适的底色填充，将其作为固有色图层；再新建图层，将其设置为剪辑蒙版，在剪辑蒙版上画出宝石的暗部区域，见图 4-1-68。

图 4-1-67　画出线稿

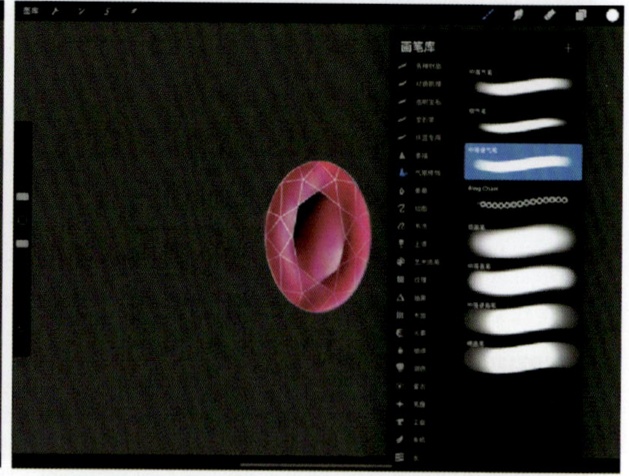

图 4-1-68　填充固有色及刻画暗部

(3) 新建剪辑蒙版，画出宝石的亮部区域，见图 4-1-69。

(4) 新建剪辑蒙版，选择“平画笔”在台面画出亭部刻面棱反光，见图 4-1-70。

(5) 选择“中等硬气笔”，画出高光星小面，选择浅色调丰富宝石边缘颜色，见图 4-1-71。

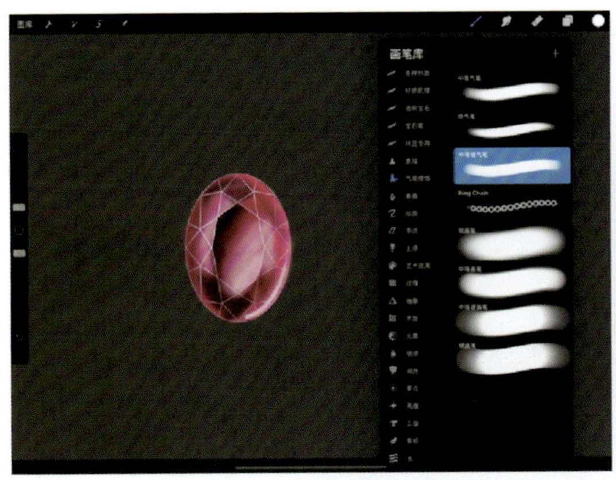

图 4-1-69　画出宝石的亮部区域

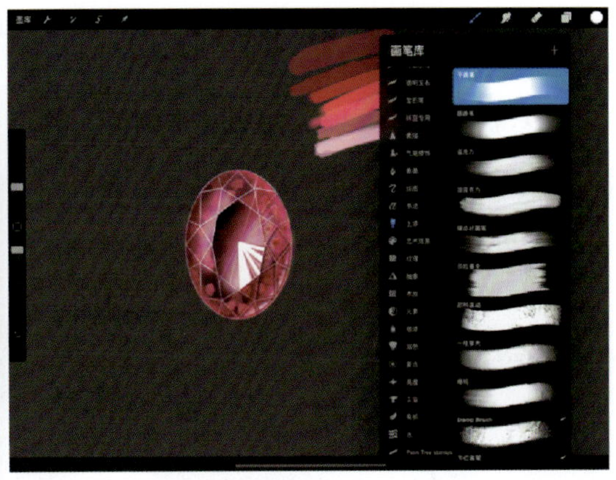

图 4-1-70　画出亭部刻画棱反光

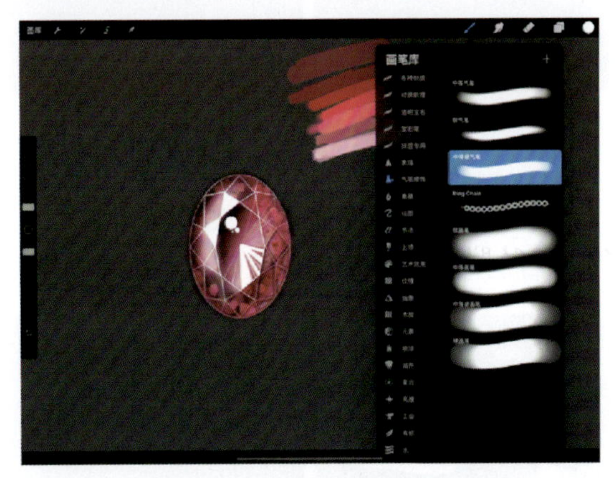

图 4-1-71　画出高光星小面

4. 水滴形刻面彩色宝石的涂色方法

(1) 新建画布，画好线稿，并将线稿图层设置为“参考”，见图 4-1-72。

(2) 新建图层，选择合适的底色填充，将其作为固有色图层，见图 4-1-73。

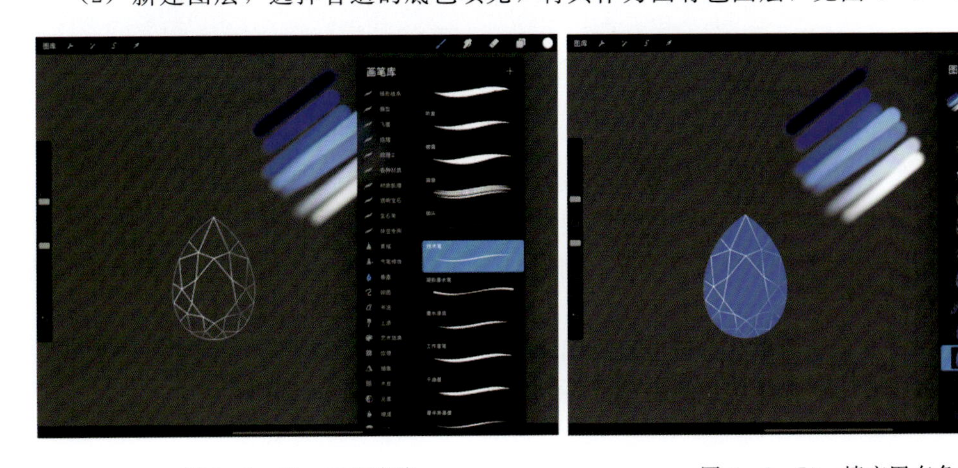

图 4-1-72　画出线稿　　图 4-1-73　填充固有色

(3) 在固有色图层之上建立剪辑蒙版，画出暗部区域并用涂抹工具晕开，见图 4-1-74。

(4) 新建剪辑蒙版，使用“平画笔”画出亮部区域并用涂抹工具晕开，见图 4-1-75。

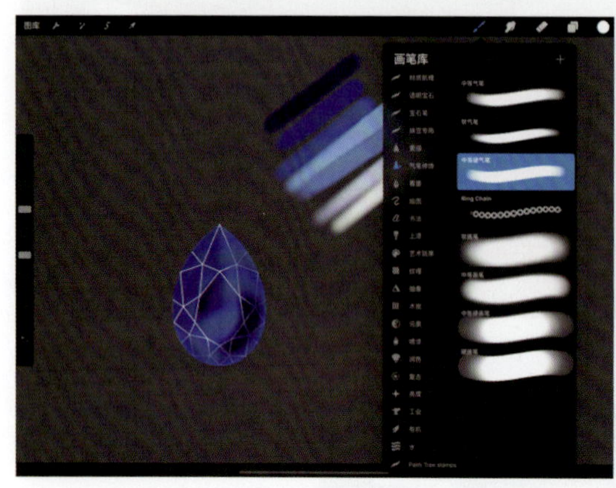

图 4-1-74 画出暗部区域

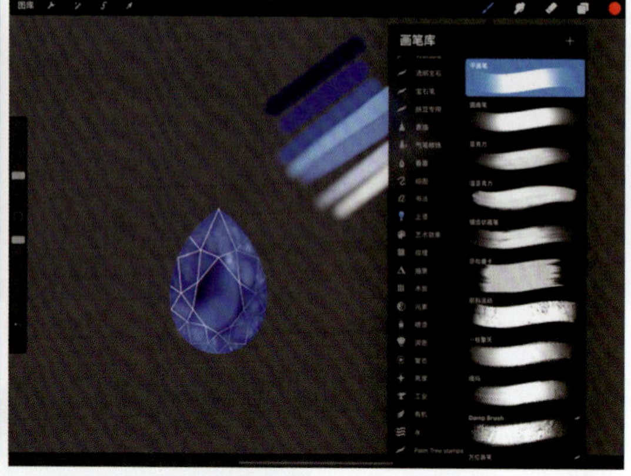

图 4-1-75 画出亮部区域

(5) 新建高光图层，在台面画出宝石高光点，见图 4-1-76。

(6) 继续将星小面填充白色，画出亭部刻面棱亮线，最终效果见图 4-1-77。

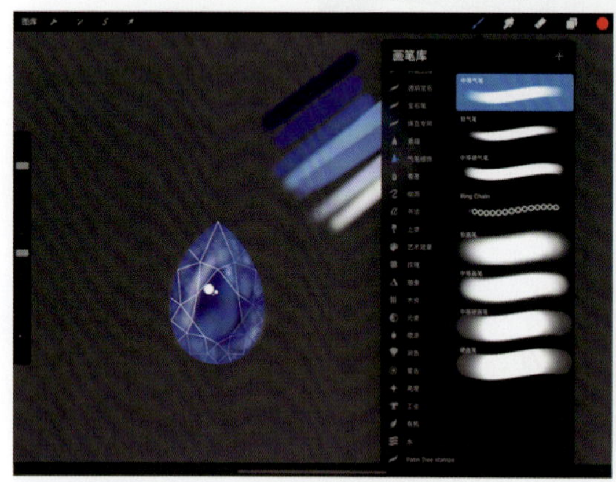

图 4-1-76 画出宝石高光点

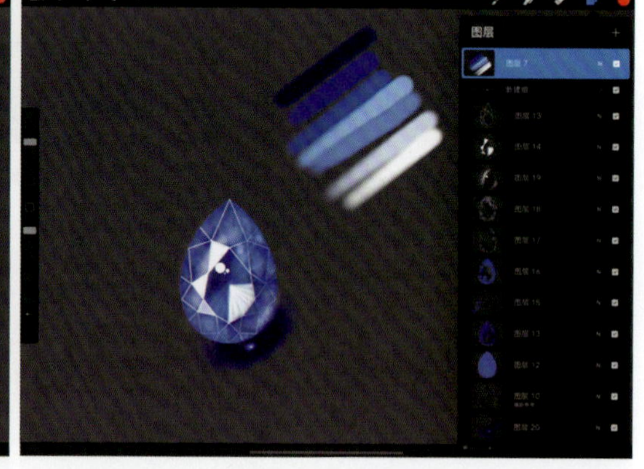

图 4-1-77 水滴形刻面彩色宝石涂色效果

5. 祖母绿型刻面彩色宝石的涂色方法

(1) 新建画布，画好线稿，并将线稿图层设置为“参考”，见图 4-1-78。

(2) 新建图层，选择合适的底色填充，将其作为固有色图层，在固有色图层上建立剪辑蒙版，画出暗部区域，见图 4-1-79。

(3) 新建剪辑蒙版，画出亮部区域，见图 4-1-80。

(4) 新建剪辑蒙版，选择单线增亮刻面棱线，选择“平画笔”，画出左上角反光，见图 4-1-81。

(5) 画出黑色杂质及下方阴影，见图 4-1-82。

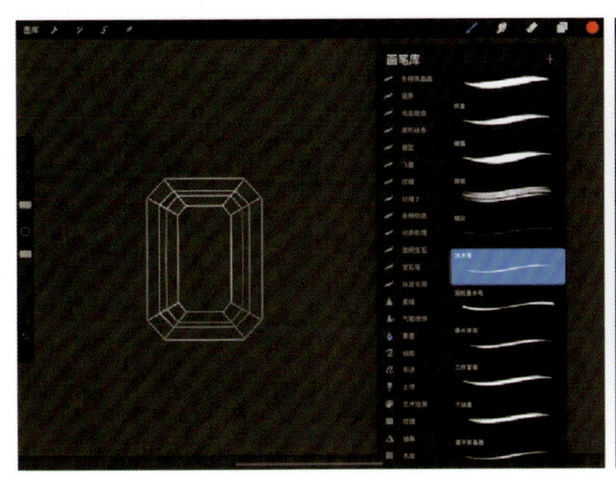

图 4－1－78　画出线稿

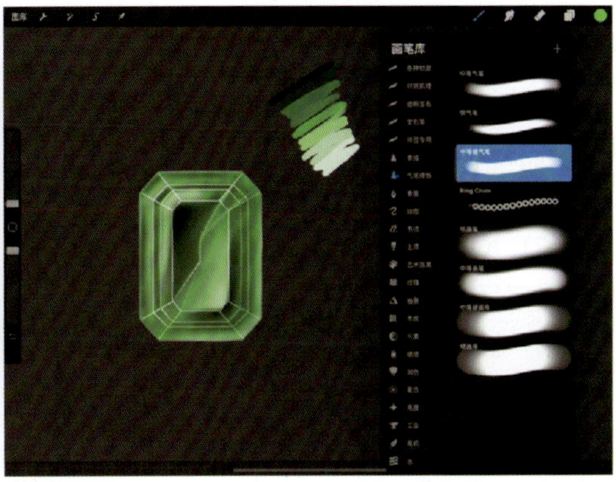

图 4－1－79　填充固有色并画出暗部区域

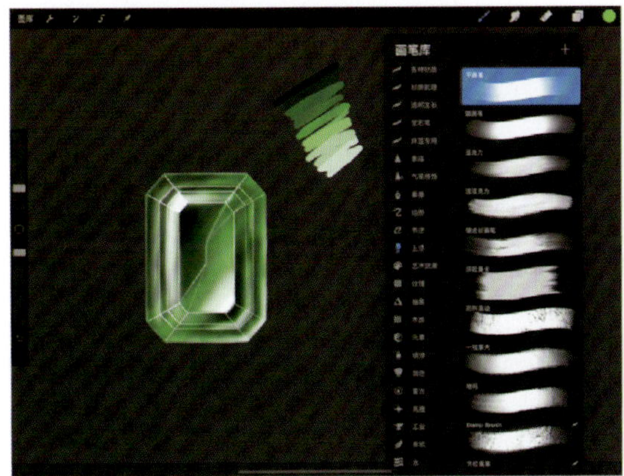

图 4－1－80　画出亮部区域

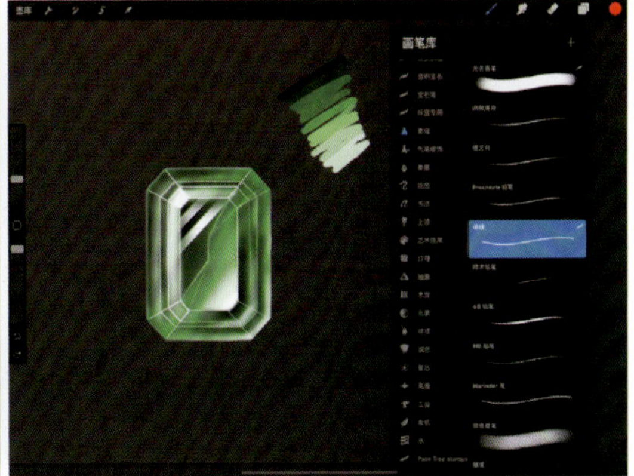

图 4－1－81　画出刻面棱反光

图 4－1－82　刻画细节

五、小配钻的简易画法

配钻很小，画的时候要尽量简化步骤和钻石的内部结构。

(1) 画出轮廓线，见图 4-1-83。

(2) 填充底色，选择“阿尔法锁定”，画出暗部区域，见图 4-1-84。

(3) 画出亮部对角扇形区域，见图 4-1-85。

(4) 利用速创图形画出白色亮圈（台面高光)，见图 4-1-86。

(5) 在亮圈的左上角点出高光，见图 4-1-87。

图 4-1-83　画轮廓线

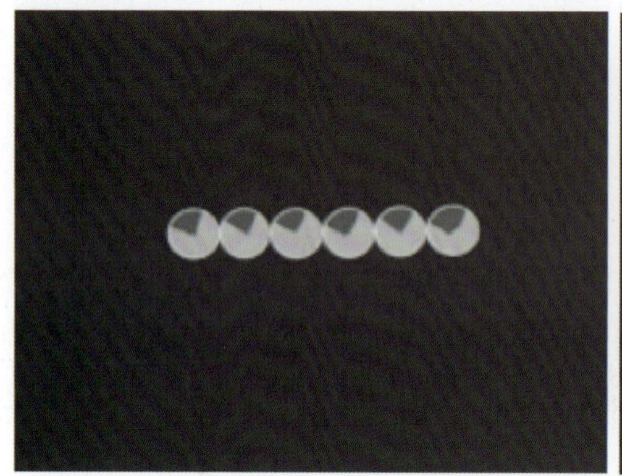

图 4-1-84　画出暗部区域

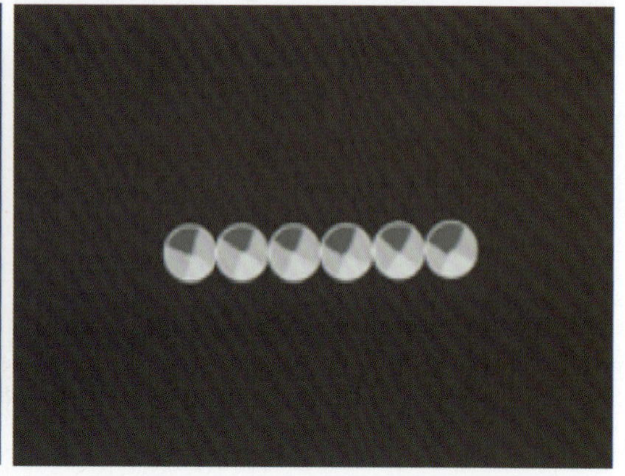

图 4-1-85　画出亮部对角扇形区域

图 4-1-86　画出台面高光

图 4-1-87　画出高光点

第二节 素面宝石的基本描绘

一、素面宝石的反光原理及涂色方法

1. 素面宝石的反光原理

透明和不透明素面宝石的光线反射、透射原理如图 4-2-1 所示。

图 4-2-1 素面宝石反光原理图

2. 透明素面宝石的涂色方法（以翡翠为例）

（1）画出椭圆形素面宝石的轮廓，见图 4-2-2。

（2）在线稿图层选择“参考”，新建图层使之位于线稿图层上方。选择适当的固有色填充（图 4-2-3），并将固有色图层拖移至线稿图层下方。

（3）在固有色图层上新建图层，选择“阿尔法锁定”，见图 4-2-4。

（4）选择深色涂于左上角，依次提高所选颜色的亮度和饱和度，由左上至右下渐变排布，之后用涂抹工具涂抹均匀，见图 4-2-5。

（5）选择一个更亮的颜色涂于右下角，并用涂抹工具晕染开，见图 4-2-6。

（6）添加高光，见图 4-2-7。

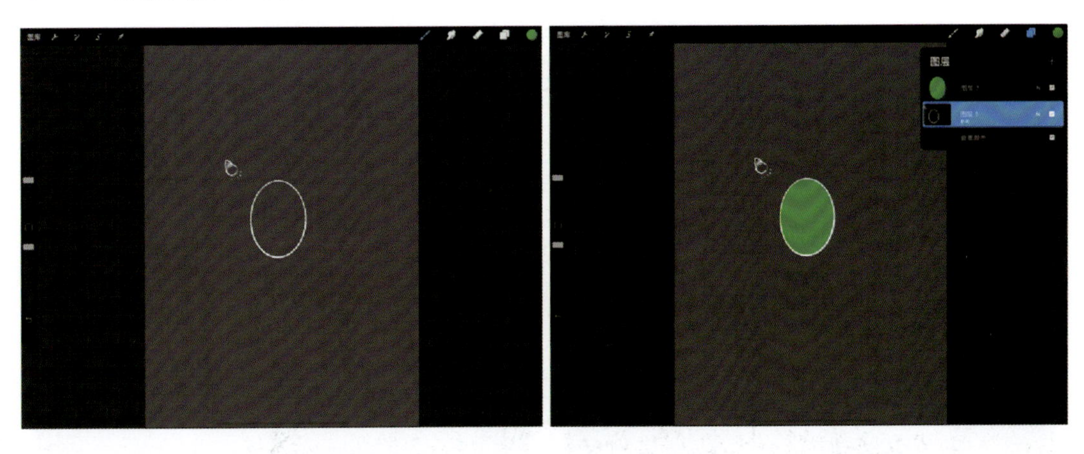

图 4-2-2 画出椭圆形轮廓　　图 4-2-3 填充固有色

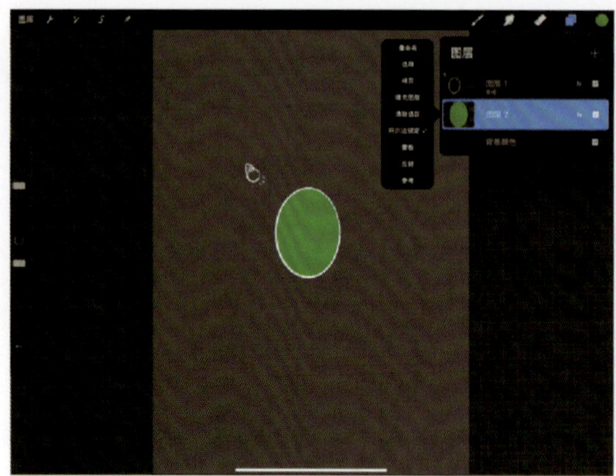
图 4-2-4　选择“阿尔法锁定”

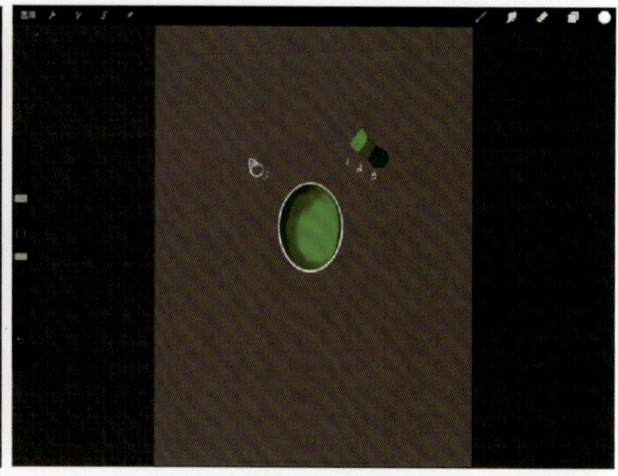
图 4-2-5　依次涂色

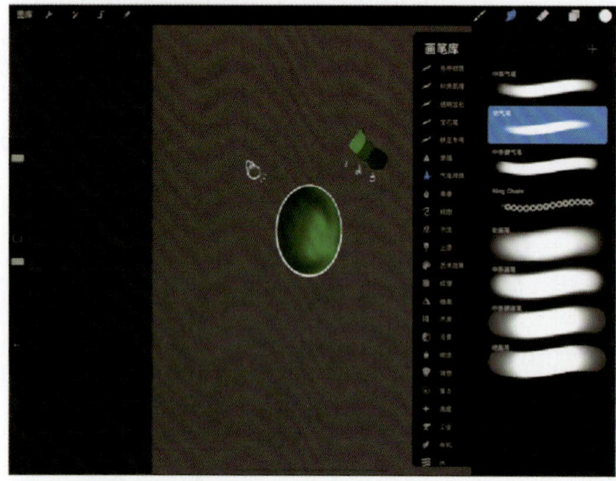
图 4-2-6　颜色晕染

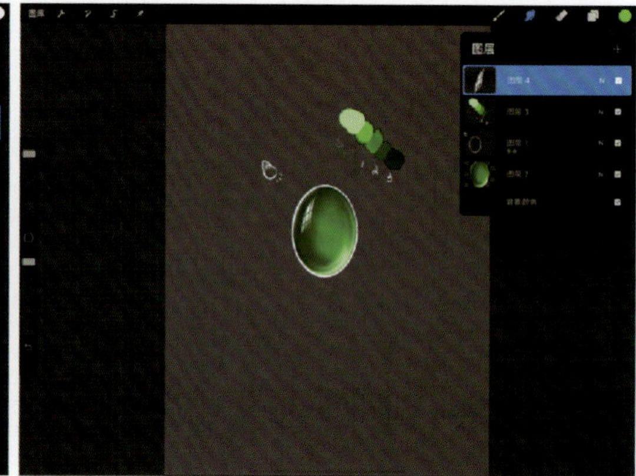
图 4-2-7　添加高光

3. 不透明素面宝石的涂色方法（以翡翠为例）

（1）新建画布，画好线稿，并将线稿图层设置为“参考”，见图 4-2-8。

（2）新建图层，选择合适的底色填充，将其作为固有色图层，见图 4-2-9。

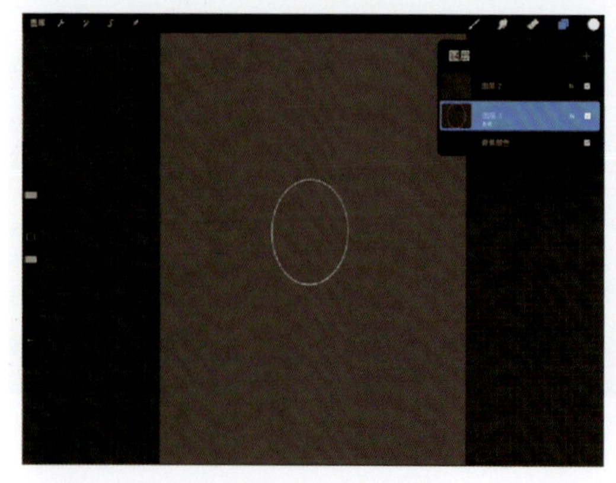
图 4-2-8　画出线稿

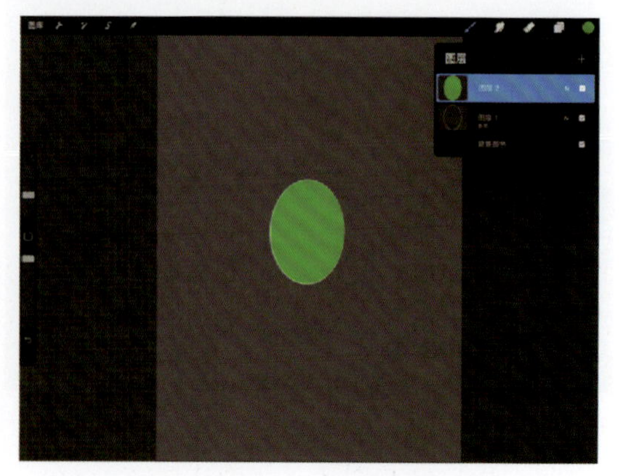
图 4-2-9　填充固有色

（3）将固有色图层拖至线稿图层下方，见图 4-2-10。

（4）选中固有色图层，选择“阿尔法锁定”，再选择由浅到深的颜色进行渐变绘画，见图 4-2-11。

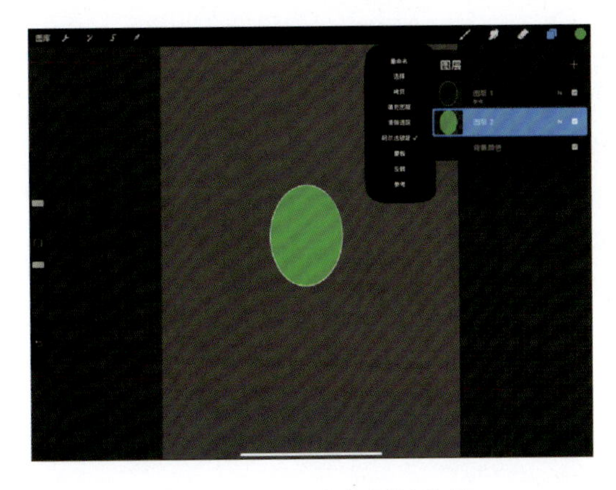

图 4-2-10　改变图层位置

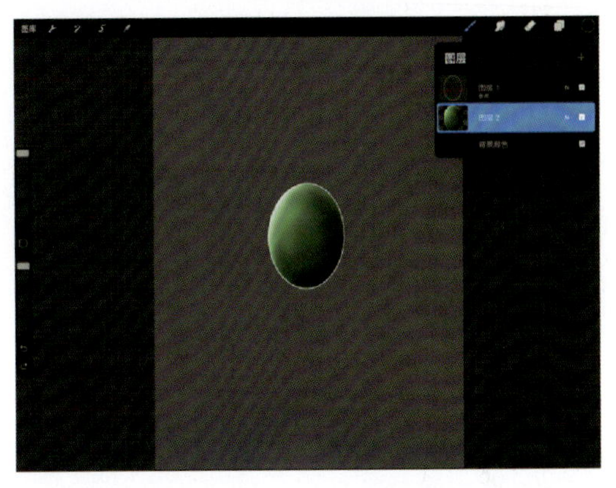

图 4-2-11　绘制明暗部

（5）补充高光图层，见图 4-2-12。

（6）使用调整工具适当调节翡翠的饱和度和亮度，见图 4-2-13。

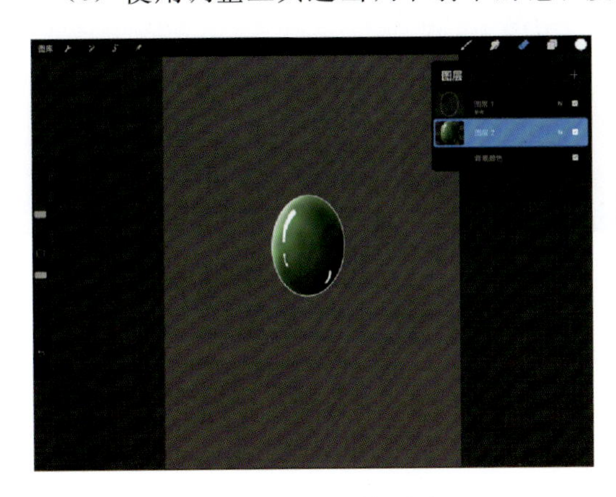

图 4-2-12　添加高光

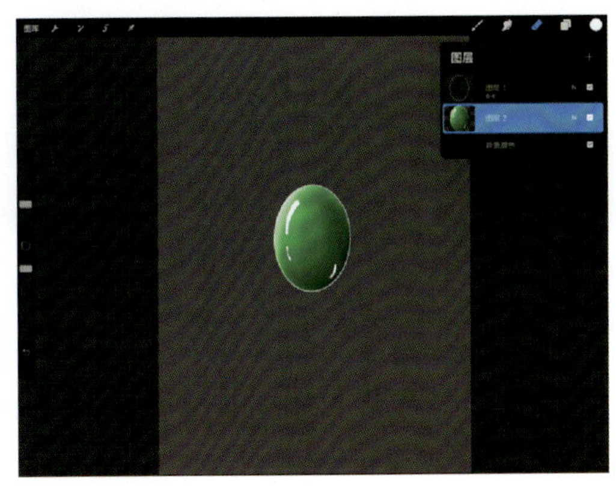

图 4-2-13　调节翡翠的饱和度和亮度

二、具有特殊光学效应的素面宝石涂色方法

1. 欧泊的画法（变彩效应）

（1）利用图形工具画出宝石轮廓并设置为参考图层，见图 4-2-14。

（2）新建图层，填充固有色（图 4-2-15，不透明欧泊底色常用蓝色调填充）。

（3）选择“极光”笔刷进行变彩的绘制（图 4-2-16，欧泊的变彩以红、橙、蓝、绿色调为主）。

（4）添加高光图层，见图 4-2-17。

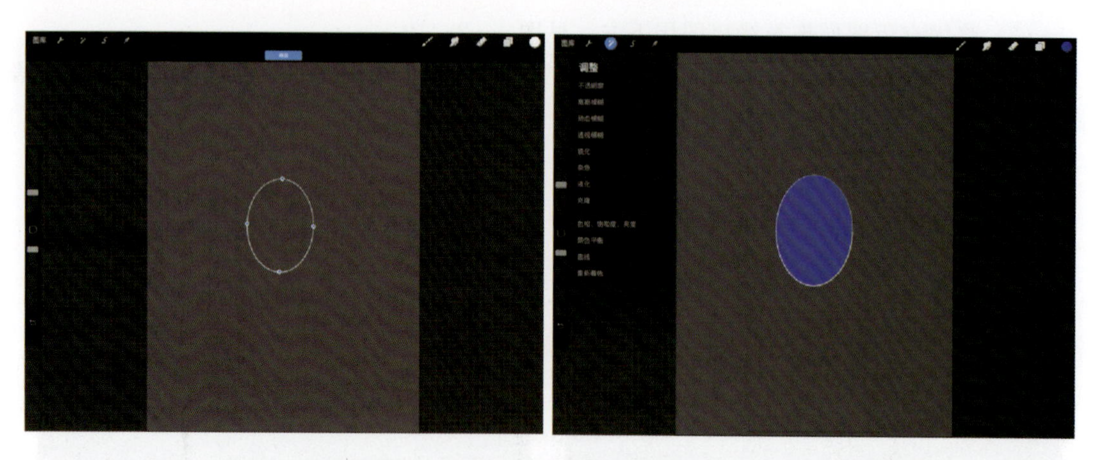

图 4-2-14　画出线稿　　　　图 4-2-15　填充固有色

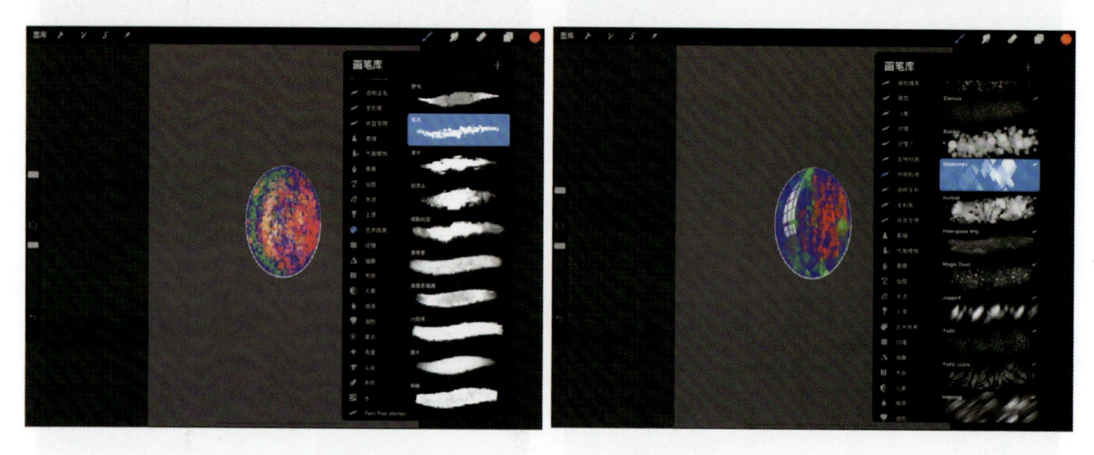

图 4-2-16　绘制变彩效果　　　　图 4-2-17　添加高光

2. 猫眼、星光宝石的画法（猫眼效应、星光效应）

（1）新建画布，画好线稿，并将线稿图层设置为“参考”，见图 4-2-18。

（2）新建图层，填充固有色，参考透明素面宝石的画法画出明暗关系，见图 4-2-19。

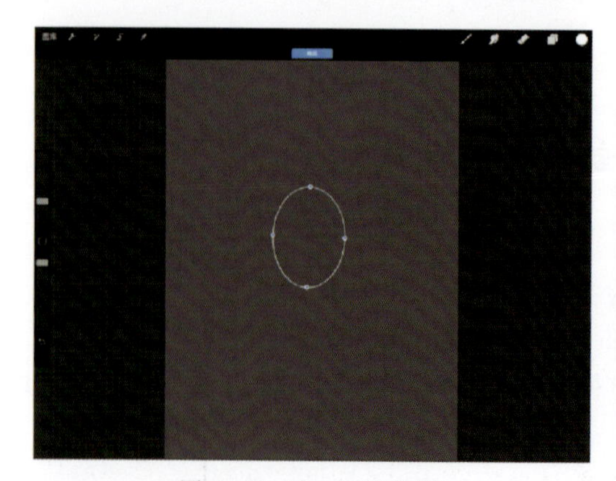

图 4-2-18　画出轮廓

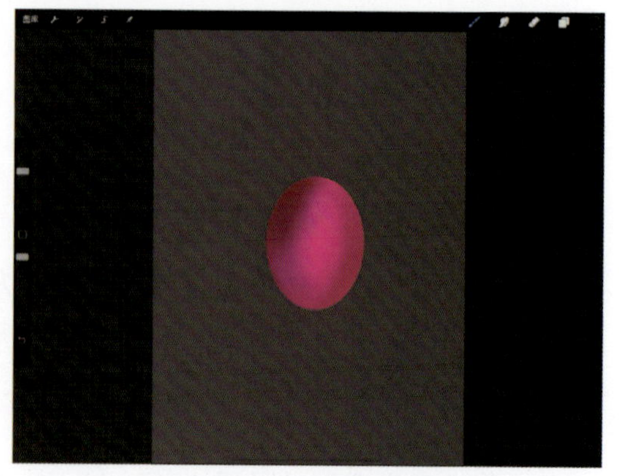

图 4-2-19　填充固有色

（3）新建图层，选择白色技术笔，画出两头细中间粗的竖线，见图 4-2-20。

（4）在调整工具栏中选择“液化”选项，进入液化界面选择“水晶”选项，尺寸调整到合适大小，由上至下涂于白线，可出现猫眼效果，见图 4-2-21。

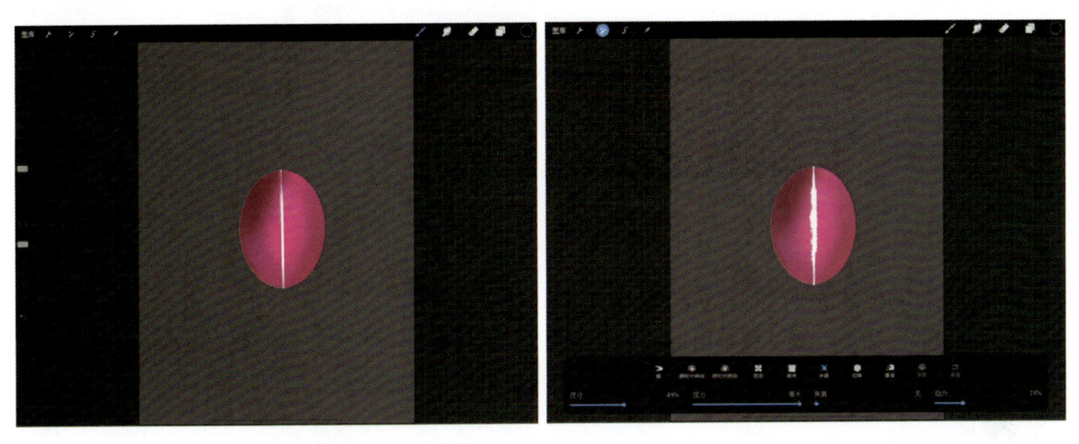

图 4-2-20　画出竖线　　　　图 4-2-21　添加眼线效果

（5）将猫眼线图层复制两次，调整大小并旋转适合的角度即可出现星光效应，见图 4-2-22。

（6）最后画出高光，见图 4-2-23。

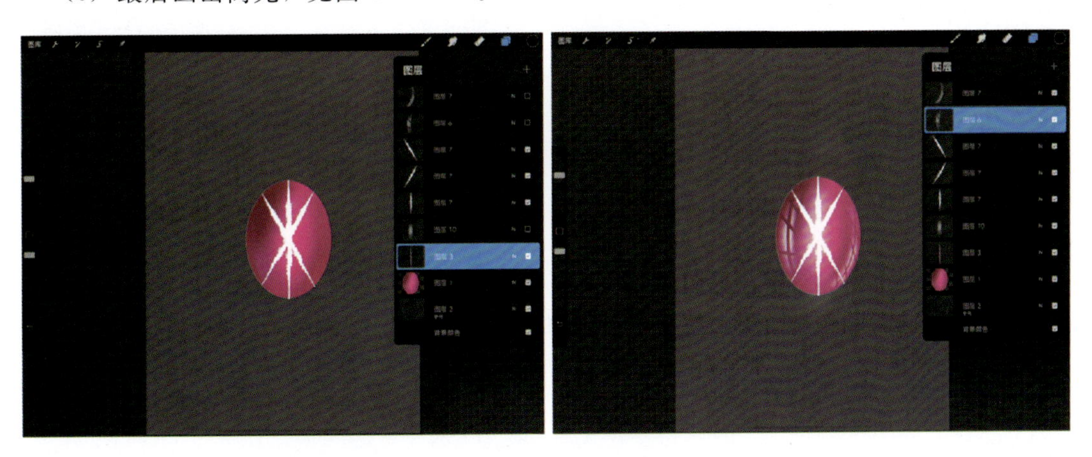

图 4-2-22　复制眼线　　　　图 4-2-23　添加高光

三、珍珠的画法（晕彩）

（1）建立线稿图层并将其设置为“参考”，见图 4-2-24。

（2）填充底色，见图 4-2-25。

（3）新建深绿色图层，选择剪辑蒙版，缩小放于底色图层之上，在调整工具栏选择“动态模糊”，见图 4-2-26。

（4）依次建立两个新的图层，设置为剪辑蒙版，选择更浅的颜色叠加并使用动态模糊工具弱化边缘，见图 4-2-27。

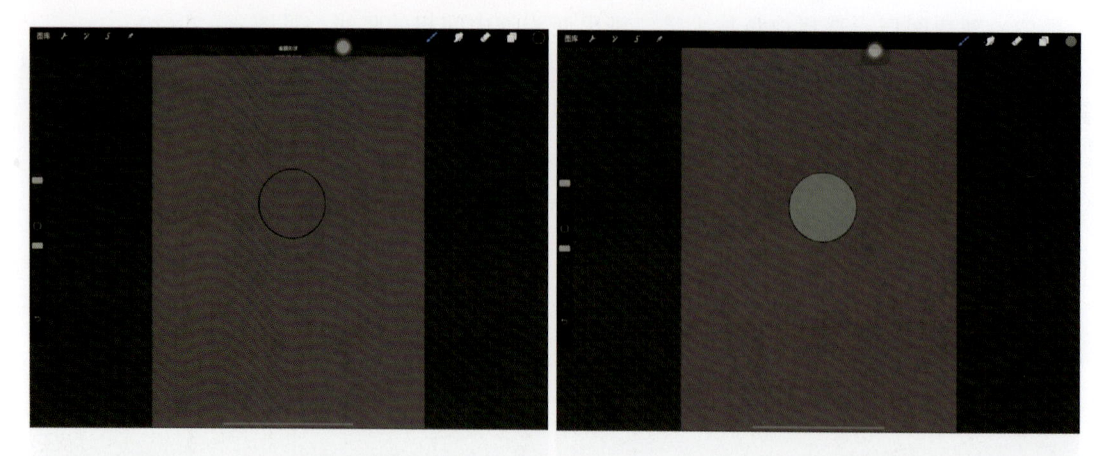

图 4-2-24　建立线稿图层　　　　图 4-2-25　填充底色

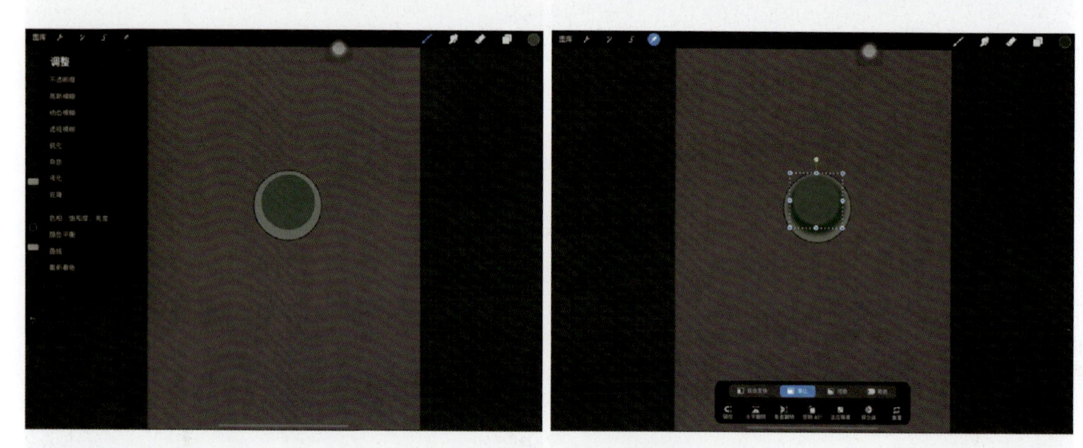

图 4-2-26　新建深绿色图层　　　　图 4-2-27　依次建立浅色图层

（5）叠加一个亮部图层，见图 4-2-28。

（6）叠加椭圆形高光图层，使之位于珍珠上部，见图 4-2-29。

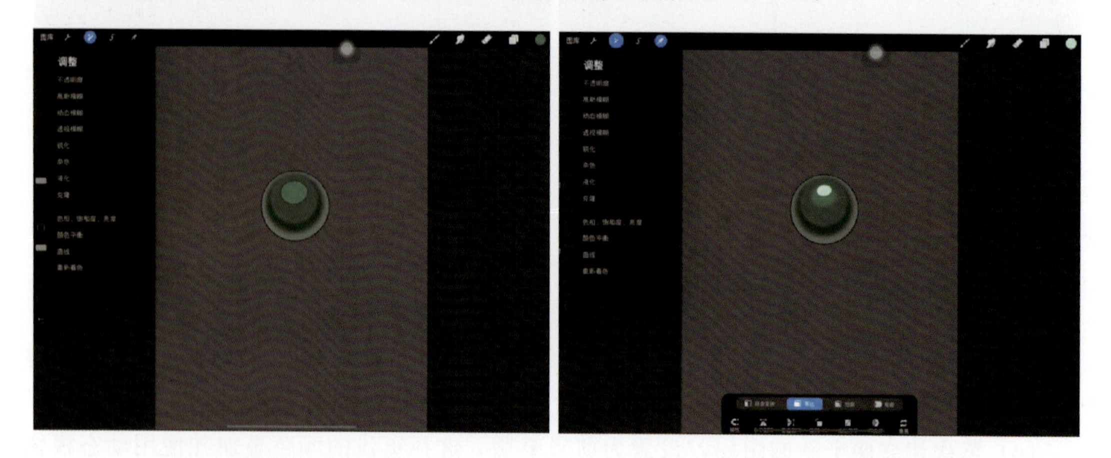

图 4-2-28　添加亮部　　　　图 4-2-29　添加高光

(7) 建立月亮形高光涂层，利用选择工具中的“弯曲—高级网格”调整高光形状，并使用动态模糊，见图 4-2-30。

(8) 使用模糊工具将月亮形高光图层的边缘修饰平滑，见图 4-2-31。

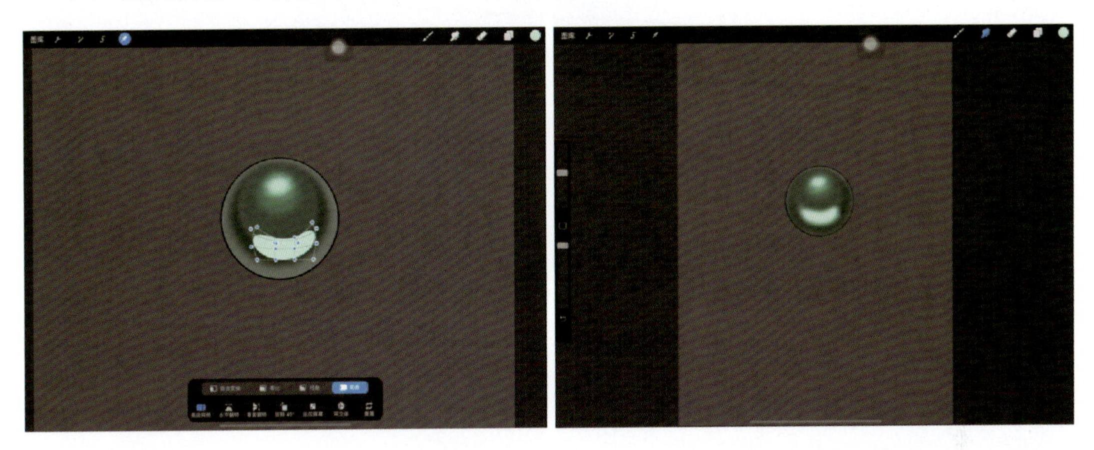

图 4-2-30 添加月牙形高光　　图 4-2-31 修饰高光图层

(9) 继续使用模糊工具将其他图层的边缘修饰平滑，见图 4-2-32。

(10) 选择底色图层，在调整工具栏中将该图层的饱和度提高、亮度降低，见图 4-2-33。

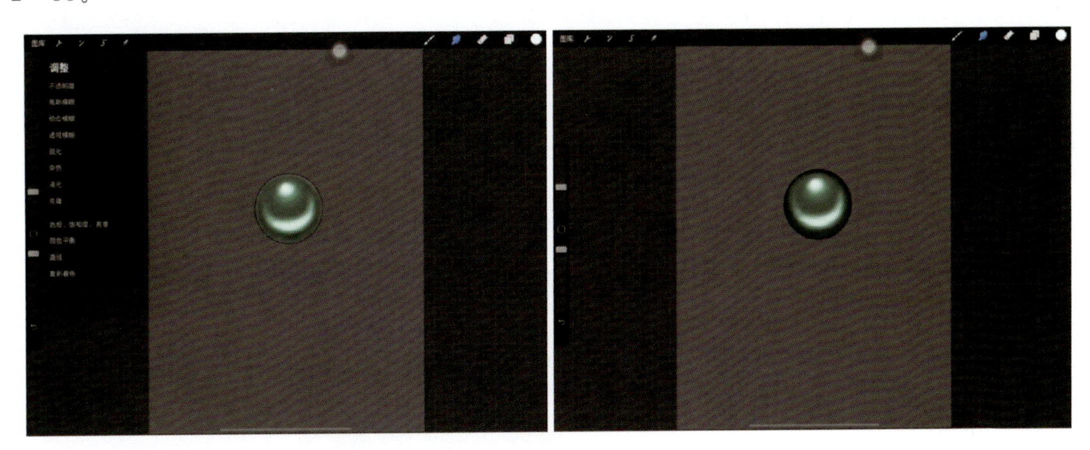

图 4-2-32 细节修饰　　图 4-2-33 底色加深

四、翡翠树叶的画法

(1) 建立线稿图层，画出树叶线稿并将其设置为“参考”，见图 4-2-34。

(2) 新建图层，选择合适的颜色填充，作为固有色图层，见图 4-2-35。

(3) 在固有色图层之上建立剪辑蒙版，画出深色暗部区域，见图 4-2-36。

(4) 新建剪辑蒙版，画出亮部区域，见图 4-2-37。

图 4-2-34　建立线稿图层

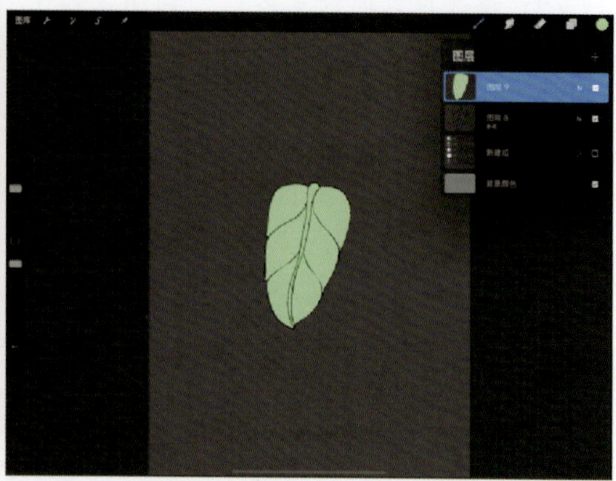

图 4-2-35　填充固有色

图 4-2-36　画出暗部区域

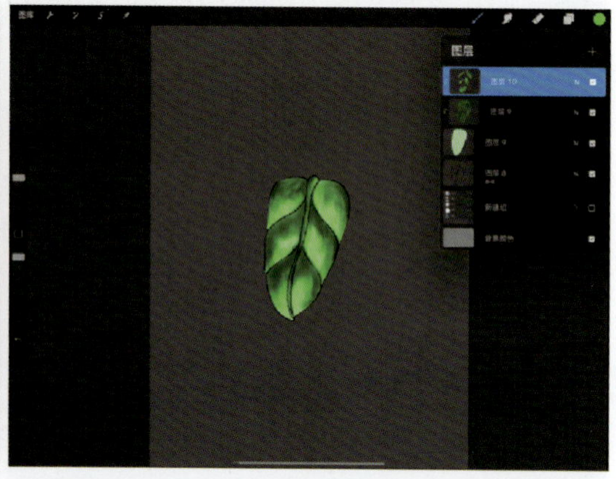

图 4-2-37　画出亮部区域

(5) 使用涂抹工具，将亮部和暗部分别晕染开，见图 4-2-38。

(6) 新建图层，建立剪辑蒙版，继续加深暗部区域，提亮亮部区域，并涂抹均匀，见图 4-2-39。

(7) 新建高光涂层，使用“技术笔”画出高光区域，填充白色，见图 4-2-40。

(8) 使用橡皮，选择“软画笔”，将高光图层擦薄使之露出底色，高光边缘要清晰保留，见图 4-2-41。

(9) 使用橡皮，选择“技术笔”在高光涂层擦出细节，见图 4-2-42。

图 4-2-38　晕染亮部和暗部

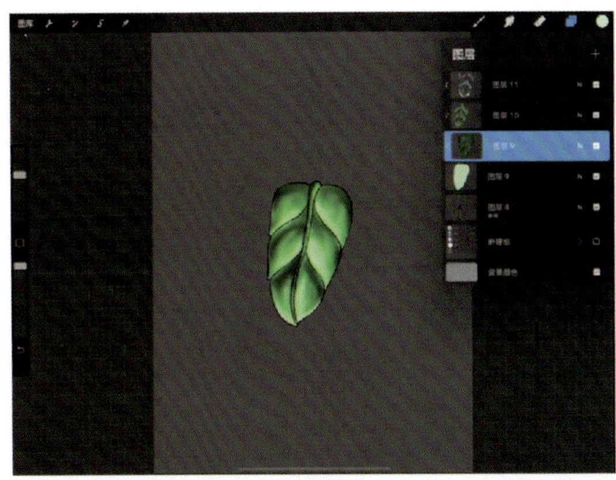

图 4-2-39　涂抹均匀

图 4-2-40　用白色填充高光区域

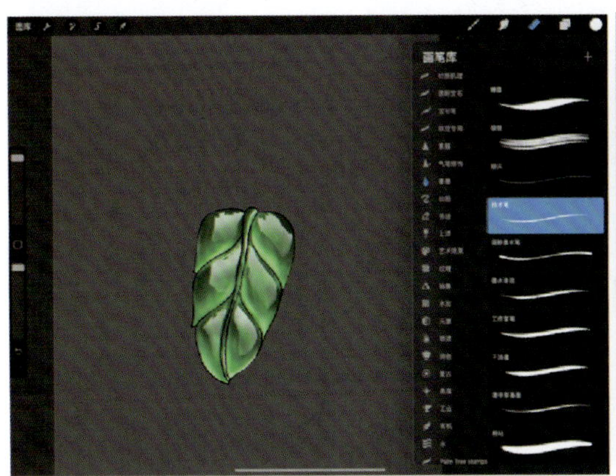

图 4-2-41　擦淡部分高光

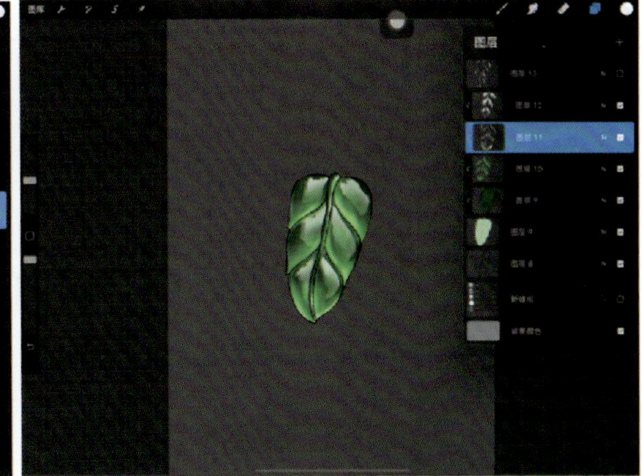

图 4-2-42　修饰高光细节

五、翡翠平安扣的画法

（1）新建线稿图层并将其设置为“参考”，见图 4-2-43。

（2）新建图层，填充翡翠固有色，见图 4-2-44。

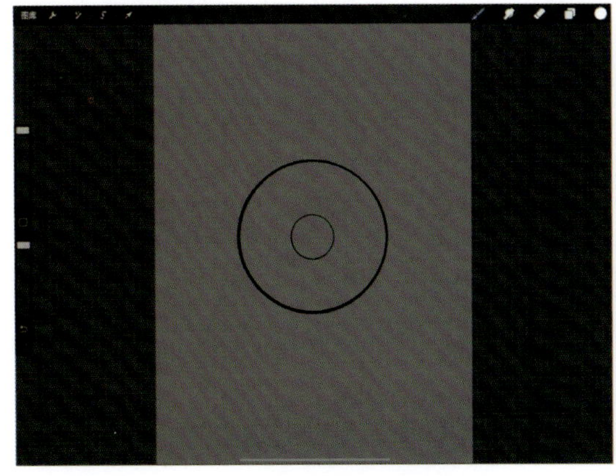

图 4-2-43　建立线稿图层

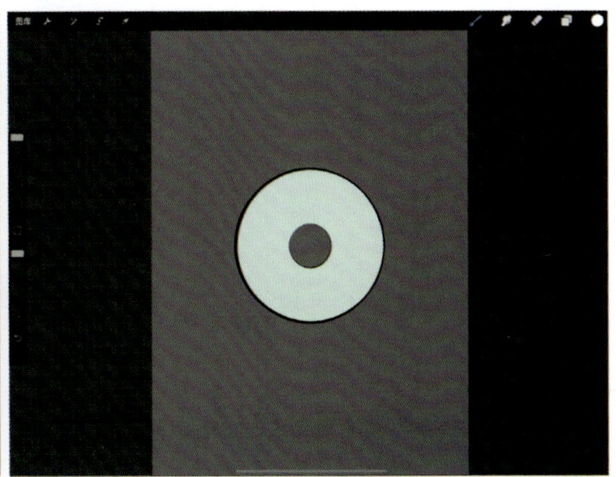

图 4-2-44　填充固有色

（3）建立剪辑蒙版，在平安扣内圈的左上角和外圈的右下角添加深绿色和浅绿色衔接的暗部区域，并用涂抹工具晕染均匀，见图 4－2－45。

（4）新建剪辑蒙版，在平安扣外圈左上角和内圈右下角添加窗格状高光，见图 4－2－46。

（5）新建图层，画出高光窗格旁边的反光亮线，见图 4－2－47。

（6）新建图层，建立剪辑蒙版，笔刷选择“元素—水”，画出翡翠飘花的效果，见图 4－2－48。

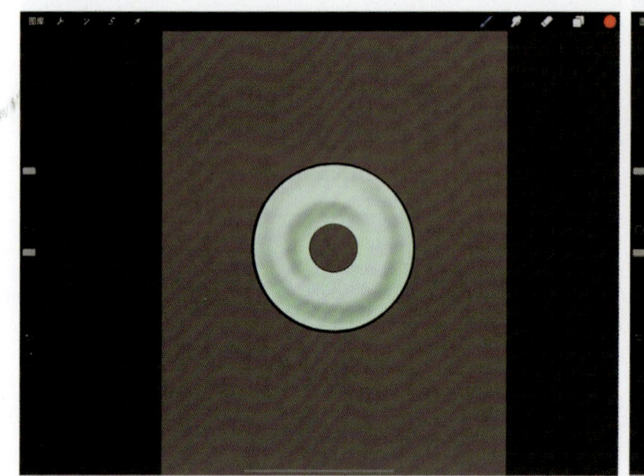

图 4－2－45　添加暗部区域

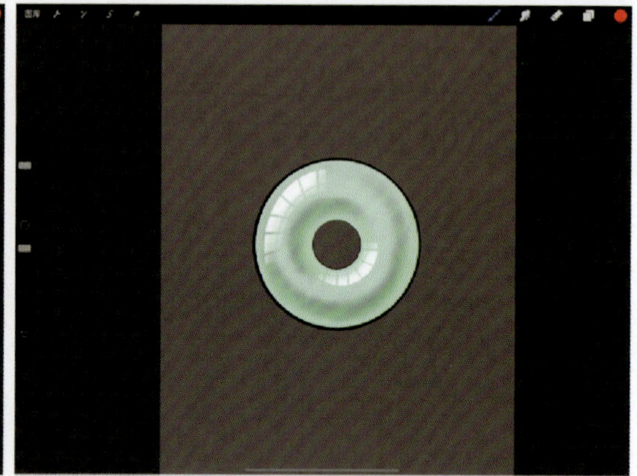

图 4－2－46　添加窗格状高光

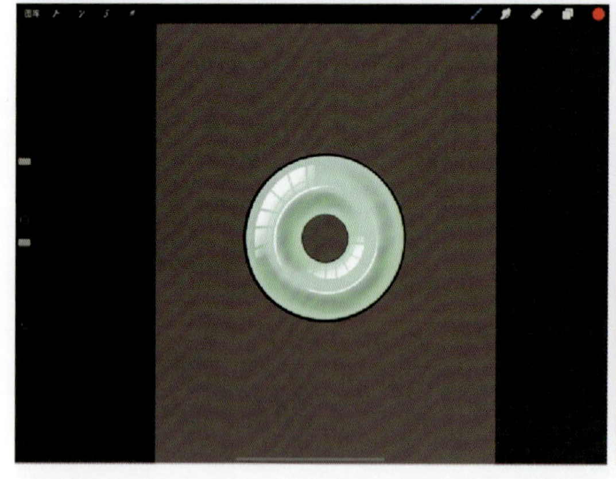

图 4－2－47　添加高光亮线

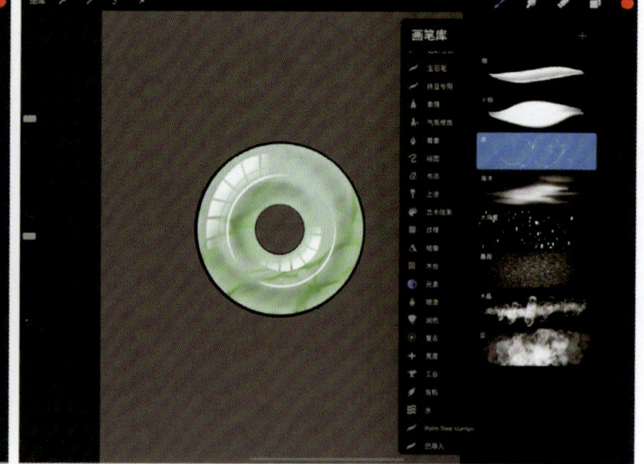

图 4－2－48　画出飘花效果

第三节　金属的颜色表达

珠宝首饰中常用到的金属都属于贵金属，常见的有金、银、铜。金可分为 24K、18K、14K、9K。银可见纯银和 92.5％含量的银。铜分为黄铜、紫铜和白铜。

由于金属不透明，其涂色方法可以完全遵循素描关系中的明暗、阴影、反光等规律。

珠宝设计师熟练掌握曲面和平面两种金属的涂色方法就可以胜任日常的绘图工作。

一、曲面金属的光影表现

（1）画出叶形曲面，并填充固有色，见图 4－3－1。

（2）根据光影关系将暗部、亮部和明暗交界线区域找到，见图 4－3－2。

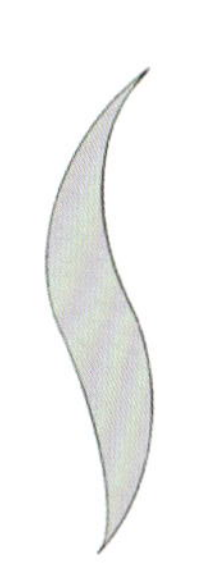

图 4－3－1　画出线稿并填充固有色

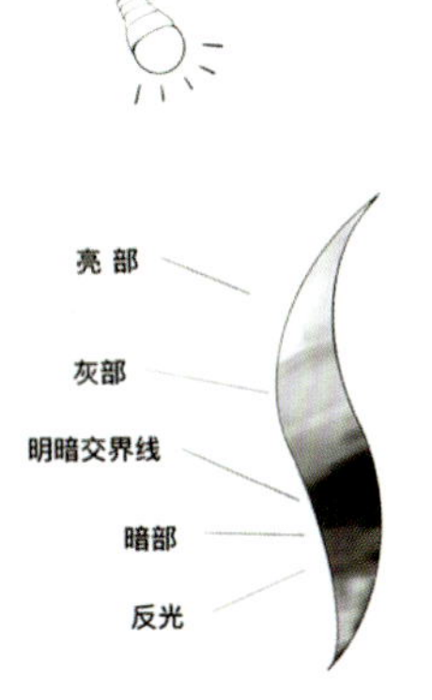

图 4－3－2　区分明暗区域

（3）使用涂抹工具将颜色晕染开来，见图 4－3－3。

（4）增加高光，见图 4－3－4。

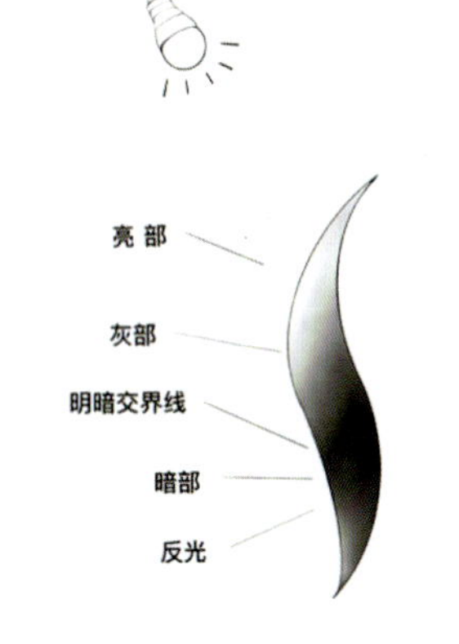

图 4－3－3　将颜色晕染均匀

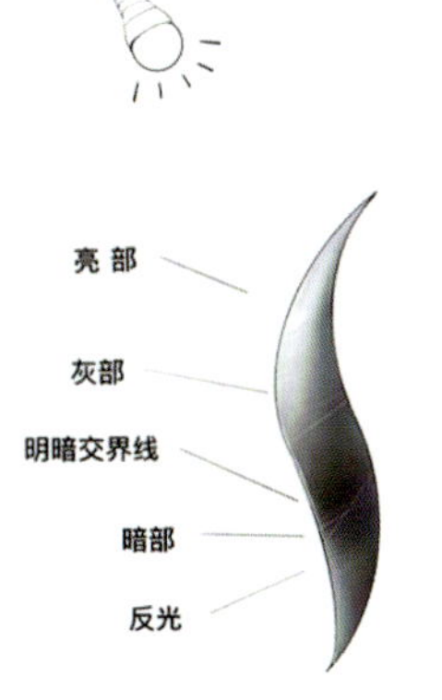

图 4－3－4　添加高光

二、平面金属的光影表达

（1）画出平面金属板并填充固有色，见图 4－3－5。

（2）分析光源，画出平面金属的明暗区域分布，见图 4－3－6。

（3）使用涂抹工具将色块晕染开来，见图 4－3－7。

（4）添加高光，见图 4－3－8。

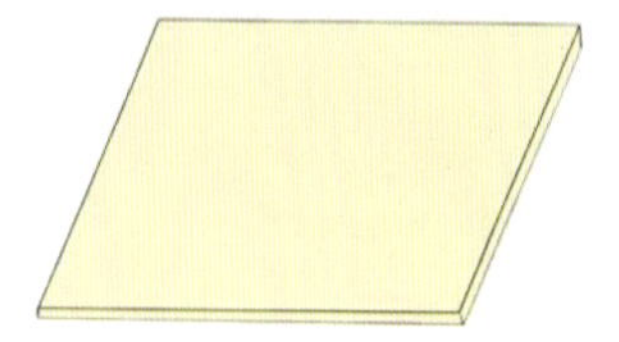

图 4-3-5　画出线稿并填充固有色

图 4-3-6　画出明暗区域

图 4-3-7　将色块晕染均匀

图 4-3-8　添加高光

三、对比度对金属质感的影响

金属的体积感往往来自强烈的明暗关系对比。如下图所示，同样的金属球，当明暗对比度由1～4(图4-3-9～图4-3-12)依次加强时，对应的球体表面光滑程度也在不断

图 4-3-9　金属球 1

图 4-3-10　金属球 2

图 4-3-11　金属球 3

图 4-3-12　金属球 4

提升，由亚光球体转变为镜面抛光的球体。所以大家在画金属的时候可以适当加强明暗关系的对比，例如将暗部区域画得更深，亮部区域画得更亮，这样会让金属更具有体积感。

四、常见金属表面工艺效果

如图 4-3-13 所示为首饰制作中经常会用到的金属表面工艺效果，打开 Procreate 软件，使用官方自带的笔刷就能轻松实现。右侧视频展示了金属表面工艺的简单表现方式，用到了 Procreate 自带的“软气笔”和“6A 铅笔”两种笔刷，可配合剪辑蒙版和调整工具来画出金属的表面效果。

金属表面工艺绘画视频

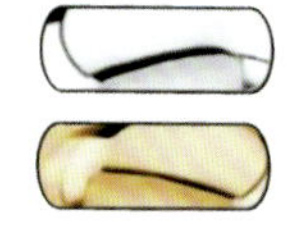

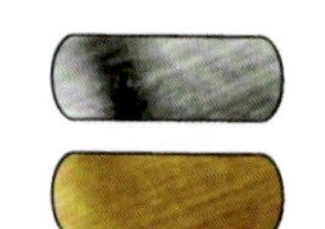

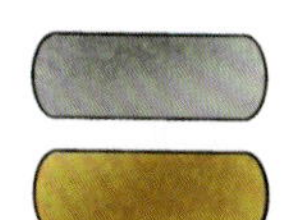

图 4-3-13　常见金属表面工艺效果

第四节　成品首饰画图实例

一、钻石戒指三视图示例

图 4-4-1 所展示了一个钻戒的标准三视图，它是用来反映戒指空间关系的正投影工程图，包含正视图、顶视图和左视图。理论上，所有的设计稿都应当画出三视图，这样才能保证最终制作的成品不会偏离最初的设计。

图 4-4-1　钻石戒指三视图

二、翡翠蛋面戒指画法

（1）建立线稿图层，将其设置为“参考”，见图 4-4-2。

（2）新建图层，填充主石固有色，见图 4-4-3。

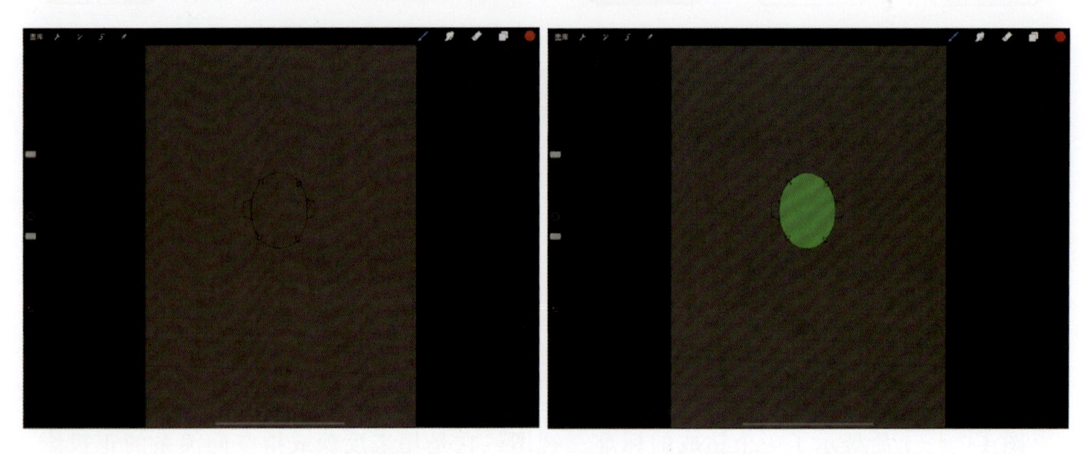

图 4-4-2　建立线稿图层　　　　图 4-4-3　填充固有色

（3）在主石固有色图层之上建立剪辑蒙版，画出深色暗部区域并用涂抹工具晕染开，见图4-4-4。

(4) 新建剪辑蒙版，画出高光部分以及细节，见图4-4-5。

(5) 画出旁边配钻的棱线，见图4-4-6。

(6) 画出左右两侧钻石的黑白光影和下方的倒影，满绿翡翠蛋面成品效果见图4-4-7。

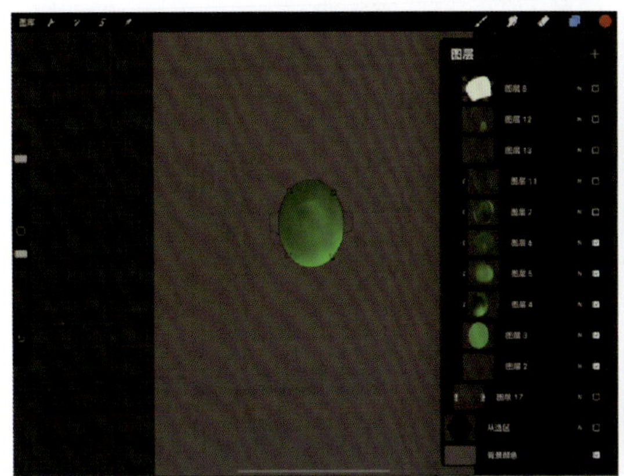

图4-4-4 暗部区域绘制

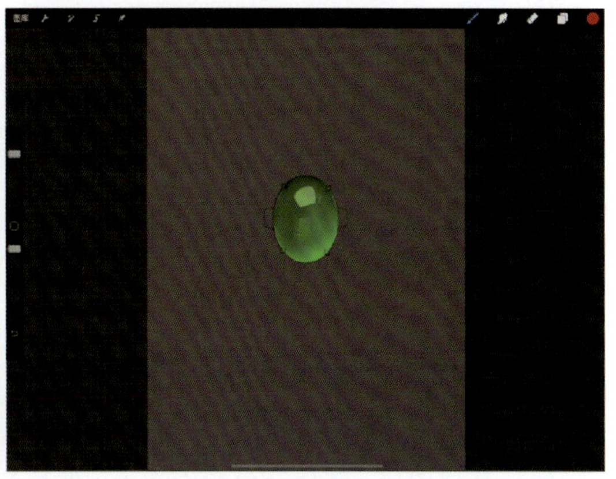

图4-4-5 亮部区域绘制

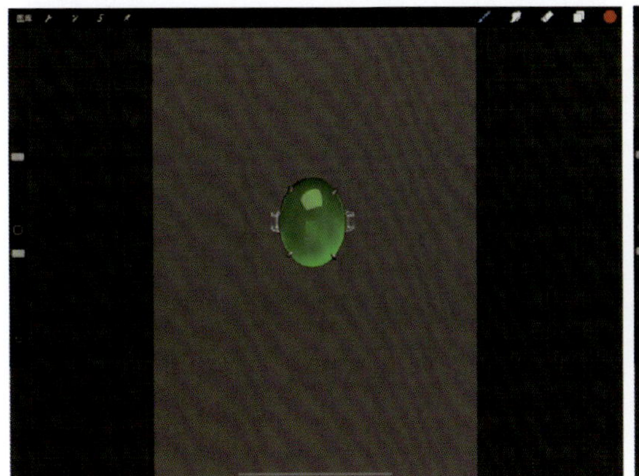

图4-4-6 配钻棱线绘制

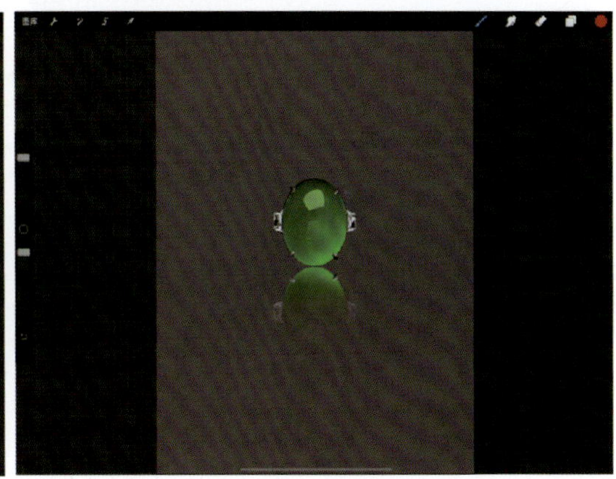

图4-4-7 钻石明暗关系绘制

三、银质发簪画法

(1) 建立线稿图层，将其设置为“参考”，见图4-4-8。

(2) 新建图层，在正视图填充底色，见图4-4-9。

(3) 在底色图层之上建立剪辑蒙版，画出深色暗部区域并用涂抹工具晕染开，画出高光（图4-4-10），得到银质发簪成品效果。

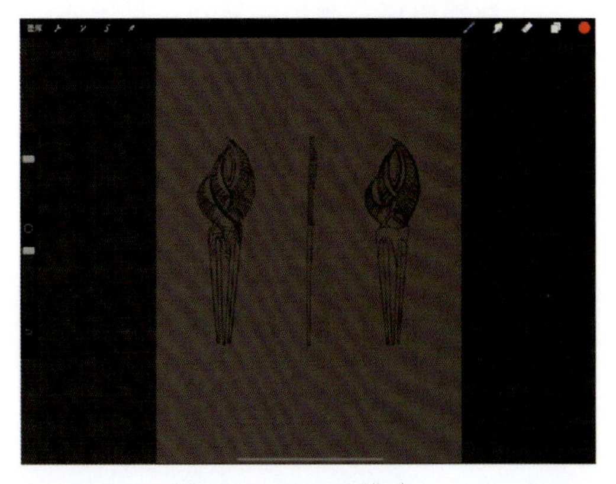

图4-4-8 画线稿

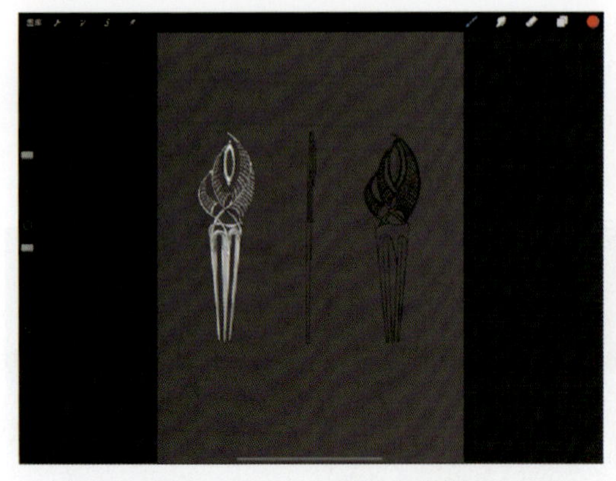

图 4－4－9　金属底色绘制

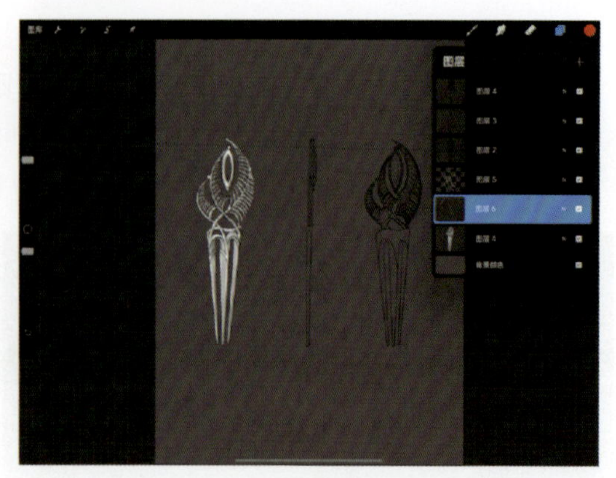

图 4－4－10　金属明暗关系绘制

四、松石珊瑚耳坠画法

（1）建立线稿图层，将其设置为“参考”，见图 4－4－11。

（2）新建图层，选择蓝色填充主石，然后绘制松石的明暗部，并添加高光，见图 4－4－12。

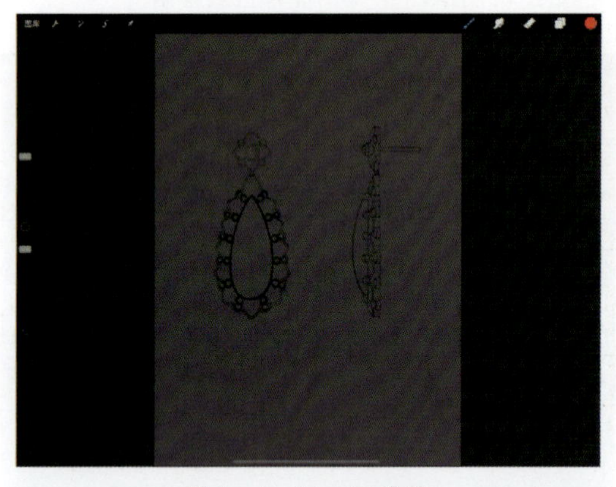

图 4－4－11　画线稿

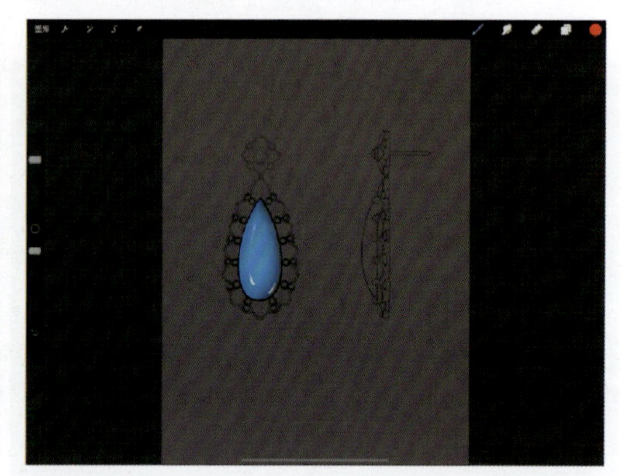

图 4－4－12　主石效果绘制

（3）新建图层，填充周围珊瑚颜色，见图 4－4－13。

（4）新建图层，画出金属边，见图 4－4－14。

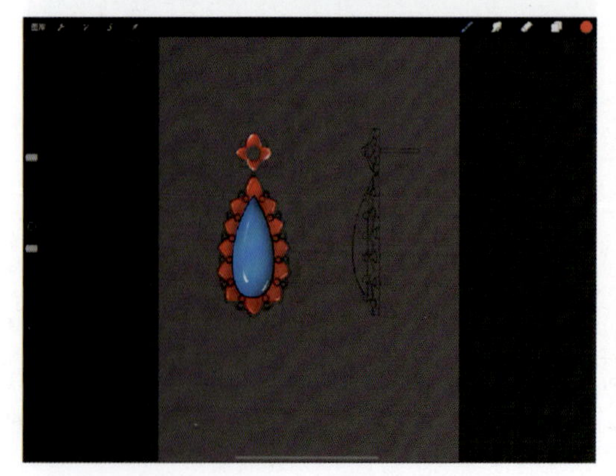

图 4－4－13　珊瑚效果绘制

图 4－4－14　金属边效果绘制

(5) 画出配钻，见图 4-4-15。

(6) 补充整件首饰的阴影，最终效果见图 4-4-16。

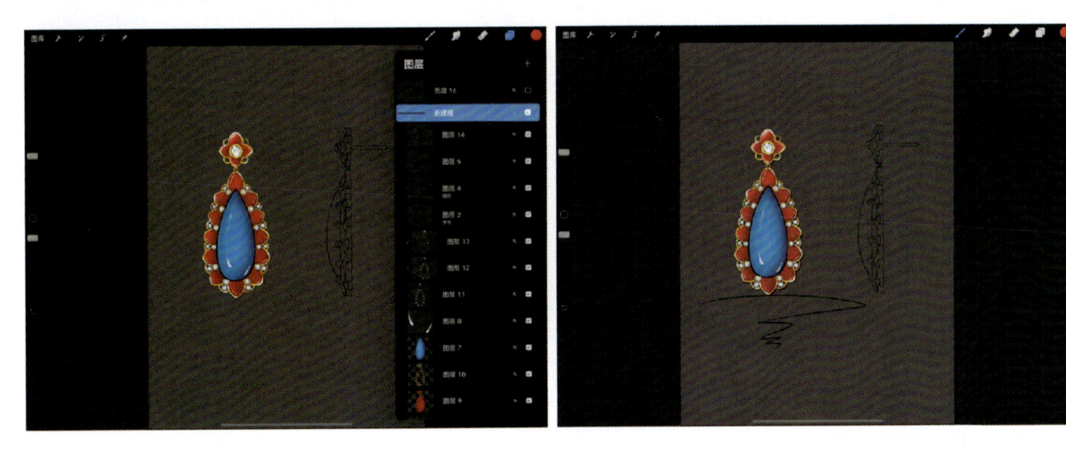

图 4-4-15 添加配钻　　图 4-4-16 添加阴影

五、翡翠祖母绿耳饰画法

(1) 建立线稿图层，将其设置为“参考”，见图 4-4-17。

(2) 新建图层，选择底色填充主石，见图 4-4-18。

(3) 画出配钻，见图 4-4-19。

(4) 加高光，修饰细节，见图 4-4-20。

(5) 添加阴影，见图 4-4-21。

(6) 将画好的耳饰整体分组并复制该组，在调整工具里选择“泛光”增加

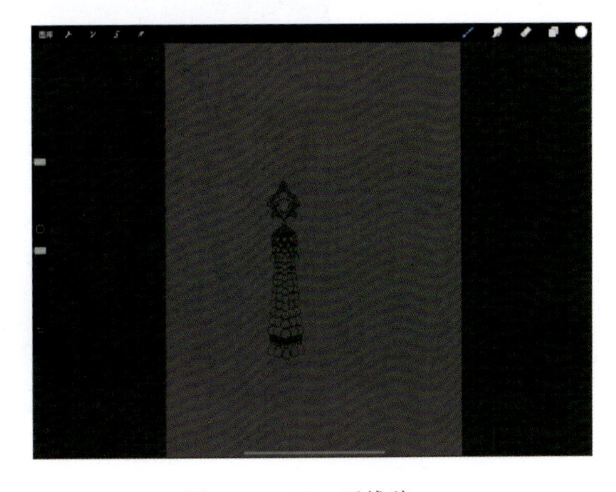

图 4-4-17 画线稿

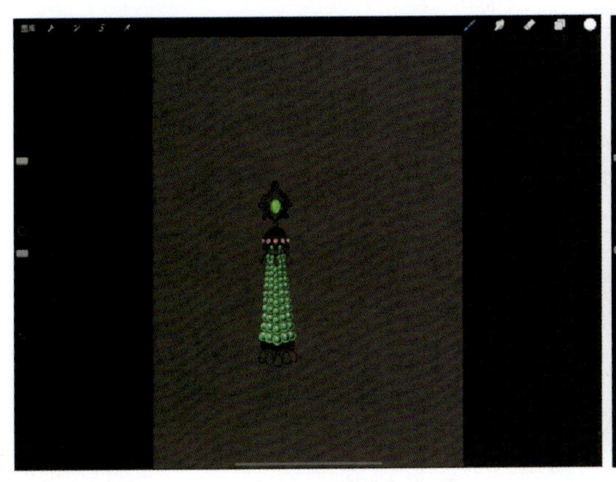

图 4-4-18 画出主石效果

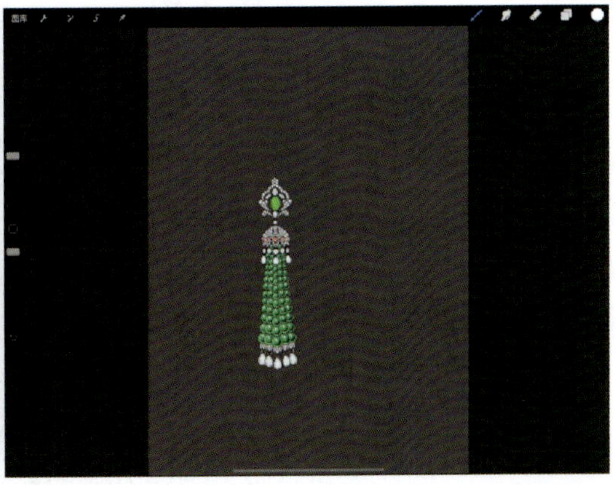

图 4-4-19 添加配钻

图 4-4-20　高光修饰

图 4-4-21　添加阴影

高级感，最终效果见图 4-4-22。

图 4-4-22　成品效果

六、宝石胸针临摹实例

（1）画出线稿，见图 4-4-23。

（2）新建图层并分别填充所需底色，见图 4-4-24。

（3）在底色图层之上建立剪辑蒙版，画出深色暗部区域并用涂抹工具晕染开，画出配钻，见图 4-4-25。

（4）新建剪辑蒙版，增加高光细节，见图 4-4-26。

（5）加深边缘轮廓线，成品效果见图 4-4-27。

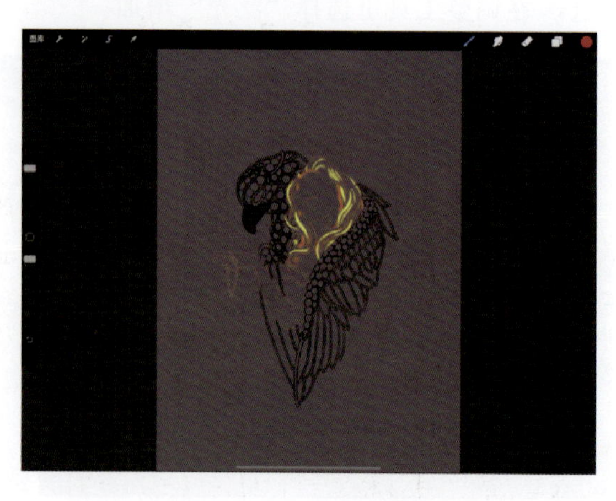

图 4-4-23　画线稿

图 4-4-24 填充底色

图 4-4-25 画出暗部和配钻

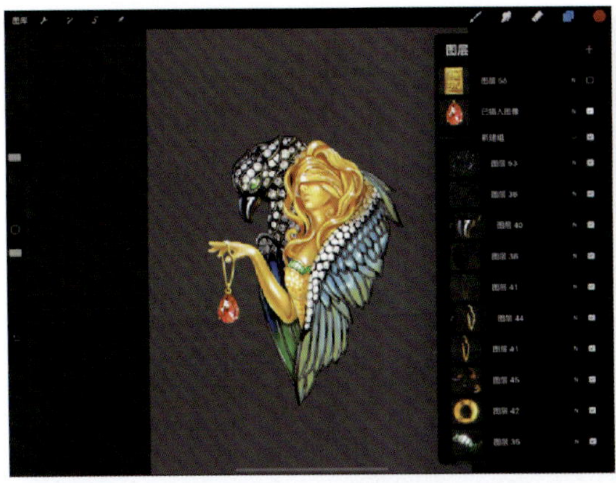

图 4-4-26 添加高光

图 4-4-27 成品效果

七、翡翠红宝石套链画法

1. 翡翠红宝石项链绘图步骤

翡翠红宝石项链绘图视频

（1）建立项链线稿图层，见图 4-4-28。

（2）新建图层，选择合适的底色填充，见图 4-4-29。

（3）建立剪辑蒙版，继续填充其他底色，画出翡翠部分及蓝紫色钛合金，见图 4-4-30。

（4）新建剪辑蒙版，画出红宝石及翡翠蛋面，见图 4-4-31。

（5）继续调整钛合金的颜色并画出配钻及连接处红色配石，见图 4-4-32。

（6）添加阴影和倒影，见图 4-4-33。

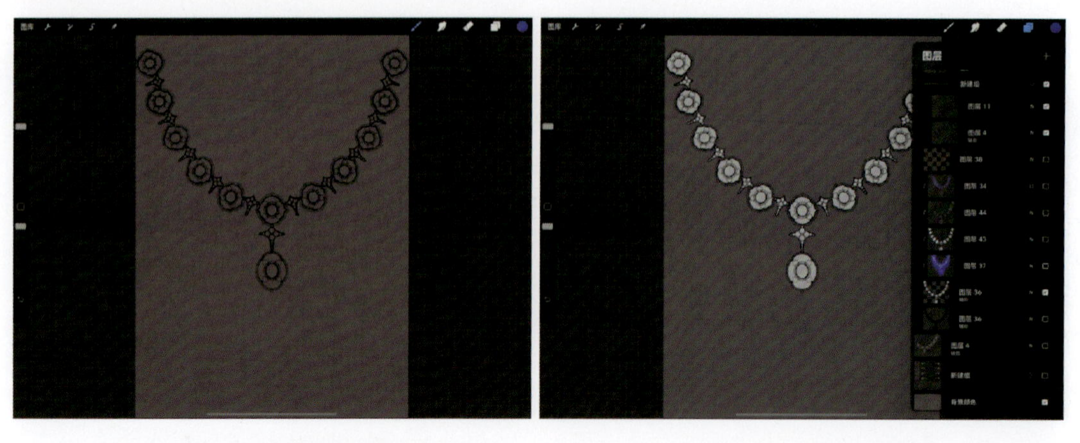

图 4-4-28　画项链线稿　　　　图 4-4-29　填充底色

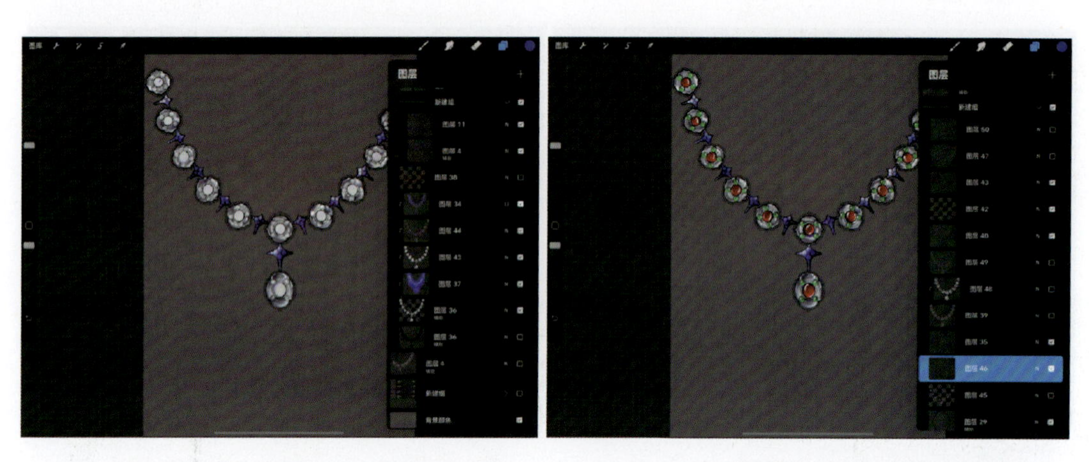

图 4-4-30　翡翠及钛合金涂色　　　　图 4-4-31　画出红宝石和绿色翡翠蛋面

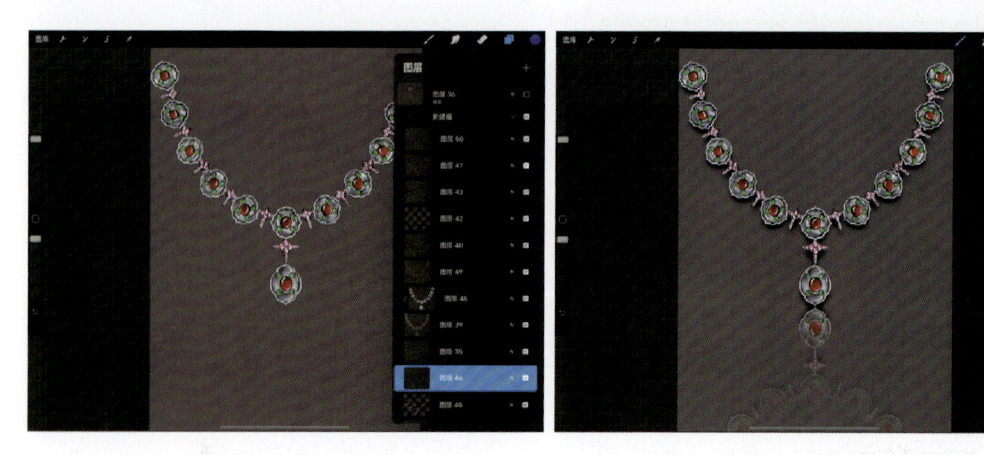

图 4-4-32　画出配钻及红色配石　　　　图 4-4-33　添加阴影和倒影

2. 翡翠红宝石耳坠绘图步骤

翡翠红宝石耳坠绘图视频

（1）建立耳坠线稿图层，见图 4-4-34。

（2）新建图层，选择合适的底色填充，见图 4-4-35。

（3）建立剪辑蒙版，继续填充其他底色，画出翡翠部分及蓝紫色钛合金，见图 4-4-36。

（4）新建剪辑蒙版，画出红宝石及翡翠蛋面，见图 4-4-37。

（5）继续调整钛合金的颜色并画出配钻及连接处红色配石，见图 4-4-38。

（6）添加阴影和倒影后，将所有图层分组并复制该组，就会出现另一只耳坠，见图 4-4-39。

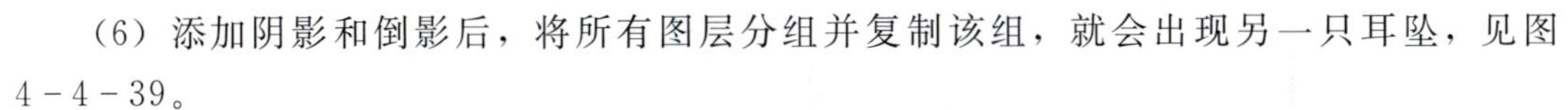

图 4-4-34　画耳坠线稿

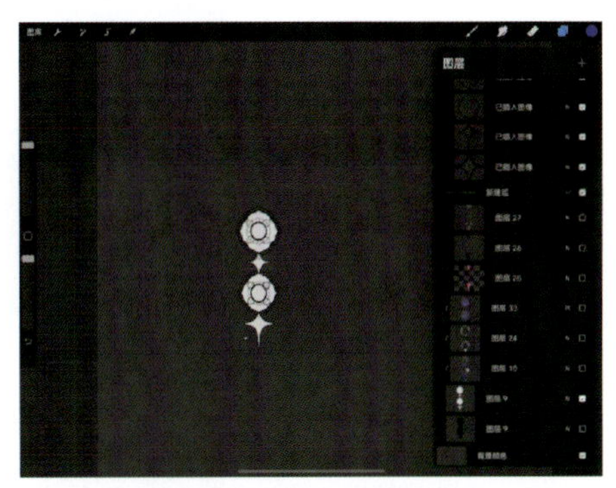

图 4-4-35　填充底色

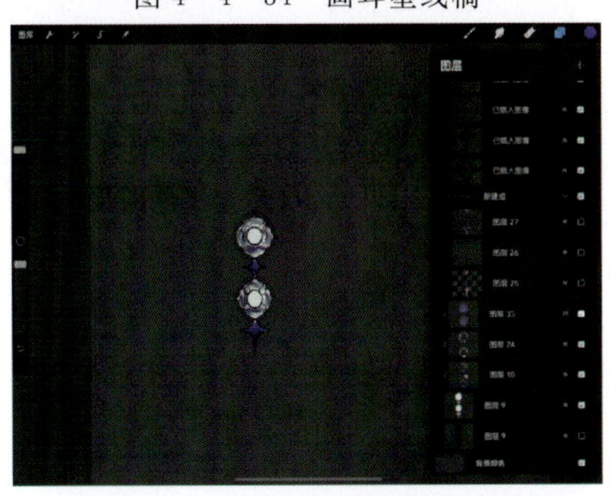

图 4-4-36　画出翡翠和钛合金

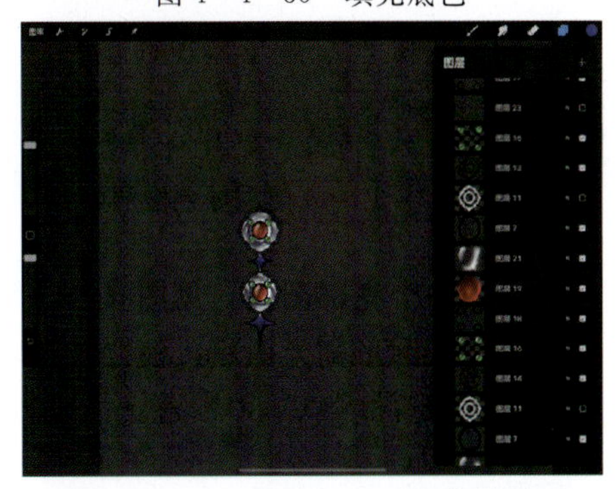

图 4-4-37　画出红宝石和翡翠蛋面

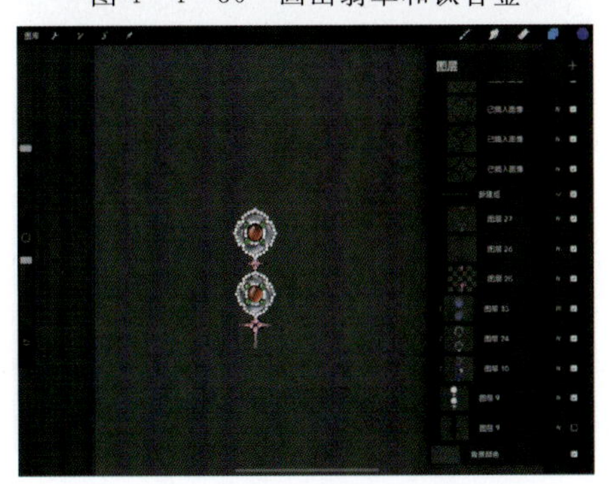

图 4-4-38　画出配钻和红色配石

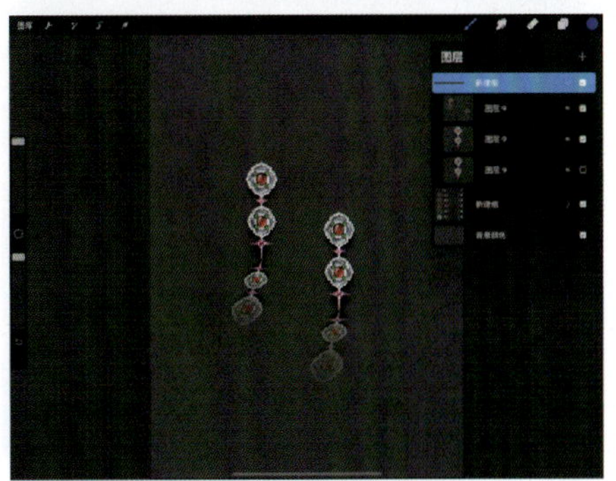

图 4-4-39　复制出另一只耳坠

（7）翡翠红宝石套链成品效果见图 4－4－40。

图 4－4－40　套链成品效果

（选自知微珠宝作品《赤焰》，该作品荣获 2019 年中国翡翠神工奖非翡翠类首饰设计金奖、2019 年香港翡翠创作双年赛成品公开组艺术创作第二大奖）

八、钛金蓝宝石翡翠项链画法

钛金蓝宝石翡翠项链绘画视频

（1）建立线稿图层，见图 4－4－41。

（2）依次填充底色，见图 4－4－42。

（3）建立剪辑蒙版，画出金属部分的颜色，见图 4－4－43。

（4）画出配钻，见图 4－4－44。

（5）画出尾部蓝色欧泊，见图 4－4－45。

（6）画出底坠的反光质感并刻画细节，见图 4－4－46。

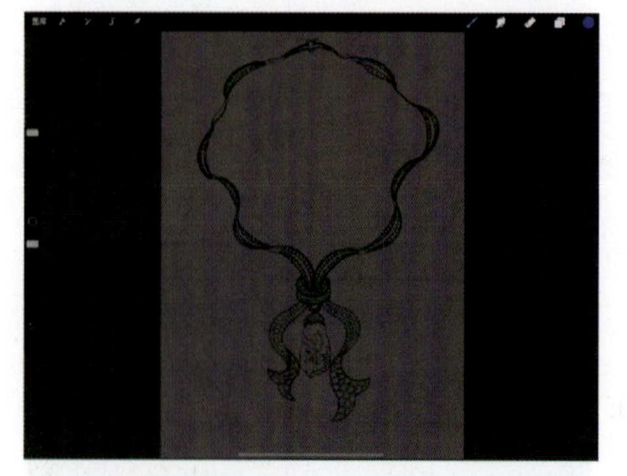

图 4－4－41　画线稿

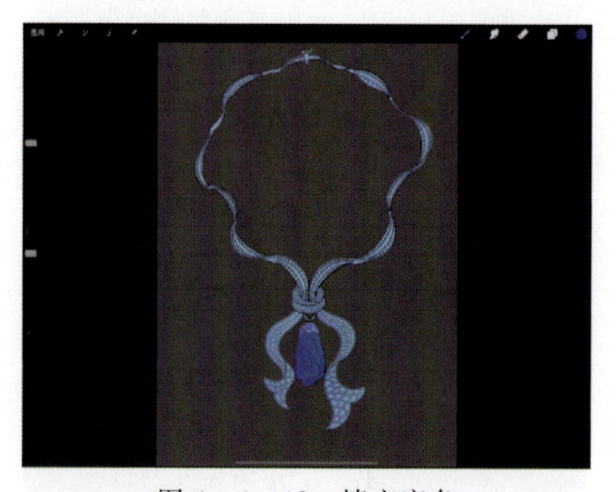

图 4－4－42　填充底色

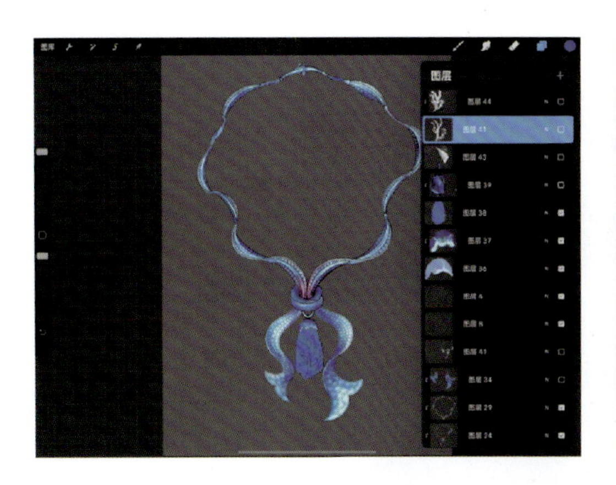

图 4-4-43　画钛金颜色

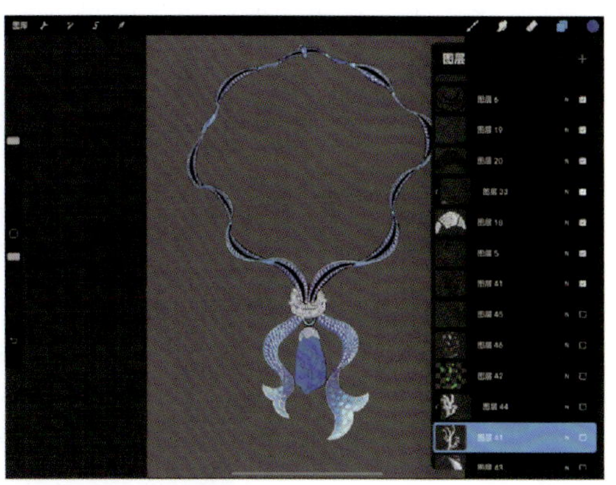

图 4-4-44　画配钻

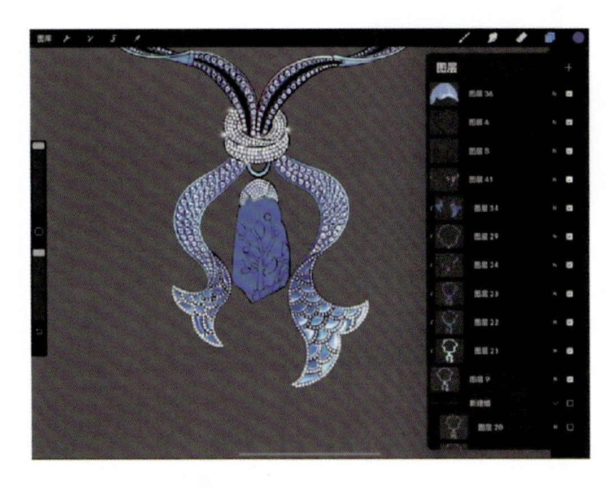

图 4-4-45　画欧泊

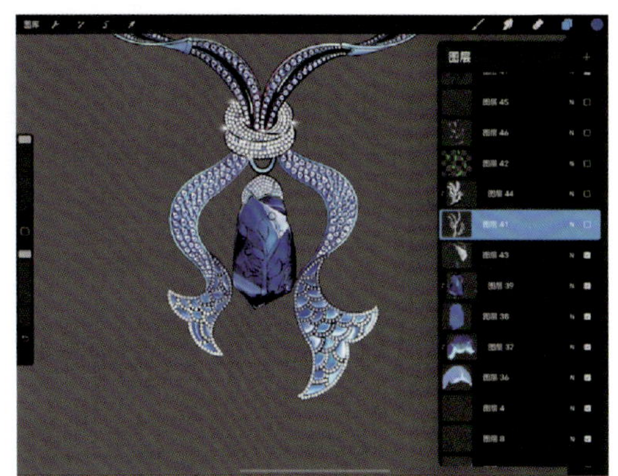

图 4-4-46　画吊坠主石

（7）添加随形翡翠蛋面及白色树枝部分，画出高光，见图 4-4-47。

（8）作出阴影和白色背景线稿，见图 4-4-48。

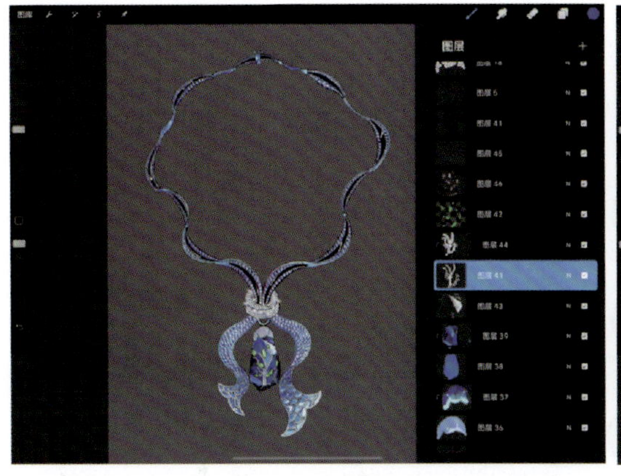

图 4-4-47　画出树枝及翡翠

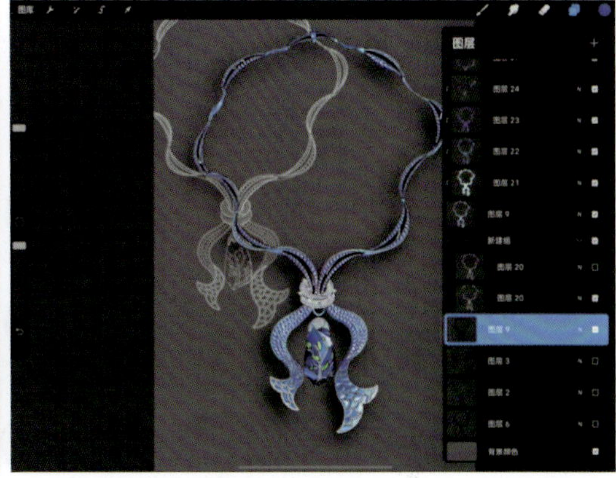

图 4-4-48　作出阴影和白色线稿

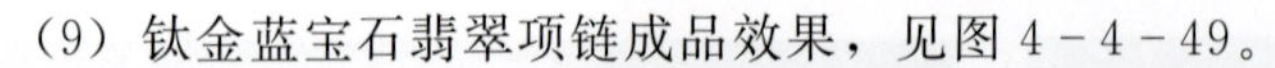

（9）钛金蓝宝石翡翠项链成品效果，见图 4－4－49。

图 4－4－49　项链成品效果

（选自知微珠宝作品《双生子—守护》，该作品荣获 2019 年中国翡翠神工奖非翡翠类首饰设计银奖、2019 年“原创中国·精工佳作”印·珠宝设计大赛创新工艺奖）

第五节　珠宝设计绘画调色板示例

珠宝设计绘画调色板示例展示了常见的金属和宝石颜色的调色板，颜色基本分为三部分：暗部、固有色、亮部。标准的调色板有助于规范自己的设计绘画，而且现在 Procreate 可以直接从图片或者通过照相的方式来制作调色板，相当方便，应当多多利用。

一、金属调色板（图 4－5－1）

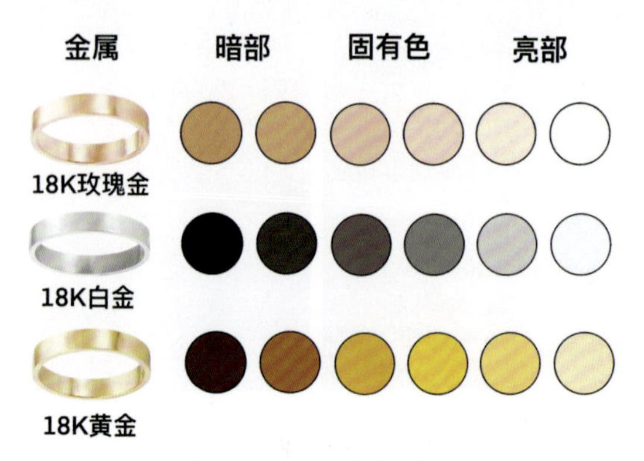

图 4－5－1　金属调色板

二、宝石调色板（图 4－5－2）

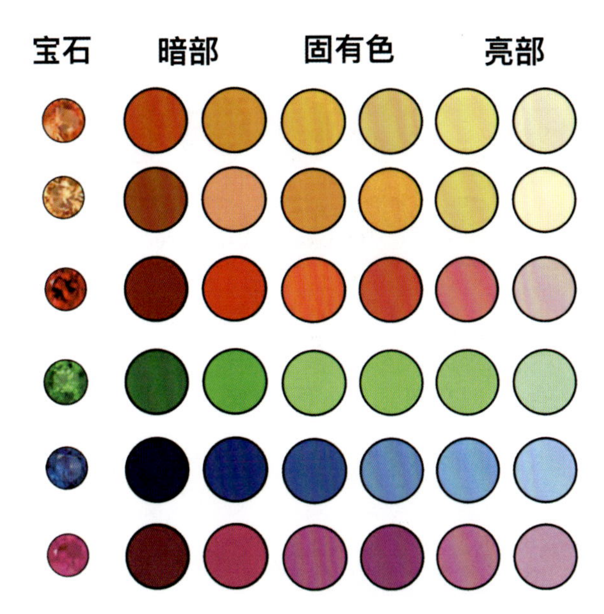

图 4－5－2 宝石调色板

三、翡翠调色板（图 4－5－3）

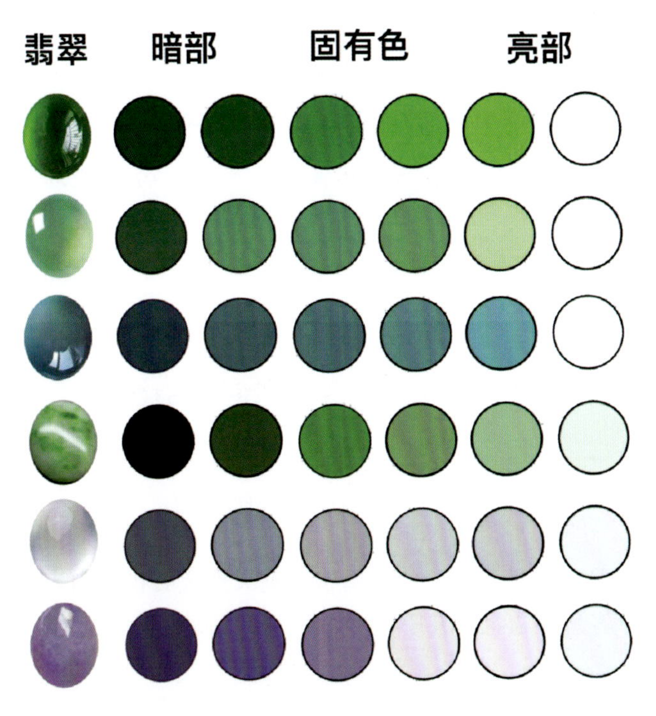

图 4－5－3 翡翠调色板

四、有机宝石调色板（图 4－5－4、图 4－5－5）

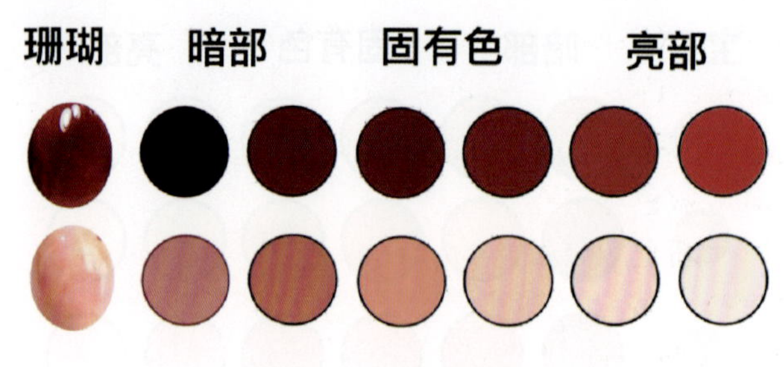

图 4－5－4　珊瑚调色板

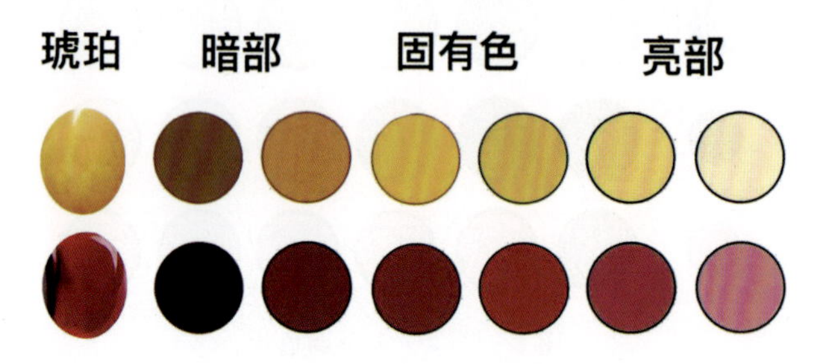

图 4－5－5　琥珀调色板

五、常用配石标准色卡（图 4－5－6）

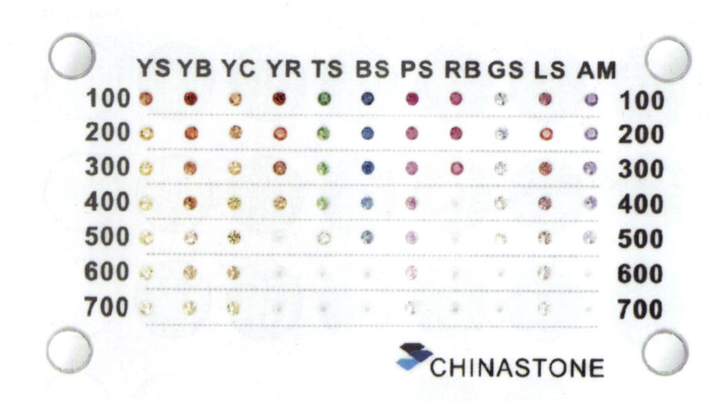

图 4－5－6　常用配石标准色卡

（由 CHINASTONE 公司授权使用）

CHINASTONE 是一家世界领先的高精密切割天然宝石供应商，产品广泛应用于钟表、珠宝等奢侈品行业，客户涵盖世界几乎所有一线珠宝钟表品牌，致力于宝石切割和宝石分色标准的研发。

在绘画过程中使用标准色板，有利于控制图稿与珠宝成品间的颜色误差。

CHINASTONE 的颜色分级范围是 100～700，100 是最深色，700 是最浅色。

YS=Yellow Sapphire（黄色蓝宝石）
YB=Yellow Sapphire（Brownish Yellow Group）（带棕色调的黄色蓝宝石）
YC=Yellow Sapphire（Canary Group）（带橘色调的黄色蓝宝石）
YR=Yellow Sapphire（Reddish Yellow Group）（带红色调的黄色蓝宝石）
TS=Tsavorite（沙弗莱石）
BS=Blue Sapphire（蓝色蓝宝石）
PS=Pink Sapphire（粉色蓝宝石）
RB=Ruby（红宝石）
GS=Grey Sapphire（灰色蓝宝石）
LS=Lavender Sapphire（薰衣草色蓝宝石）
AM=Amethyst（紫水晶）

第六节　Procreate 珠宝设计绘画进阶

一、金属变色

金属变色演示视频
（曲线工具）

不同于传统的纸张绘画，使用 Procreate 改变画稿中金属的颜色是一件十分容易的事情，只需要使用调整工具栏中的颜色调整工具或者图层混合模式即可轻松实现，一般使用“曲线”工具和“渐变映射”工具。

下面举个例子，将 18K 白金色转变为 18K 黄金色。

（1）插入一个 18K 白金戒指，见图 4－6－1。

（2）展开调整工具栏，见图 4－6－2。

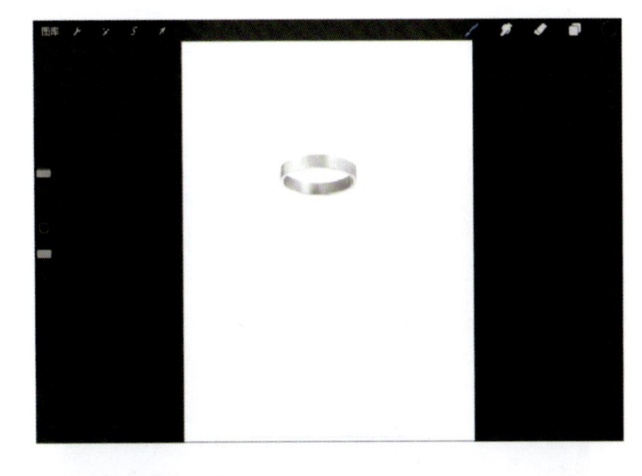

图 4－6－1　插入主体

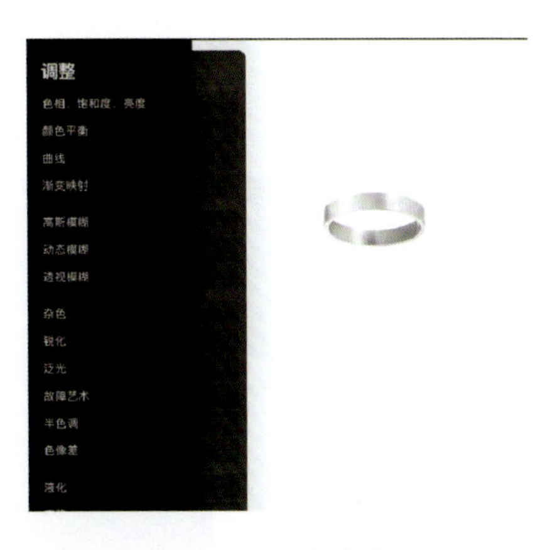

图 4－6－2　选择变色工具

（3）第一种方法，选择“曲线”工具，调整红色、绿色、蓝色曲线以获得 K 黄色金属，见图 4－6－3。

（4）第二种方法，选择“渐变映射”工具，使用提前做好的金色渐变色板将其覆盖，得到一个 K 黄色结果。“渐变映射”和“曲线”工具调整的效果略有不同，可以调整色板中色块的位置以获得理想的结果，见图4－6－4。

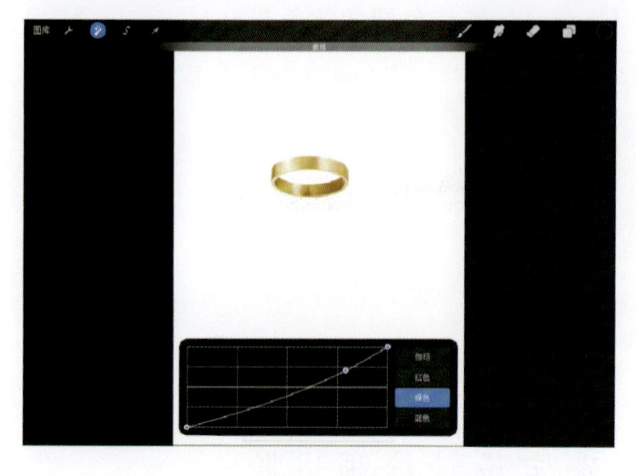

图 4－6－3 使用“曲线”工具变色

图 4－6－4 使用“渐变映射”工具变色

二、宝石变色

宝石变色演示视频

使用 Procreate 同样可以轻松改变画稿中宝石的颜色，与改变金属颜色一样，也是使用调整工具栏中的颜色调整工具或者图层混合模式来改变宝石的颜色。为了获取更真实的宝石颜色效果，这里更推荐使用图层混合模式来更改宝石的颜色。

下面举个例子，使用图层混合模式将绿色的宝石转变为红色的宝石。

（1）插入一颗绿色的宝石，见图 4－6－5。

（2）由于图层混合模式是作用于混合图层以下的所有图层，一般在宝石图层的下方新建一个底部图层，填充一个深色底，以避免宝石透明及半透明区域的混合结果错误，见图 4－6－6。

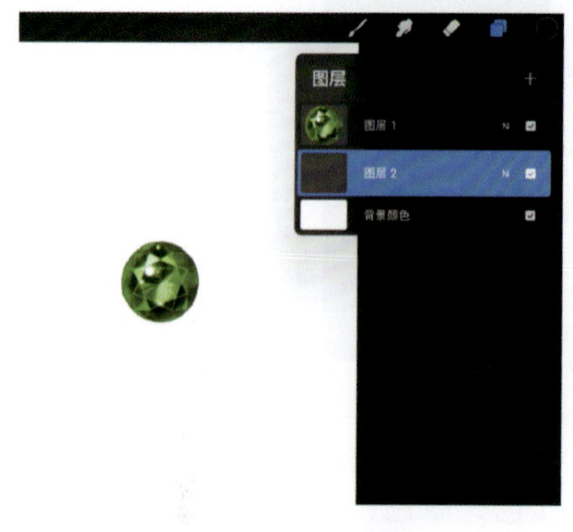

图 4－6－5 添加宝石

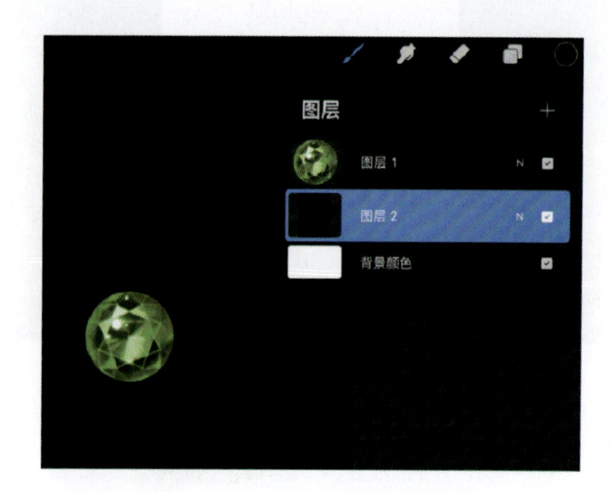

图 4－6－6 建立深色图层

（3）在宝石图层使用选取工具，点击“自动”模式选取宝石外围区域，见图 4 -6 -7。

（4）回到底层，使用变换工具，将选取的除宝石外的区域内容全部移走，这样就剩下一个和宝石面积一致的底色图层，见图 4 - 6 - 8。

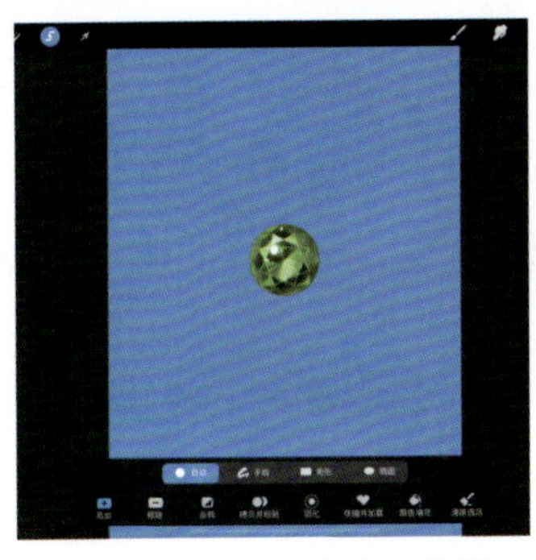

图 4 - 6 - 7　选取宝石外围

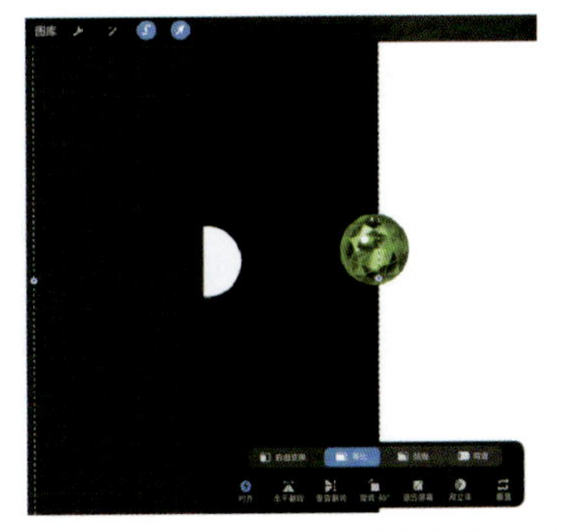

图 4 - 6 - 8　移除选取到的部分图层

（5）在宝石图层上方新建一个图层，将其填充为红色，见图 4 - 6 - 9。

（6）回到宝石图层，选取宝石外的区域，再次回到红色图层，将除宝石外区域的红色移除，这样就剩下与宝石一致的红色区域，见图 4 - 6 - 10。

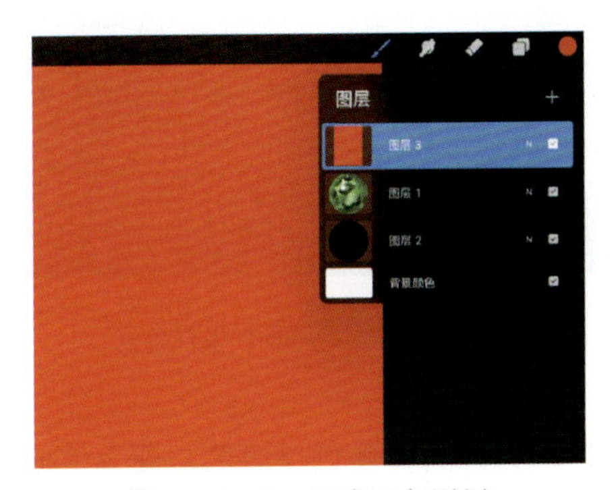

图 4 - 6 - 9　新建红色图层

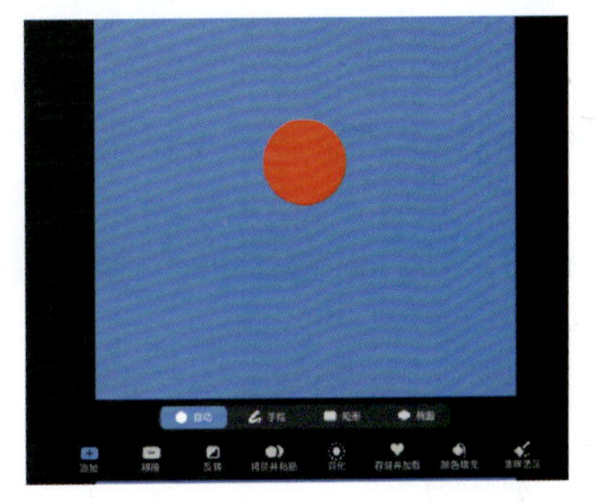

图 4 - 6 - 10　移除宝石之外的颜色

（7）点击勾选框左边的“N”，就可以看到图层混合模式的列表，见图 4 - 6 - 11。

（8）在不熟悉的情况下，可以依次尝试选取，一直到选出满意的混合模式为止，见图 4 - 6 - 12。

图 4 - 6 - 11　打开图层混合列表

图 4 - 6 - 12　选择合适的混合模式

三、使用羽化功能快速出线稿

使用羽化的方法可以缩短我们绘制碎钻的时间。

（1）用单线笔调整需要的碎钻大小，在主石周围加一圈配钻，可以把图放大去点钻，这样比较容易控制配钻的间距，使之保持一致（最好不要重叠），见图 4-6-13。

（2）点好碎钻，点击该图层，点“选择”（图 4-6-14），底部选择“羽化”功能，调整 2%左右（图 4-6-15）。

图 4-6-13　画出圆形碎钻

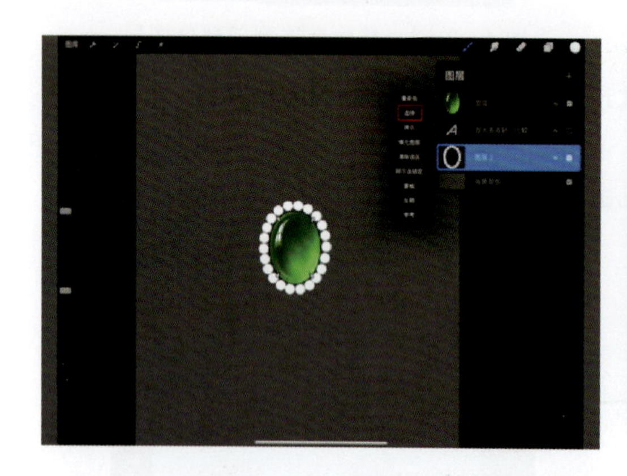

图 4-6-14　选择羽化

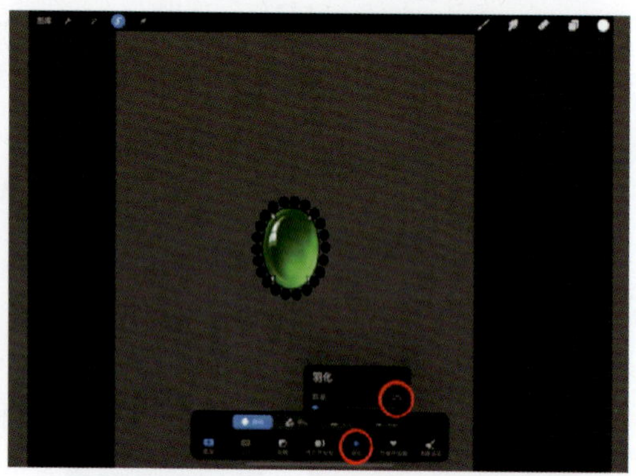

图 4-6-15　调整羽化百分比

（3）羽化好之后，上面新建一个图层（图 4-6-16），选择黑色单线笔，调大笔刷，将新图层全部涂抹成黑色（图 4-6-17）。

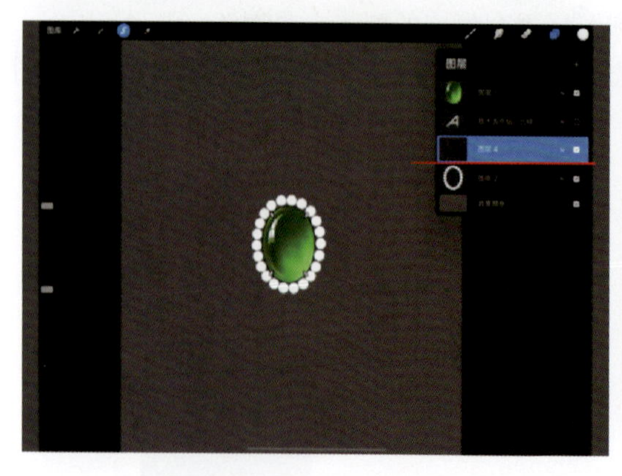

图 4-6-16　新建图层

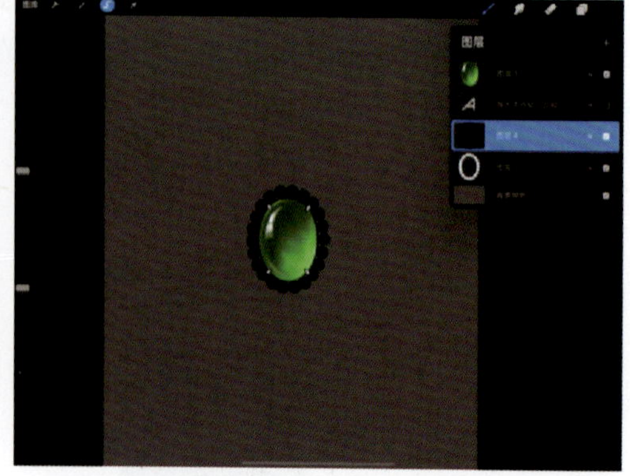

图 4-6-17　涂黑该图层

（4）回到碎钻图层，点击“选择”，然后回到涂黑色的图层，选择“清除选区”（图 4-

6 -18)，碎钻的黑色边缘线就出现了。

(5) 用同样的方法点出爪子和爪子的边缘线，见图 4 - 6 - 19。

(6) 在碎钻图层上新建一个图层作剪辑蒙版，对碎钻进行修饰，点钻的颜色就是钻石的底色。一开始可以用灰色点钻石，见图 4 - 6 - 20。

(7) 画出钻石暗部，以黑色扇形表示，见图 4 - 6 - 21。

(8) 画出钻石亮部，以白色扇形表示，见图 4 - 6 - 22。

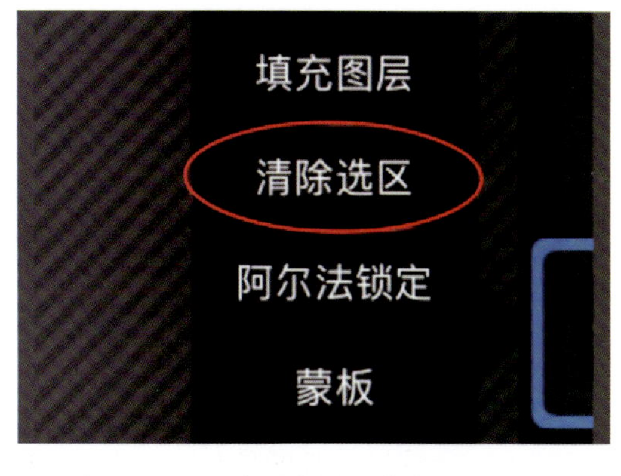

图 4 - 6 - 18 在黑色图层清除选区外的内容

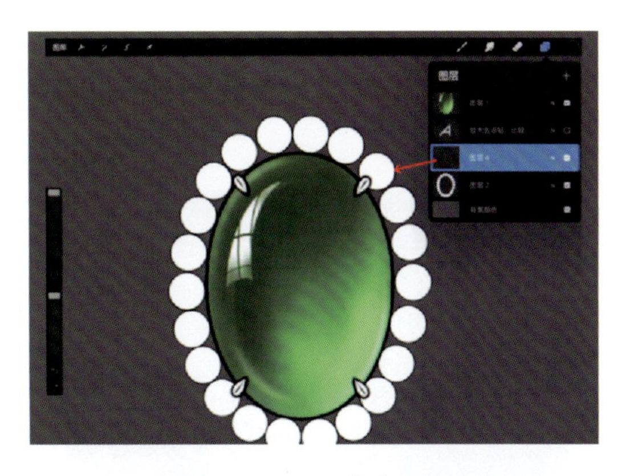

图 4 - 6 - 19 线稿生成

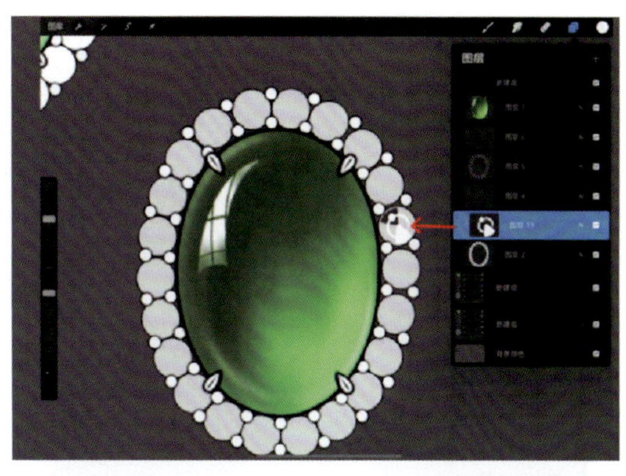

图 4 - 6 - 20 配钻示例

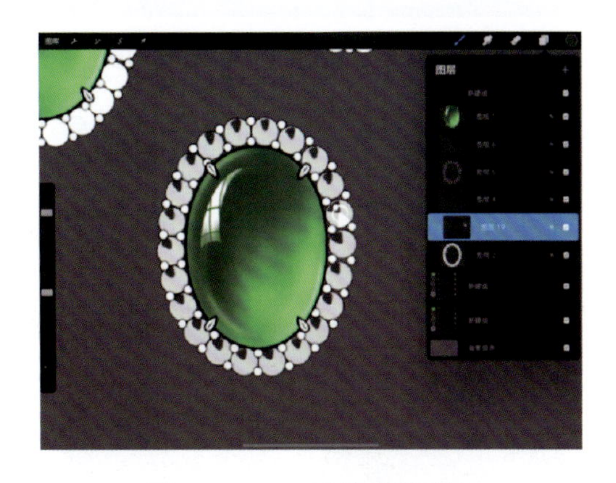

图 4 - 6 - 21 配钻暗部区域

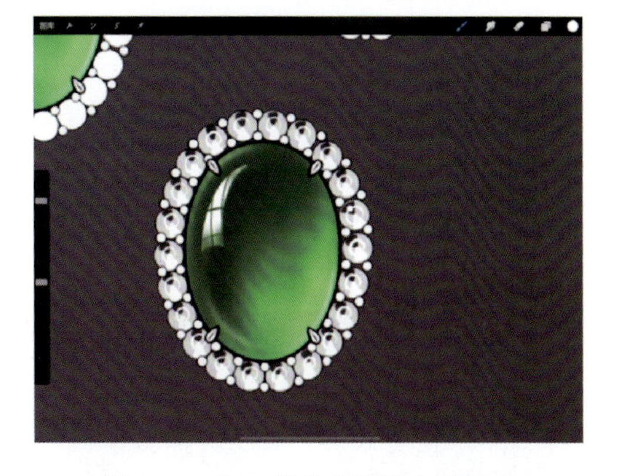

图 4 - 6 - 22 配钻亮部及台面反光

四、超实用快速抠图

(1) 插入需要抠的图片，在图片上新建一个图层，见图 4 - 6 - 23。

(2) 在新建的图层描出主石的轮廓，见图 4 - 6 - 24。

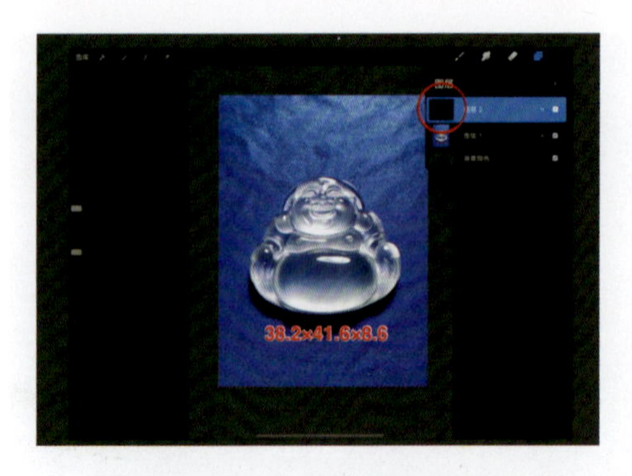

图 4-6-23　导入所需图片

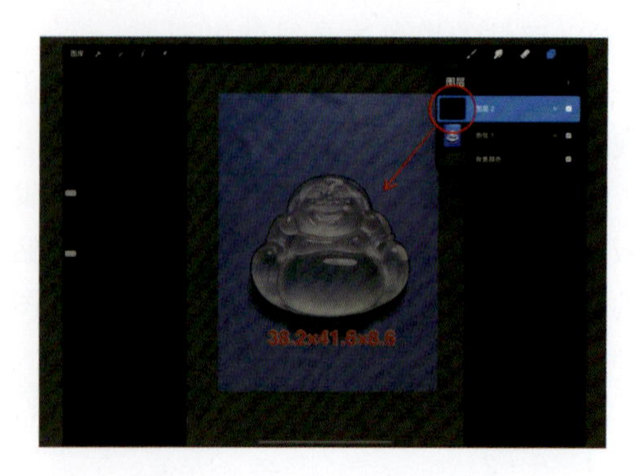

图 4-6-24　描绘翡翠边缘

（3）选择描好轮廓的图层，点击左上角的选取工具（“S”形图标），然后点击“自动”，在描好的轮廓内点击一下，变蓝的区域就是要抠出来的部分，见图 4-6-25。

（4）选择需要抠出的照片图层，点击左上角的箭头图标，出现变形框，三指下滑，出现“拷贝并粘贴”选项，选择“剪切并粘贴”，见图 4-6-26。

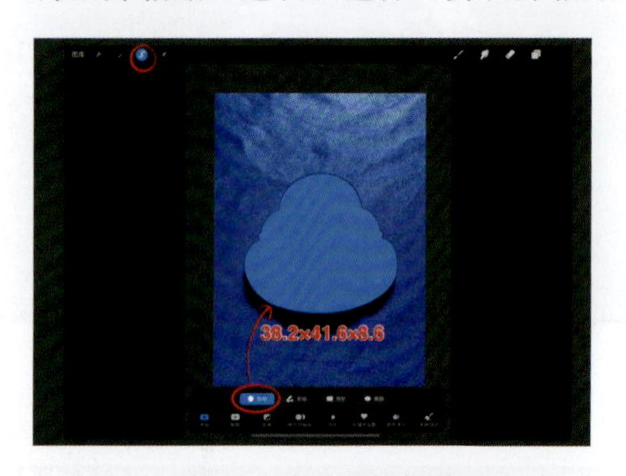

图 4-6-25　自动选择描绘区域

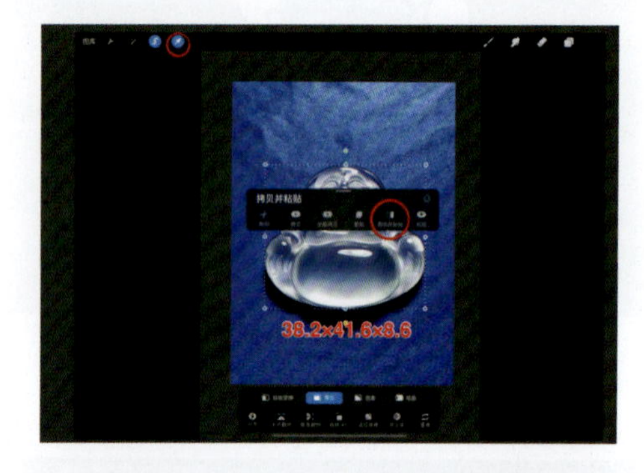

图 4-6-26　剪切并粘贴所选图层

（5）剪切出来的主石就从照片中抠了出来，并在一个新的图层中，当前主石背后还带有桌布的蓝色，见图 4-6-27。

（6）在调整工具栏中选择“色相、饱和度、亮度”，对图片饱和度进行调节，可使其颜色均一，见图 4-6-28。

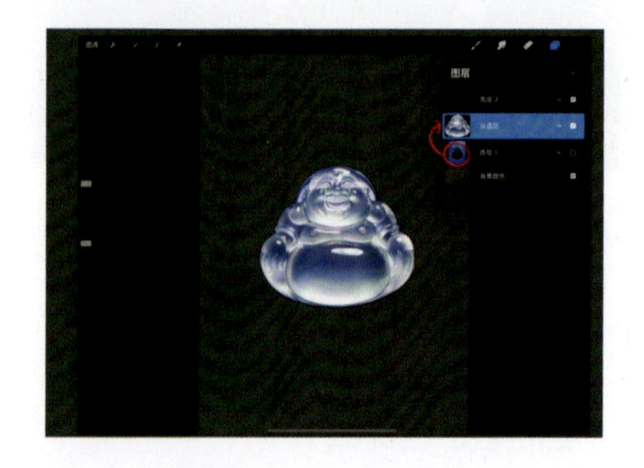

图 4-6-27　抠图完成

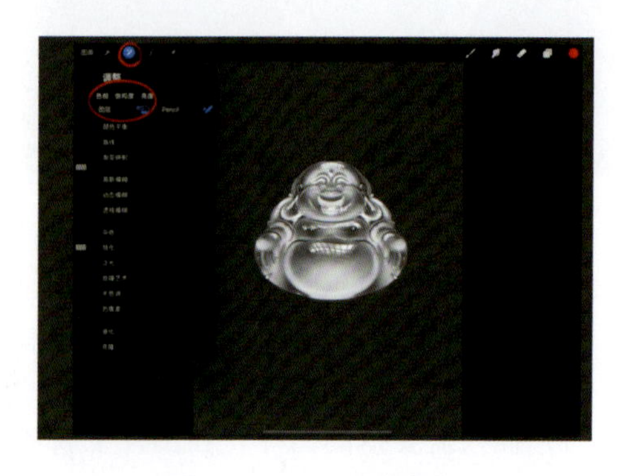

图 4-6-28　调整颜色

五、快速创作

在日常生活中，我们时常能从一些有意思的物品或画面中获得灵感，Procreate 的图像处理能力能快速有效地帮助我们梳理想法，多尝试色彩处理、线条处理的功能往往也可以带给我们意外的惊喜。日积月累的经验和保持思考的创作状态能让我们更敏感，想象力和创造力也可以不断提高。

图 4-6-29 彩蝶

下面简单分享一个快速创作的例子：当看到下面这只蝴蝶（图 4-6-29）时，你能想到什么样的珠宝表现形式？

基于自身的经验，笔者在看到这只蝴蝶的第一眼就被它那带“仙气”的翅膀所吸引，想着在首饰设计中如果用蓝紫色的渐变珐琅来实现应该很漂亮，然后周边金灿灿的边框可以用喷砂或者拉丝的工艺来实现。只要有那么一丁点想法，我们就可以试着快速地创作一个草图来看看呈现效果。具体步骤如下。

（1）创建新文档，添加蝴蝶的照片，通过选取工具和变换工具去除蝴蝶的背景（图 4-6-30）。将画面背景调成灰色底，以方便观察颜色和光影的变化（图 4-6-31）。

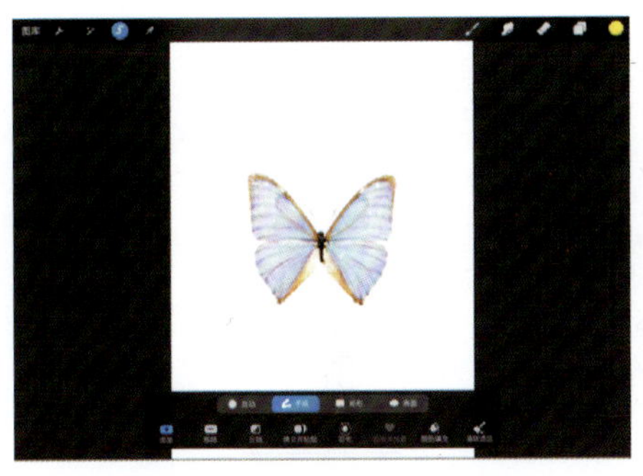

图 4-6-30 移除蝴蝶背景

图 4-6-31 调整背景色

（2）使用选取工具中的“自动”选项，调整阈值，将蝴蝶翅膀的彩色区域尽量选取出来（图 4-6-32），然后将紫蓝色区域复制到一个新的图层（图 4-6-33）。

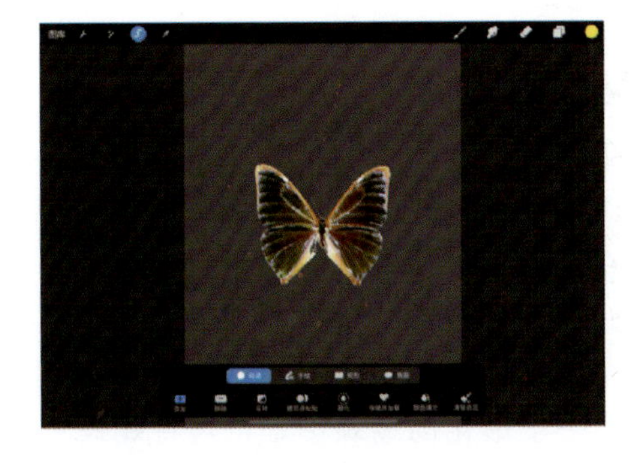

图 4-6-32 选取紫蓝色区域

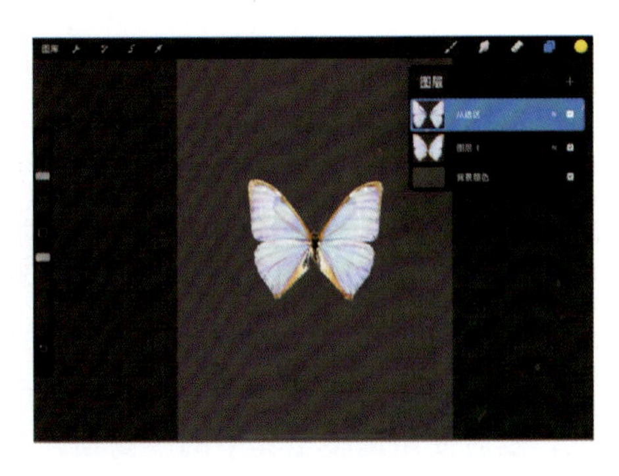

图 4-6-33 复制选区到新图层

（3）新建一个图层，将新图层填充为金黄色（图 4-6-34），通过选取工具和变换工具保留蝴蝶形状的区域（图 4-6-35）。

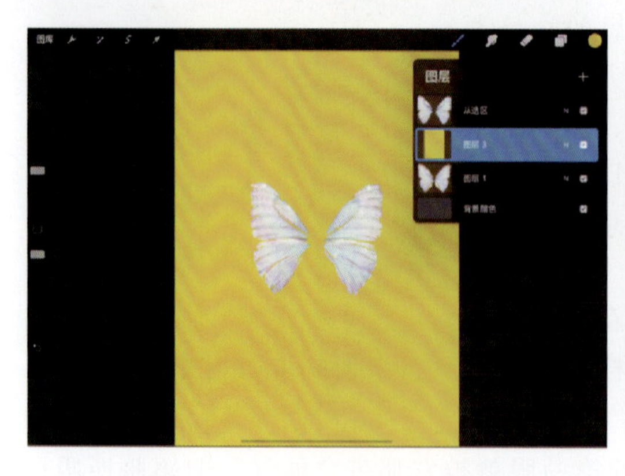

图 4-6-34　添加金黄色图层

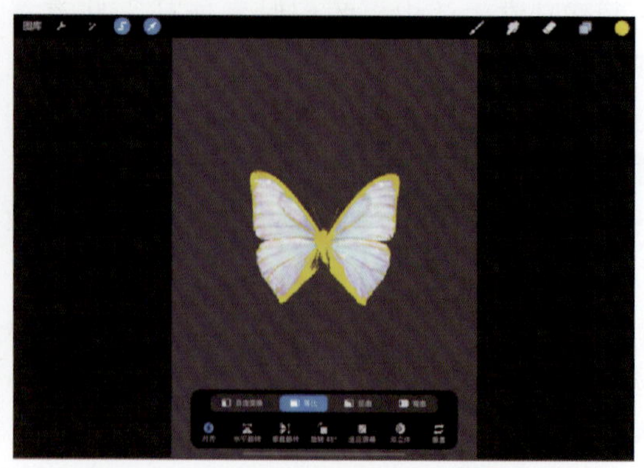

图 4-6-35　保留蝴蝶区域的金黄色

（4）使用图层混合模式中的颜色模式，就可以得到一只“黄金”蝴蝶，然后将混合图层和蝴蝶图层合并，见图 4-6-36。

（5）选中翅膀图层，沿着翅膀的脉络擦除，就可以露出来底面金色的脉络，得到一个黄金骨架，见图 4-6-37。

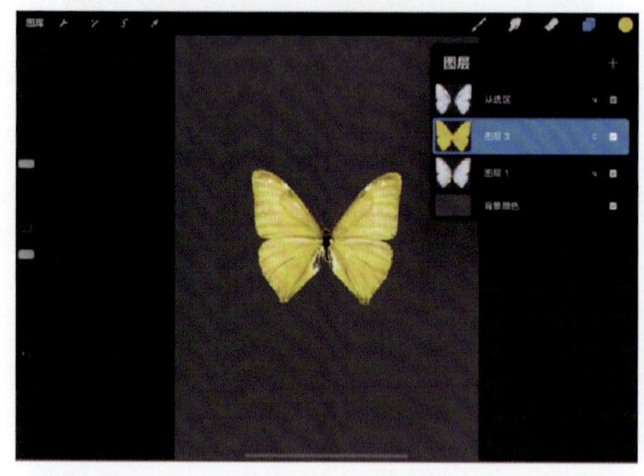

图 4-6-36　使用混合模式调整效果

图 4-6-37　移除翅膀紫蓝色区域

（6）选中翅膀图层，使用调整工具中的“高斯模糊”，将原先粗糙的翅膀调整为平滑过渡的色域，这样的状态已经很接近渐变珐琅的效果，见图 4-6-38。

（7）通过涂抹工具，将右边翅膀的周边和一些破损修复（图 4-6-39），再新建一个图层，使用画笔对蝴蝶进行描边，这样蝴蝶的一半就基本完成，见图 4-6-40。

（8）通过选取工具和变形工具复制已经完成的一半蝴蝶，组合为一只完整的蝴蝶，然后再对整体的金属光泽作简单处理，见图 4-6-41～图 4-6-44。

（9）复制蝴蝶，新建一个图层（图 4-6-45），使用调整工具中的“亮度”将蝴蝶调整成黑色，然后使用调整工具中的“高斯模糊”得到一个虚化的蝴蝶影子，再将蝴蝶影子放置在蝴蝶下方合适的位置作阴影，见图 4-6-46。

图 4－6－38 调整右边翅膀的彩色区域使其接近珐琅

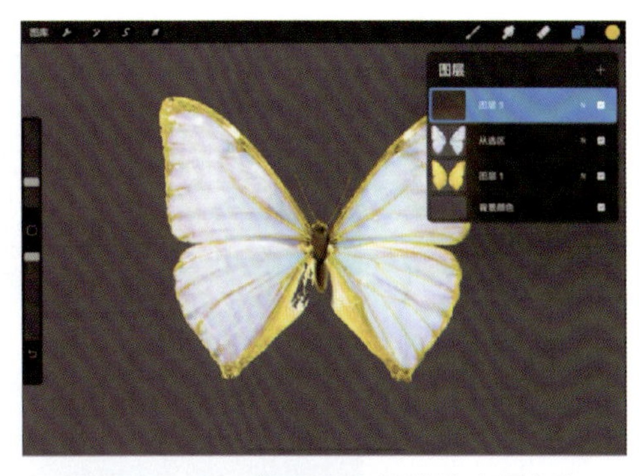

图 4－6－39 修复右边翅膀的金属框架

图 4－6－40 进行翅膀描边

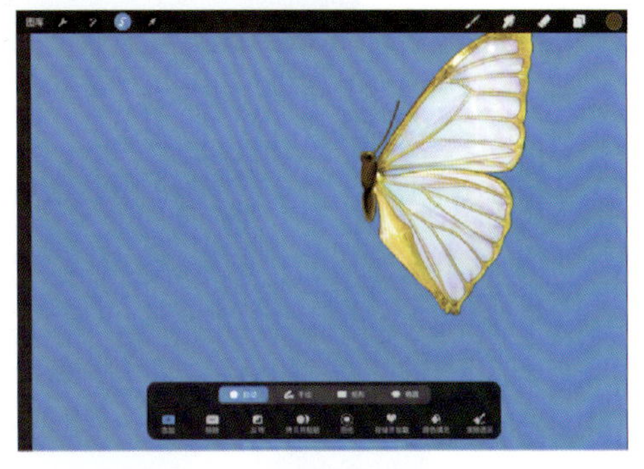

图 4－6－41 选取所需的翅膀区域

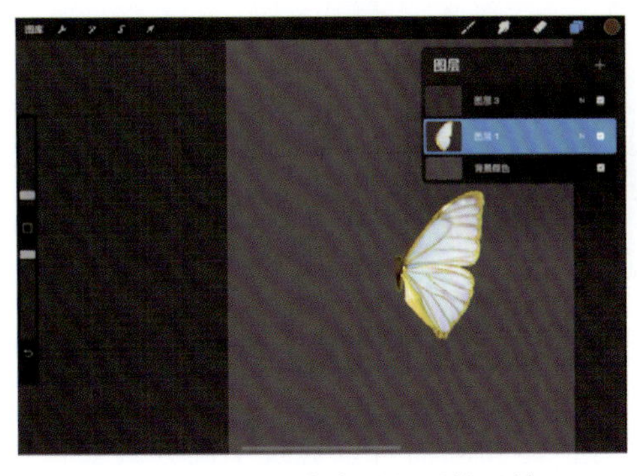

图 4－6－42 移除不必要的区域

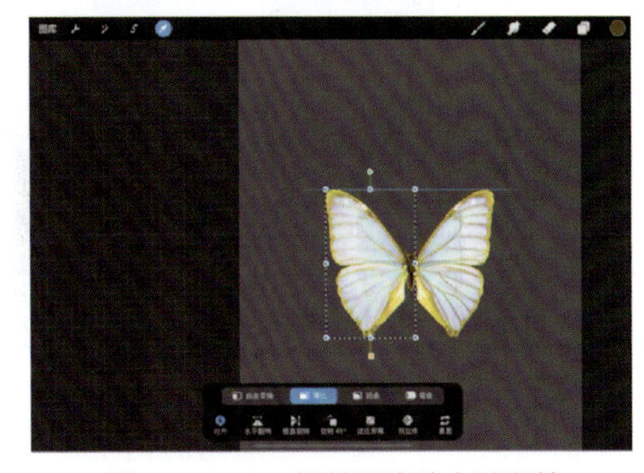

图 4－6－43 复制翅膀并水平翻转

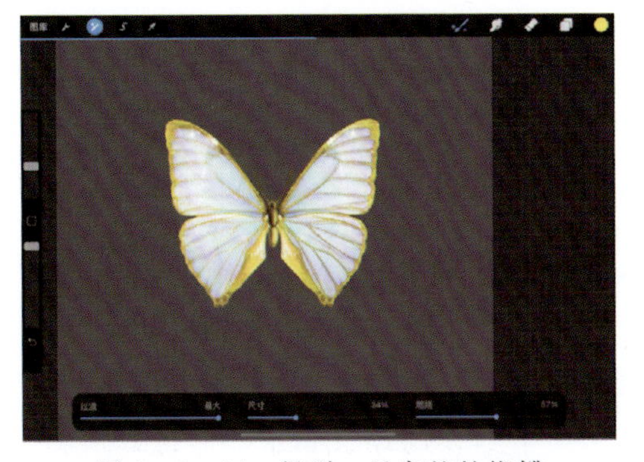

图 4－6－44 得到一只完整的蝴蝶

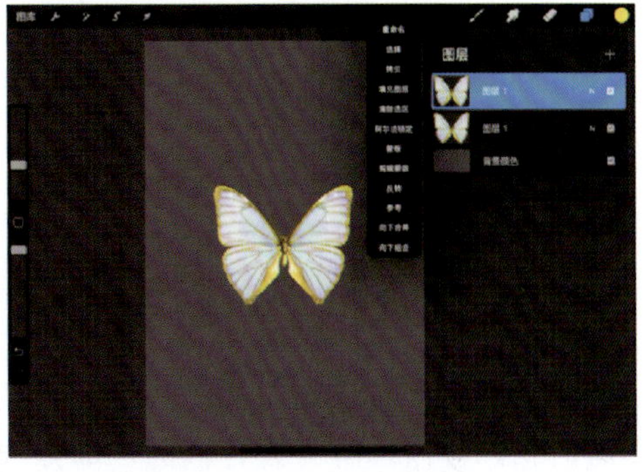

图 4－6－45 复制蝴蝶图层

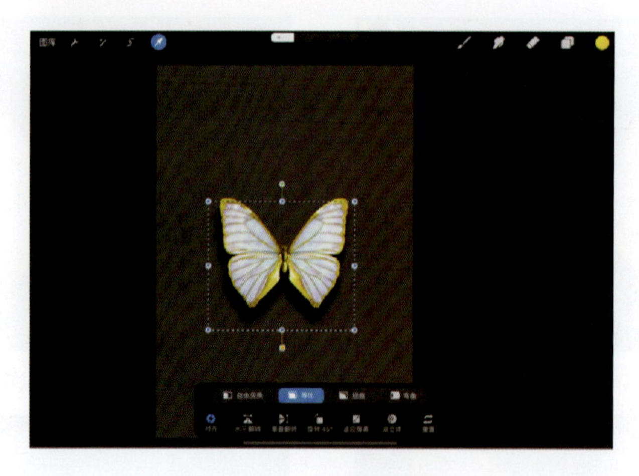

图 4－6－46　制作蝴蝶阴影

（10）至此，完成！可以对比参考图和快速创作的结果（图 4－6－47），当然还可以进一步细化设计，比如增加宝石或者更换翅膀颜色、金属颜色等。

图 4－6－47　完成图与原始图对比

上面的例子并不是一个通用的例子，不一样的物体和画面可以通过不同方式去快速呈现，但有些思路是可以通用的：①使用图层混合模式可以快速得到一个金属物体，可以使用调整工具中的颜色调整工具对其进行调整；②将一个物体中可能会细化的部件分成多个图层，以方便尝试不同的创作效果；③还可以多尝试“对称”“液化”“渐变映射”等工具去创作一些不可预期的结果。

六、简易珠宝画报背景制作

（一）画报制作基本要点

设计稿画报是设计作品的延伸表达话语，其制作目的是更清楚地交代作品想要表达或传递的信息，可以理解为设计稿的一部分。

在设计画报的时候需要注意主体、主题、风格、构图和配色。

1）主体

画报的作用是烘托、渲染和传递设计主体，千万不要一通操作猛如虎，最后主体在哪不清晰，一定要避免杂乱。

2）主题

珠宝设计大多寄托了一定的情感，如爱情、友情，哪怕是环保主题，都多少带有一定的感情色彩。有制作珠宝画报时，如果有一个明显的主题，就可以更直接地传递作者的立意。不过主题一般需要经过一定的设计才能表达好，需要花费一定的时间，有更好，没有也不一定影响画面。

3）风格

古典的、清新的、黑暗的，都算一种风格，可以理解为一种感觉和氛围。

4）构图

不管是设计珠宝还是设计画报，合理的构图总会给人以舒适的感觉，黄金分割率、九宫构图、对称构图、对角线构图都是比较常用的，摄影构图、绘画构图也都是相通的。有时候为了突出主体，可以在大家习以为常的构图中，将主体放在一个反常的位置，这种手法会令人耳目一新、印象深刻，但是需要创作者有一定的经验，否则可能对画面造成破坏。

5）配色

画报的画面颜色不宜过多，大面积的颜色在亮度和饱和度上也尽量不要盖过主体，除非你另有所图。对比色、邻近色、渐变色是常用的配色方案，可以从主体的主色调出发去尝试配色，其中，采用渐变色背景是让大多数人能接受且觉得舒适的方案。

（二）画报制作方式

画报的设计需要时间摸索，最终如果能形成自己的风格，也算小有所成了。下面给大家介绍几种简单快速却十分有效的画报制作方式，可以不费吹灰之力地提升自己的画稿视觉效果。

1. 运用放大、透明的主体做背景

这是最简单有效的画报制作手法之一，一分钟即可完成，画报效果见图4-6-48。

图4-6-48　运用放大、透明的主体做背景画报
（选自知微珠宝作品《蝶语》，该作品荣获2019年香港翡翠创作双年赛成品公开组优异奖）

（1）将主体导入空白文档，将背景调整为黑色以更好地表现质感，见图4-6-49。

（2）复制主体，置于主体图层下方，将复制的主体放大，并通过变形工具移动到一个合适的位置，一般可以让主体遮挡一部分复制图，见图 4－6－50。

图 4－6－49　调整背景色

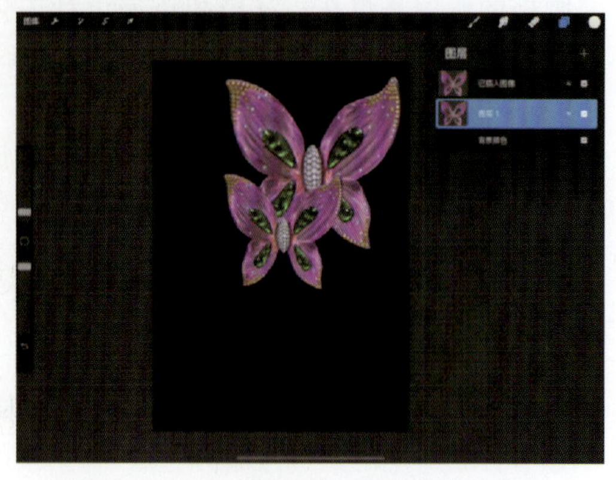

图 4－6－50　调整下方图层物体的位置

（3）将复制的图层透明度调低，20%～30%即可（图 4－6－51），然后使用气笔等可柔化边缘笔刷形状的橡皮擦（图 4－6－52），将橡皮擦透明度调到 10%左右，将复制图层与主体相交部分慢慢擦除，使得从主体到虚影的过渡更加自然。

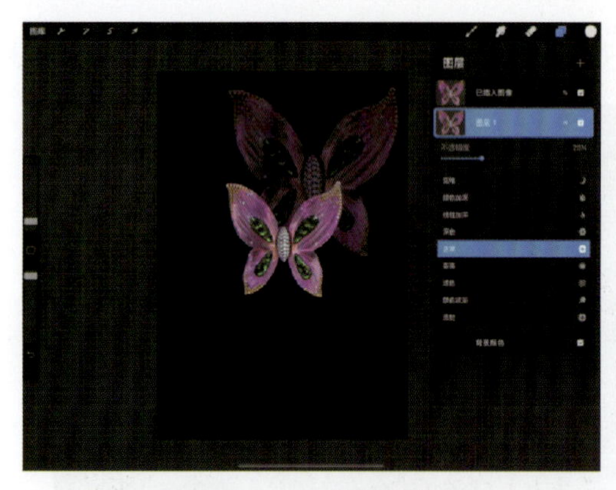

图 4－6－51　调整透明度

图 4－6－52　选择橡皮擦

（4）可以配上文字突出主题，合适的字体和数字也是构图的一部分，见图 4－6－53。

用这种方法做出来的画报，画面主体清晰，但因为信息量比较少，所以没有明显的风格，属于中规中矩款。

2. 运用主体倒影做背景

它和上一种方法有异曲同工之效，画报效果见图图 4－6－54。

（1）将主体导入空白文档，将背景调整为黑色，见图 4－6－55。

图 4－6－53　添加文字

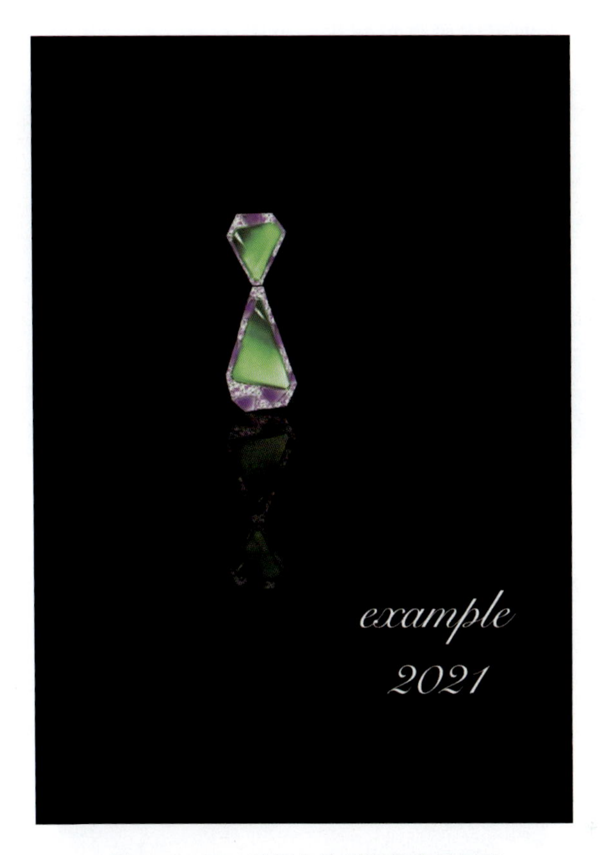

图 4-6-54 运用主体倒影做背景画报
（选自知微珠宝作品《记忆方块》）

（2）复制主体，置于主体图层下方，并通过变形工具使其垂直翻转，可以使用变形工具中的“自由变换”将其适当压扁，见图 4-6-56。

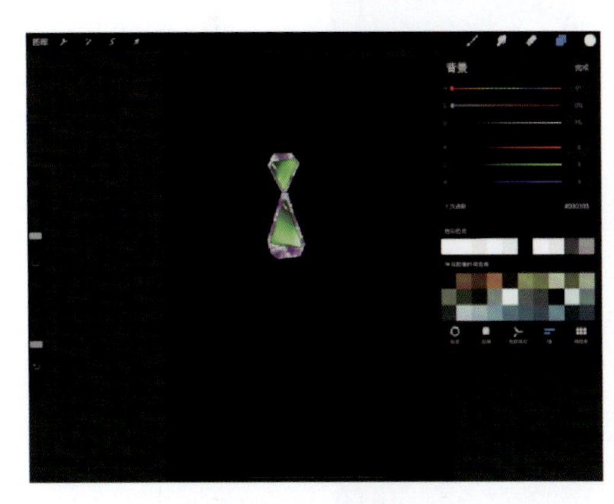

图 4-6-55 调整背景

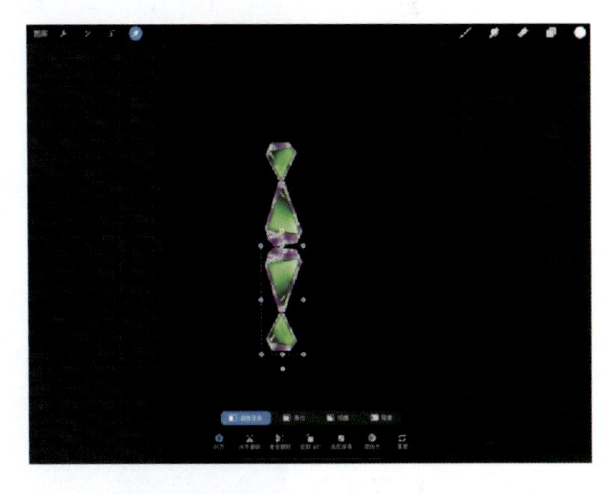

图 4-6-56 垂直翻转底层物体

（3）将倒影的透明度调低，设置为 20%～30%即可，见图 4-6-57。

（4）配上合适的文字即可完成海报制作，见图 4－6－58。

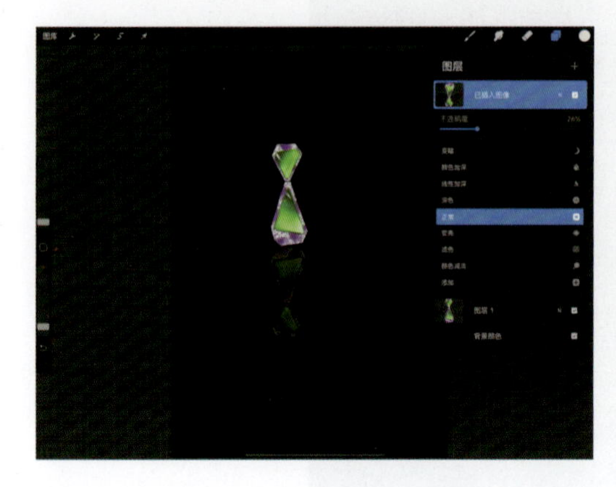

图 4－6－57　调整透明度

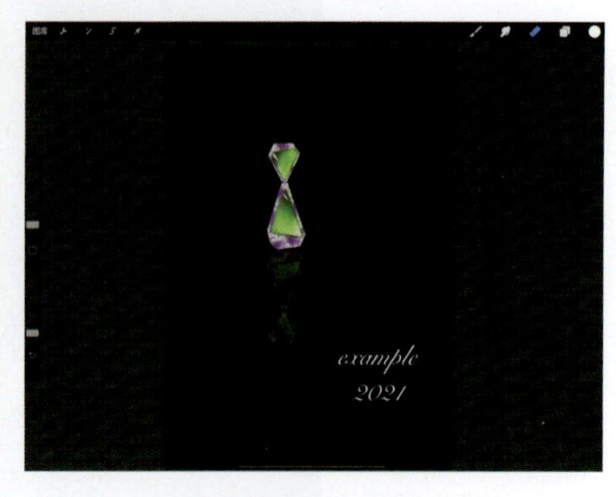

图 4－6－58　添加文字

3. 运用主体颜色元素大色块做背景色

纯色的背景制作简单，但不免有点单调，我们可以尝试制作带有变化色彩的背景，使画报风格更突出。可以选取主体里最突出的颜色，再通过对比色或相邻色等色彩学方式来获取背景颜色。整个背景不宜太过抢眼，以防主次不分。运用主体颜色元素大色块做背景色画报效果，如图 4－6－59 所示。

图 4－6－59　运用主体颜色元素大色块做背景色画报

（选自知微珠宝作品《站在云端说爱你》）

(1) 将主体导入到新的文件中，因为主体是耳环，所以多复制一份，见图4-6-60。

(2) 新建一个图层，置于主体下方，准备制作一个带渐变效果的背景。

Procreate 没有直接的渐变色填充选项，可以先填充几个颜色区域，然后再通过“高斯模糊”来实现渐变效果。与自动渐变相比，这种方式可以更自由地实现细腻和富有变化的渐变画面。这里的颜色我们可以从主体获得，取主体面积最大的颜色作为主色，以第二大面积的颜色为辅助色。

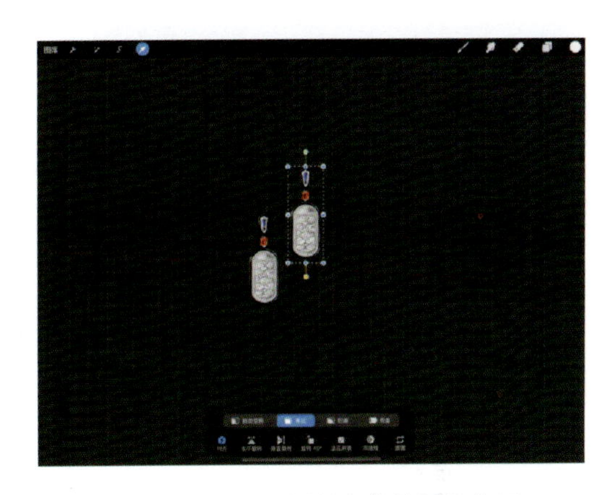

图4-6-60 复制主体并调整位置

在排渐变色块的时候应注意色块最好呈现出规律性，比如同一方向的角度或者同心圆等，这样的渐变看起来会更均匀。

在这个例子中，耳环本身是错位摆放的，我们可以摆一组对角线色带，通过色带切割的方式将观赏者的目光集中到主体上，这也是一种隐藏的导视线。注意渐变色带的排列应该由高饱和度到低饱和度，中间可以有一两条高光细带来强调主体（图4-6-61）。

(3) 通过调整工具里的“高斯模糊”将色带调整为渐变状态，见图4-6-62。

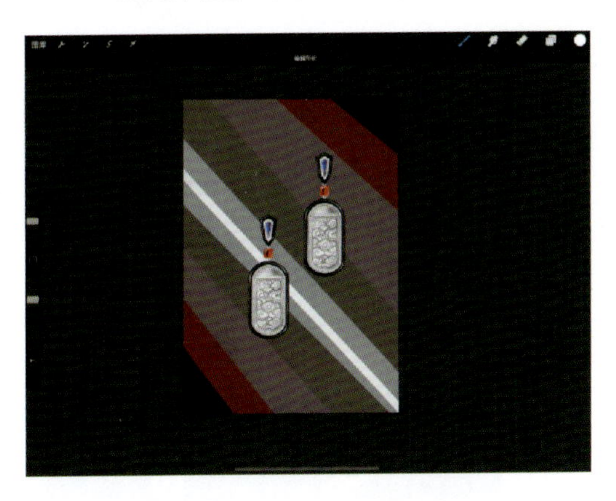

图4-6-61 添加色带

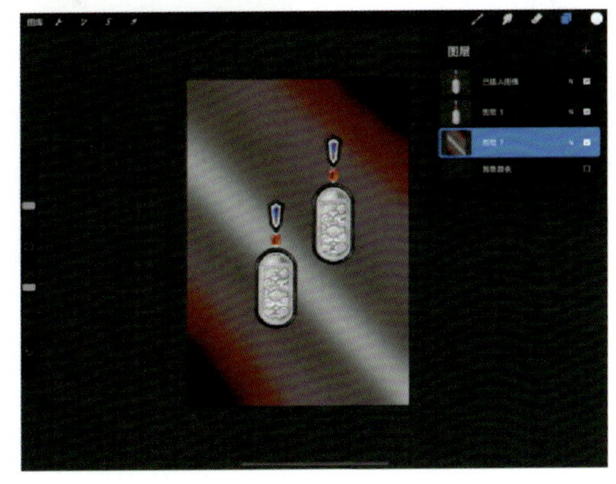

图4-6-62 制作渐变色

(4) 将主体图层复制，然后通过调整工具中的“亮度”将主体调整为黑色，再进行高斯模糊得到主体的阴影（图4-6-63），将阴影置于主体下方，制造悬浮效果（图4-6-64）。

(5) 加入适当的文字，调整颜色，这里因为耳环主体色为白色，所以字体也使用白色或相近色，画面就会简洁高级（图4-6-65）。

(6) 为了让画面更活泼一点，结合渐变色的背景，我们也对文字做一定的处理，见图4-6-66。

图 4-6-63　制作主体阴影

图 4-6-64　调整阴影位置

图 4-6-65　添加文字

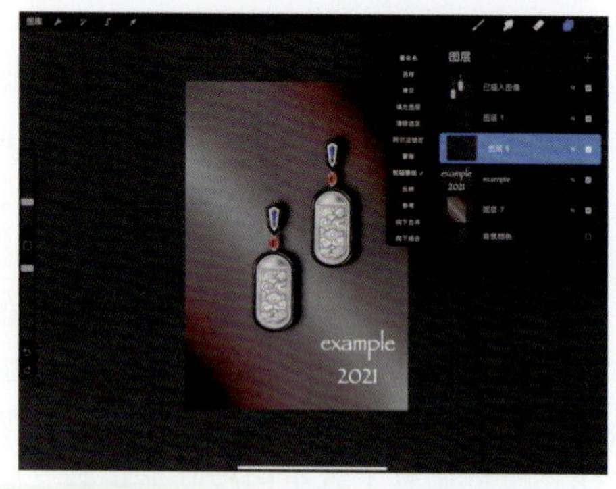

图 4-6-66　调整文字透明度

4. 运用线稿装饰做背景

有时候，一些设计稿细节比较复杂，展示起来会出现整体和细节顾此失彼的情况，我们就可以拆分开，给一个完整画面，还有一个线稿图来配合展现。

以图 4-6-67 为例，因为手环本身结构比较特别，上面的设计也有很强的画面感，我们可以试试以手环线稿为背景，这样既丰富了画报的设计元素，又能突出设计细节。

（1）将手环主体和手环线稿导入新文件中（图 4-6-68），然后将底色调为黑色（图 4-6-69）。

（2）通过调整工具中的“亮度”将手环黑色的线稿调到最亮，即为白色，见图 4-6-70。

（3）将手环线稿移动到合适的位置（图 4-6-71），然后将手环线稿图层的透明度调低，使线稿变成半透明融入背景中（图 4-6-72）。

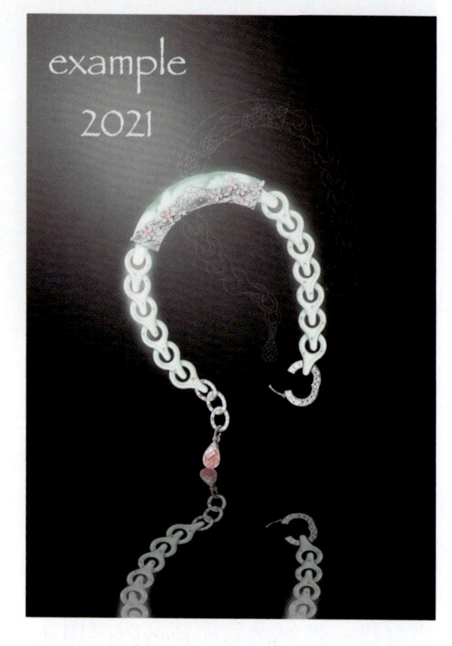

图 4-6-67　运用线稿装饰做背景画报

（选自知微珠宝作品《陌上花开》）

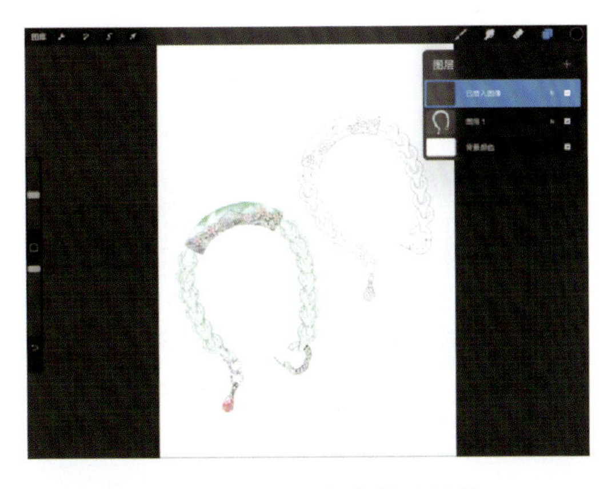

图 4-6-68 添加主体和线稿

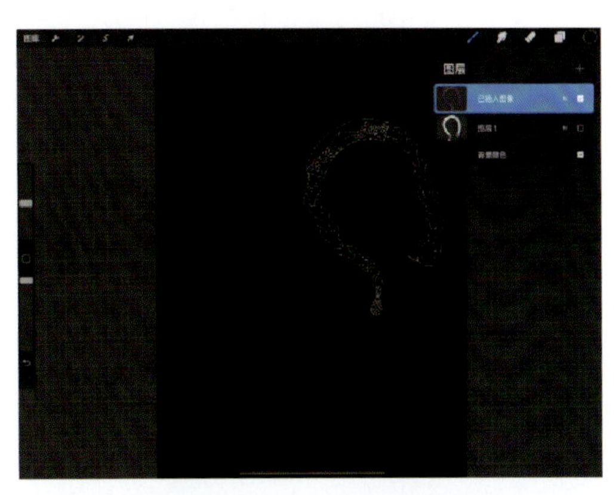

图 4-6-69 调整底色

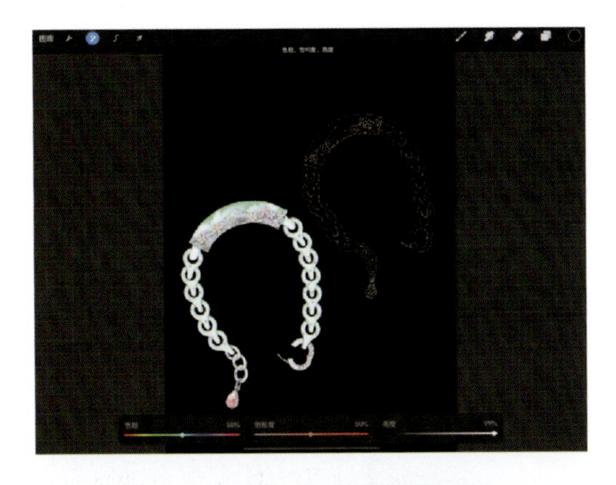

图 4-6-70 将亮度调到最高

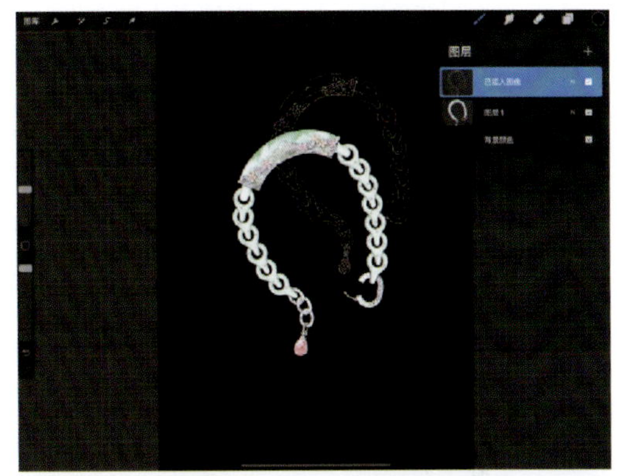

图 4-6-71 调整位置

(4) 对手环主体进行复制并将其垂直翻转，调整复制内容的透明度，得到一个手环倒影，丰富画面，见图 4-6-73、图 4-6-74。

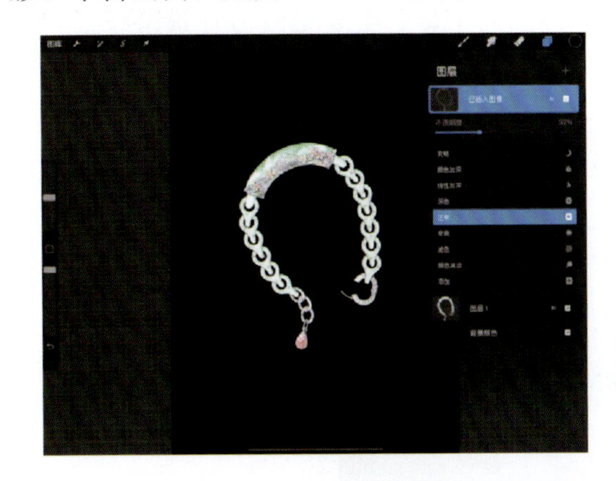

图 4-6-72 调整线稿透明度

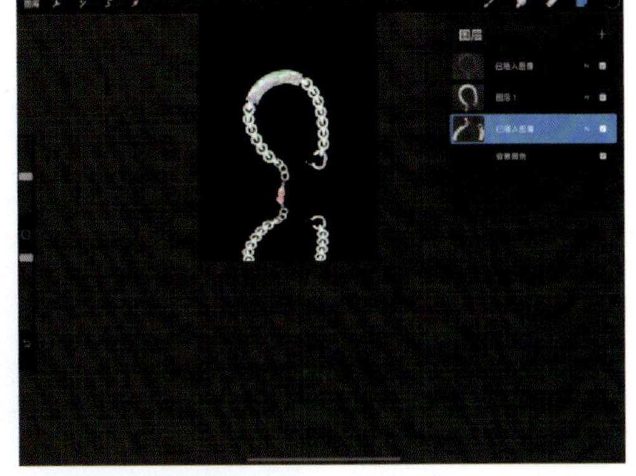

图 4-6-73 复制主体

(5) 使用色块和“高斯模糊”工具制作一个白—灰—黑渐变背景，使观赏者的视线集中到主体上，见图 4-6-75、图 4-6-76。

（6）使用调整工具中的“泛光”局部刷亮主体和倒影，增强质感，见图 4-6-77。

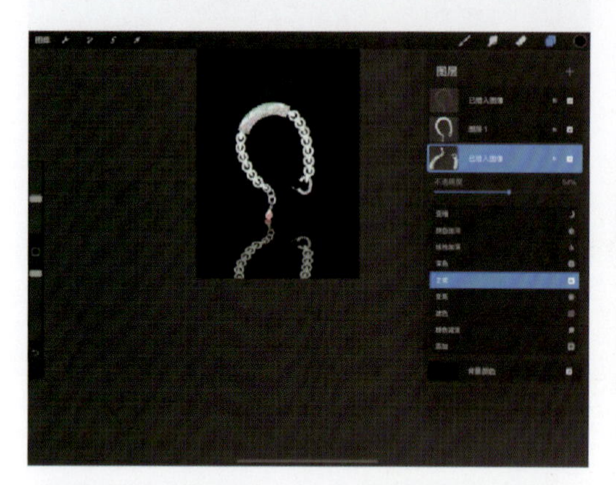

图 4-6-74　制作倒影

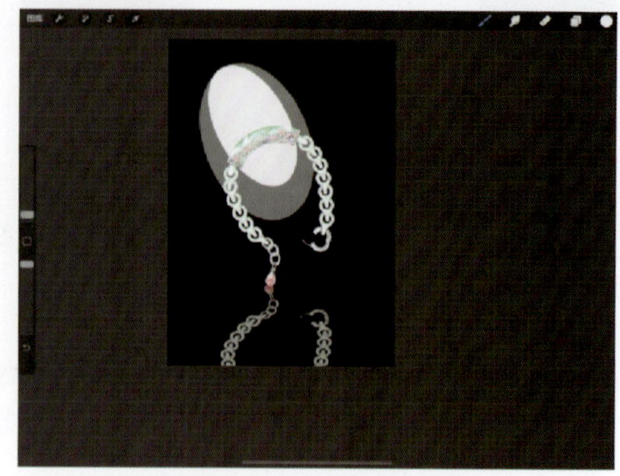

图 4-6-75　准备色块

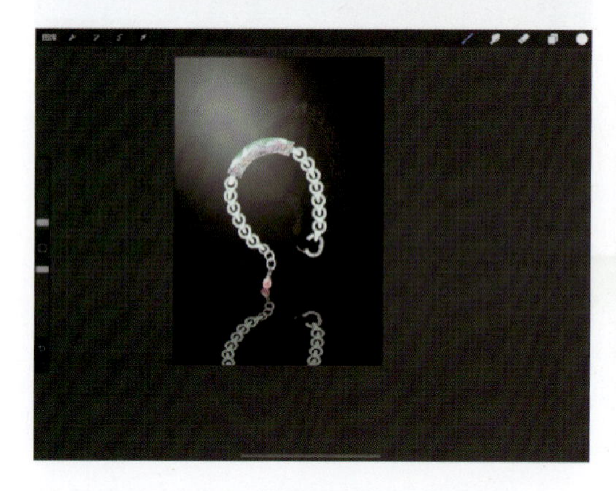

图 4-6-76　模糊色块，制作光效

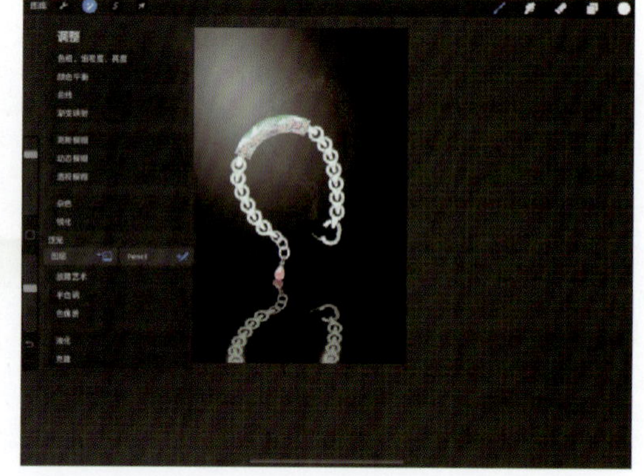

图 4-6-77　选择“泛光”工具

（7）添加适当的文字来完善画面。这里使用纤细的字体，主要是因为背景是线稿，线条比较细，搭配纤细的字体更和谐，见图 4-6-78。

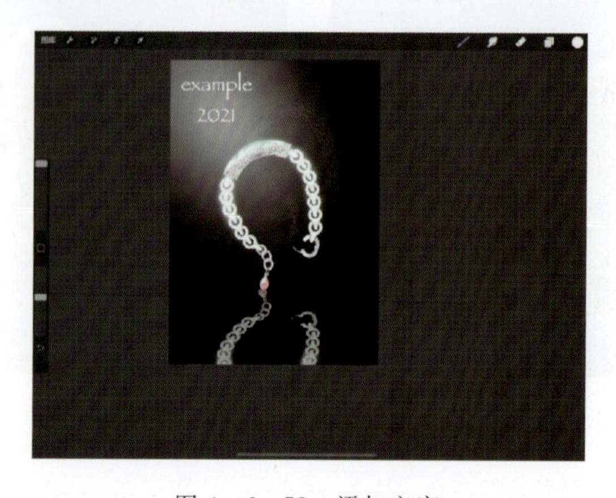

图 4-6-78　添加文字

5. 运用大笔刷做背景

合理地运用大笔刷和颜色调整功能往往可以得到一些带有意境和韵味的背景。比如火焰、云烟、海浪等不具象的背景都可以用这种方式来制作。

以知微珠宝作品《双生子—守护》为例，运用大笔刷做背景海报（图 4-6-79）步骤如下。

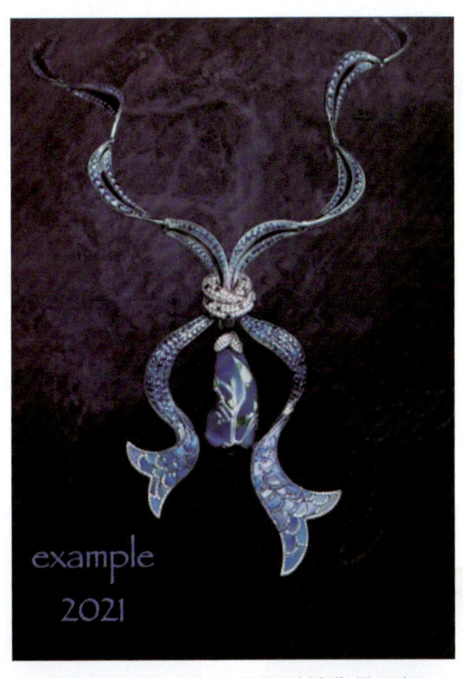

图 4-6-79 运用大笔刷做背景画报

（1）将主体导入新文档中，并将底色设置为黑色，见图 4-6-80。

（2）因为主体比较大，细节不容易看清楚，所以可采用复制主体并将其局部放大的手法来展现细节，以免干扰主画面，可以将放大的图像设置为半透明并置于主体底下，见图 4-6-81。

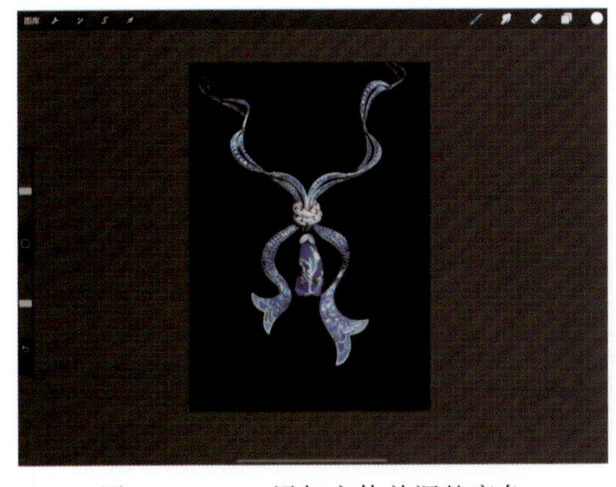

图 4-6-80 添加主体并调整底色

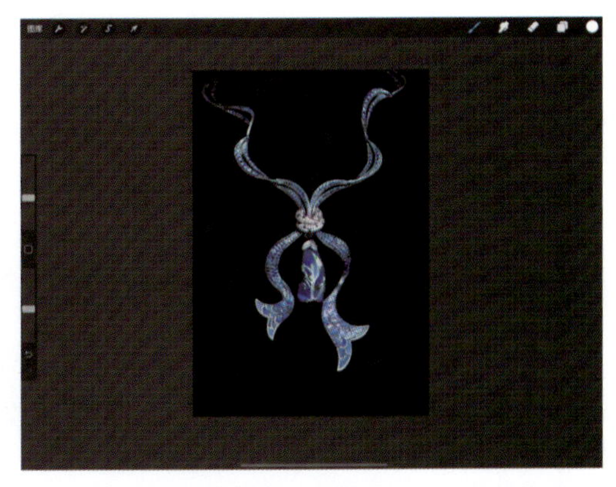

图 4-6-81 调整主体复制图的大小、透明度和位置

（3）因为设计稿是一个随形的框架，适合营造一种缥缈的感觉，可以选用稀疏的类似于云烟的笔刷来制造烟雾的背景，本示例用的是 Procreate 自带的“工业”笔刷集中的“蟠木”笔刷（图 4-6-82）。可以随意将画面大致填满，有个意境就可以（图 4-6-83）。

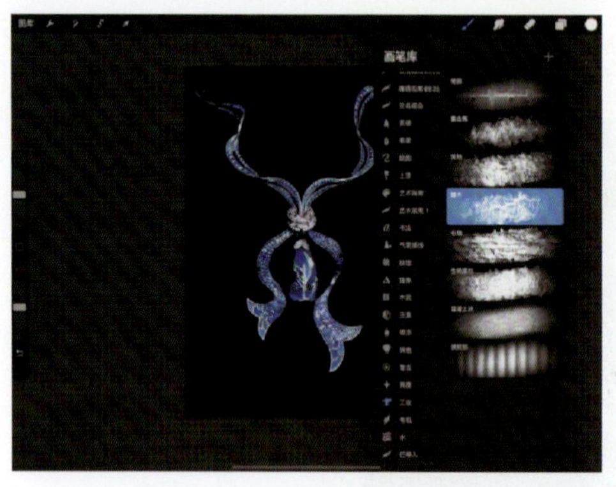

图 4-6-82　选择合适笔刷

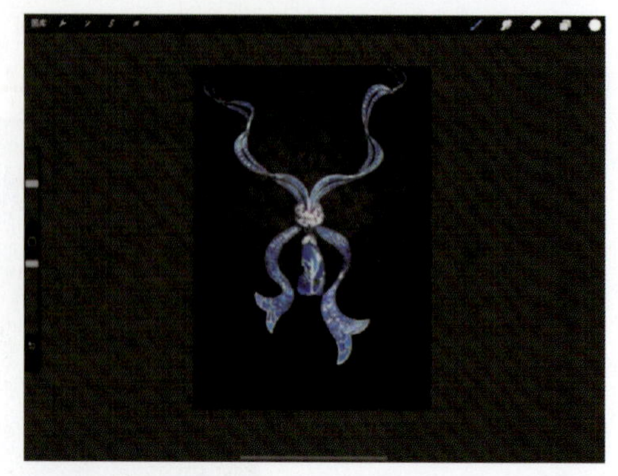

图 4-6-83　根据主体大致画出云烟效果

（4）使用调整工具中的“渐变映射”“饱和度”“亮度”“曲线”等工具来调整云烟的颜色，尝试多次以尽量调整到自己满意的效果（图 4-6-84）。

（5）添加适当的文本，见图 4-6-85。

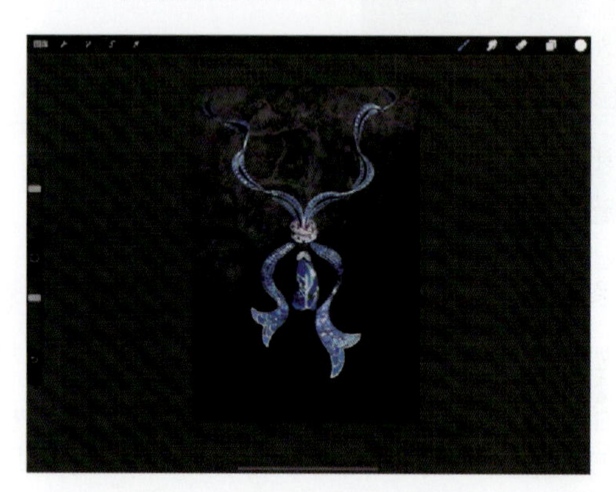

图 4-6-84　调整云烟颜色

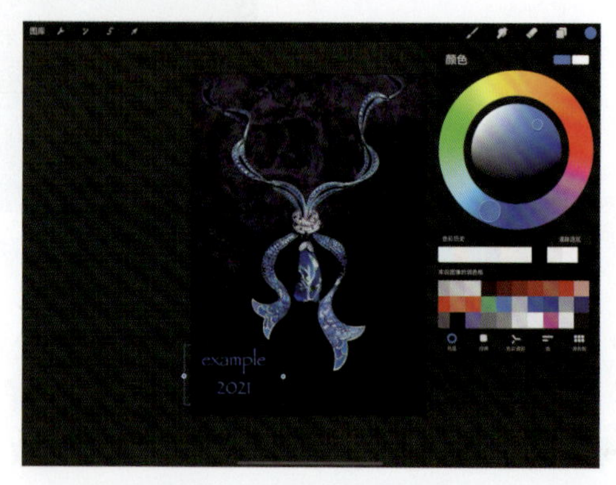

图 4-6-85　添加文字

（6）最后再对烟雾的浓厚程度进行调整，可以局部加强或者减弱，以突出线稿和主体，见图 4-6-86。

图 4-6-86　最后微调

6. 运用主体设计元素实物做背景

当珠宝设计作品的主体非常明确，且借鉴的实物比较具体时，我们不妨使用这个实物来做画报的背景。

如图 4-6-87 所示的胸针吊坠，便借鉴了自然中的花与叶。我们在设计海报时，可以树叶为背景，把花朵衬托得更加醒目。

图 4-6-87　运用主体设计元素实物做背景画报

（选自知微珠宝作品《芳华》，该作品荣获 2018 年中国翡翠神工奖首饰设计类铜奖）

（1）将主体和背景素材导入新文件中，见图 4-6-88、图 4-6-89。

图 4-6-88　添加主体

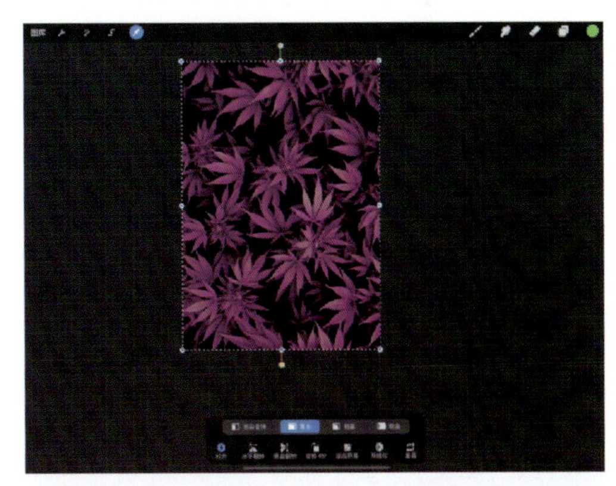

图 4-6-89　添加背景素材

（2）将主体置于背景上方，并放置在一个合理的位置，同时多复制一份背景以作他用，见图 4-6-90。

（3）因为背景颜色与主体颜色过于接近，会产生干扰，因而使用调整工具中的“饱和度”工具将背景的饱和度调为零，得到一个灰白色调的背景，这样就能清楚地看到主体，见图 4－6－91。

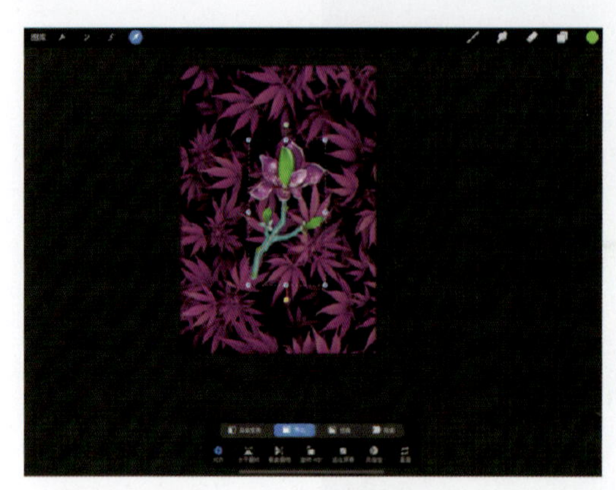

图 4－6－90　调整位置

图 4－6－91　去背景颜色

（4）这个时候会发现画面有些单调，所以可采取局部零散还原背景颜色的方式来均衡画面，见图 4－6－92。使用选取工具中的“手绘”圈选部分叶子，使用“反转”选中外围区域，然后回到之前步骤（2）复制保存的彩色背景图层，使用变形工具移除多余的叶子，再将其移动到黑白背景之上，就可以得到一些紫色的叶子。

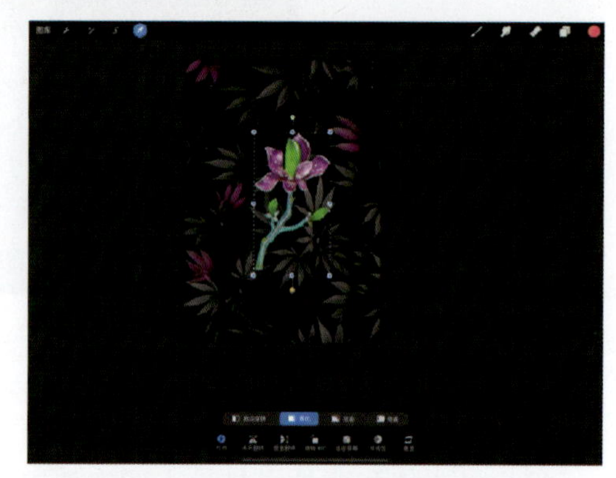

图 4－6－92　在另存的彩色背景里选取所需的彩叶

（5）使用调整工具中的“曲线”工具调整颜色，这里可将其颜色夸张化以增强艺术感，但这几片叶子的饱和度应当低于主体，避免喧宾夺主，见图 4－6－93。

（6）加上合理的字体以调整画面的结构，并将字体设置为半透明，以融入背景，见图 4－6－94。

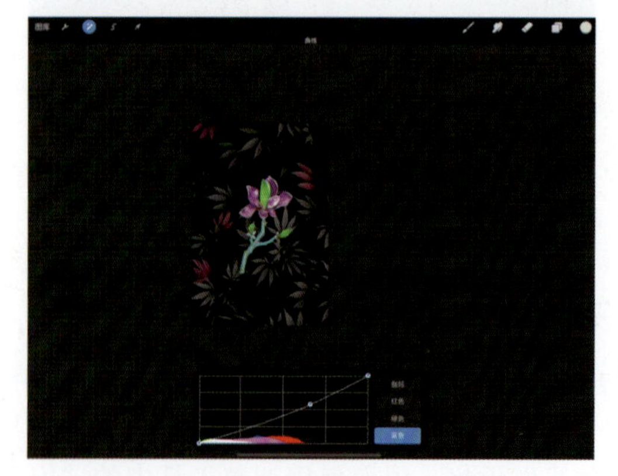

图 4－6－93　调整彩色叶子的颜色

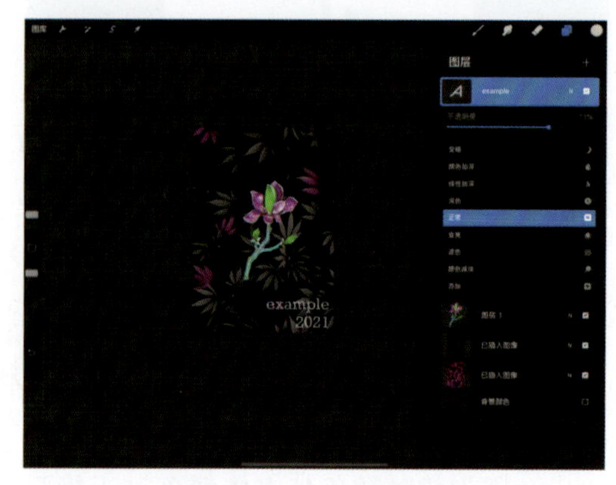

图 4－6－94　添加文字

（7）在文字旁边增加一颗翡翠，这个细节一方面可引导观赏者来看文字，另一方面也强调了作品的主石是翡翠，见图 4－6－95。

（8）使用调整工具中的“泛光”工具，对繁花胸针吊坠进行局部的发光处理，以增强质感，见图 4－6－96。

图 4－6－95 添加翡翠

图 4－6－96 增强质感

7. 运用模特佩戴做背景

提到模特佩戴，可能大部分人认为是真人佩戴图。且不说能不能将设计稿和模特形象较好地融合在一起，哪怕是实物摄影，拍真人珠宝佩戴图的门槛也是极高的，要将珠宝完美地展现出来其实很难。为什么？因为真人模特太具象，给人的视觉信息特别多，观赏者的眼光会不自觉地被人吸引，特别是一个漂亮的模特更容易吸人眼球，这个时候主体就有可能被遗忘，适得其反。

如图 4－6－97 所示，这款海报图摒弃了所有的具象内容，采用白描的手法，抓住人物的神韵，描绘出一个模特的轮廓，既简单，又摆脱了主次颠倒的困境。这种手法在服装设计和时尚设计中也时常用到。

图 4－6－97 运用模特佩戴做背景画报
（选自知微珠宝作品《天青等烟雨》）

图 4－6－97 就是采用白描手法绘制的模特佩戴图，在画面中蓝宝石翡翠耳饰直接映入眼帘，模特绰约的风姿也得以展现，二者相得益彰，同时也留给观赏者想象自己佩戴耳坠会是怎样一种风景的空间。此画报制作步骤如下。

（1）先去寻找合适的模特素材，根据佩戴物的不同，寻找能最大化展现主体的模特。然后将素材导入新文件，用变形工具使其合理地填充画面，见图 4-6-98。

（2）使用调整工具中的“饱和度”工具，将饱和度调至零，得到一张黑白图。然后再使用“曲线”工具，在不熟悉的情况下可以上下左右拉动曲线，调整增强画面的对比度，使其轮廓分明（图 4-6-99），然后将模特图层调至半透明。

图 4-6-98　添加人物图像

图 4-6-99　结合曲线调整对比度

（3）新建一个图层，然后使用“工作室笔”等带有粗细变化的笔刷来描绘模特的轮廓。有粗细变化的笔刷会使得画面看起来更加柔和，如果需要硬朗的画风，可以使用单线笔刷。描绘模特的时候只需要勾勒大的线条，线条流畅即可，不一定要与原图完全贴合，描绘后将模特背景隐藏，就可以得到一张模特白描稿，见图 4-6-100。

（4）将主体导入文件（图 4-6-101），然后使用变形工具将主体佩戴到模特身上，根据透视关系调整主体的大小和前后关系，添加阴影以增强真实感（图 4-6-102）。至此，一个白描的模特佩戴图就完成了。

图 4-6-100　勾勒主要线条（适当填充以增强画面完整度）

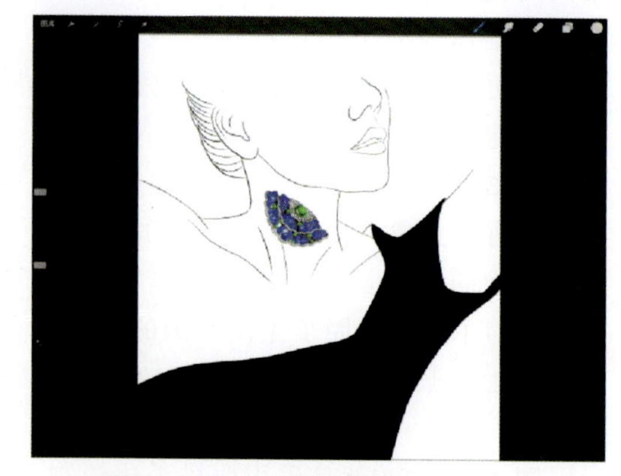

图 4-6-101　添加主体并调整位置

（5）这个时候我们还可以结合之前制作背景的一些手法来增强整个画面的质感，比如渐变色背景。因为是蓝宝石耳坠，所以可使用渐变蓝色来强调主体，见图 4-6-103、图 4-6-104。

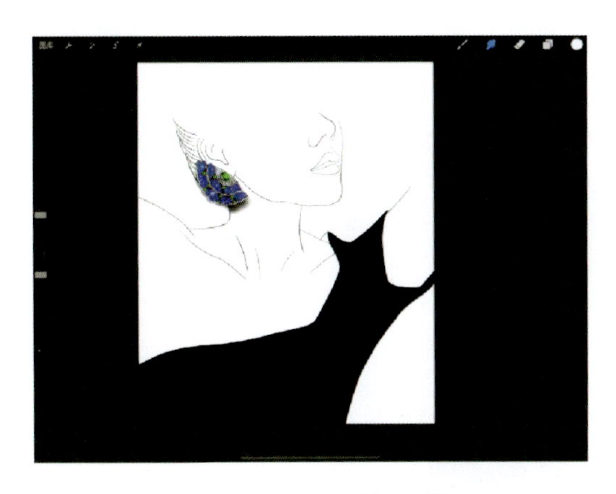

图 4-6-102 增加阴影

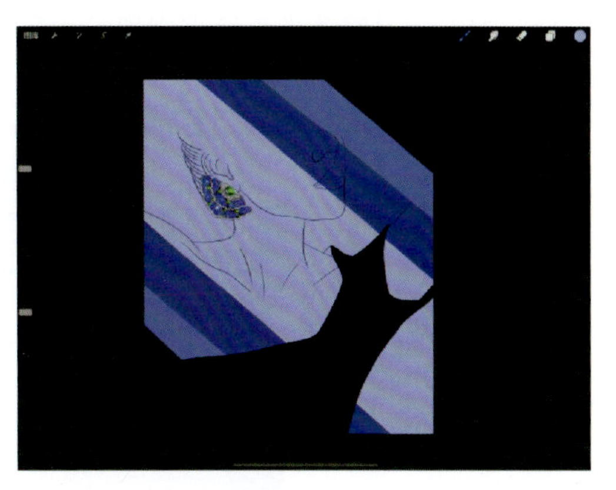

图 4-6-103 添加色带

(6) 复制主体图层，使用“亮度”工具和“高斯模糊”工具制作主体阴影，见图 4-6-105、图 4-6-106。

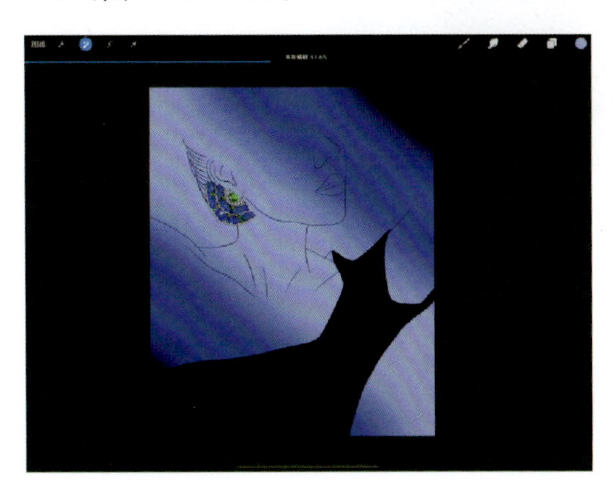

图 4-6-104 模糊色带做渐变背景

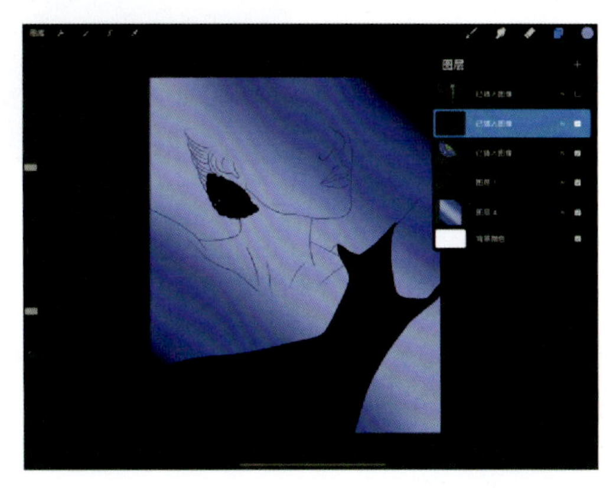

图 4-6-105 使用“亮度”工具调整

(7) 使用“泛光”工具对主体进行局部调整以增强质感，见图 4-6-107。

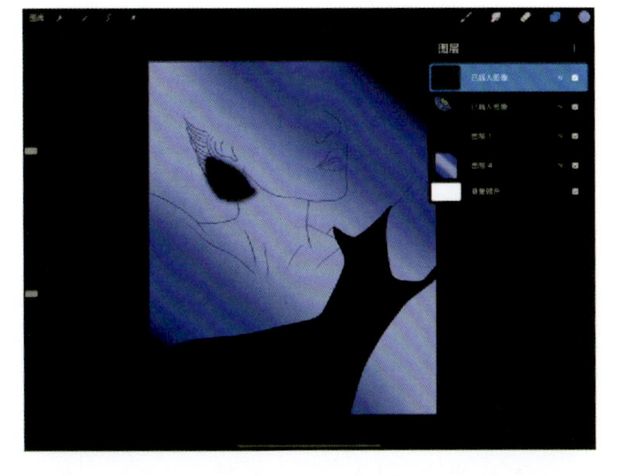

图 4-6-106 使用“高斯模糊”模糊阴影

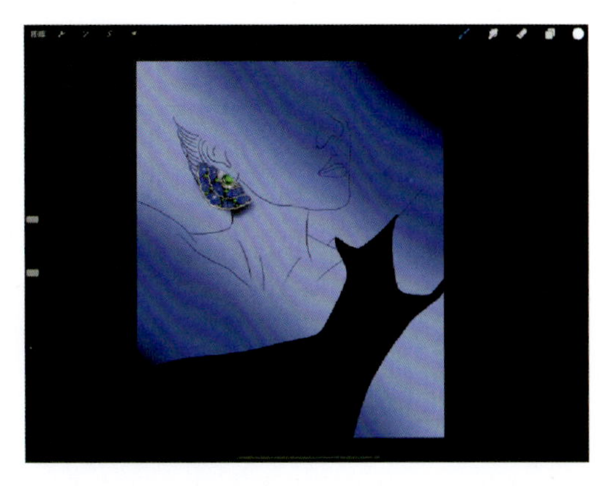

图 4-6-107 增强质感

(8) 加入适当的文字来完善画面，一张全新的更具质感的模特佩戴画报就完成了，见图 4-6-108。

图 4-6-108 添加文字后的最终效果

珠宝画报的设计和制作是一个量变引起质变的过程，想要将其做得更好看、更高级，就必须不断地观察和练习。多去看看平面设计，还有世界各大珠宝商的产品宣传稿和艺术照是非常有帮助的，希望大家早日磨炼出拥有自己独特风格的画报。

第五章　笔刷制作

第一节　画笔工作室进阶介绍

笔刷的丰富程度和可持续发展性几乎决定了一个绘图软件的发展上限，Procreate 健全的笔刷机制就是其称王称霸的法宝之一。Procreate 的笔刷系统非常庞大，众多参数属性的组合设置几乎可以模拟任何你能想象到的效果。如果只是用于珠宝设计绘画，了解笔刷的属性功能和一些关键的笔刷设置即可。而多了解笔刷的参数属性则能让笔刷更加贴合即时的工作要求，这样，我们就可以用好高手们已经做出来的笔刷，避免看着别人用笔刷好厉害，拿到自己手上就失灵的尴尬场面。

这里根据珠宝设计绘画中很可能会用到的笔刷参数设置给大家进一步介绍画笔工作室的内容，如果需要更全面的信息，可以参考 Procreate 官方使用手册中的“画笔”章节。

一、画笔工作室操作界面

画笔工作室的操作界面分为三个部分，左边为属性参数栏，中间是对各个属性参数的设置面板，右边是即时绘图板，如图 5－1－1 所示。

图 5－1－1　画笔工作室操作界面

1. 属性参数

笔刷的属性参数可以分为 11 项，分别为“描边路径”“锥度”“形状”“颗粒”“渲染”“湿混”“颜色动态”“动态”“Apple Pencil”“属性”关于此画笔。

（1）“描边路径”和“锥度”是最常用的，在绘画时会经常来回调整以使笔刷更适合绘画。

（2）“形状”和“颗粒”是笔刷的基础属性。

(3)“渲染”和“湿混”经常用于水粉、水墨等湿画笔或者需要晕染状态的笔刷，用于珠宝设计绘画的笔刷几乎不需要调整这两个属性。如果有绘图需要，Procreate软件自带的“书法”“绘图”“上漆”等笔刷集都有类似笔刷可以使用。

(4)“颜色动态”“动态”“Apple Pencil”“属性”用来对笔刷进行微调，简单了解即可，关键点后续会有说明。

(5)“关于此画笔”可以设置作者信息，标注笔刷归属。

2. 绘图板

绘图板是笔刷调整的辅助工具，对笔刷进行调整后，就可以在绘图板上检验新笔刷的效果，而不用返回主操作画面去尝试，大大提高了笔刷调整的效率。

3. 关于笔刷

这里有必要再提一下笔刷的本质，以方便快速地掌握笔刷的参数属性设置。

笔刷实际上是一组沿着画笔运动轨迹不断复制的图章集合，每一个图章都有着固定的形状和不同状态的颗粒表现。

笔刷形状是笔刷图章的“身体”，而颗粒就是它的“衣服”，根据不同设定，图章就会穿各种不同的衣服，所以一个笔画可以理解为一群穿不同衣服的图章。

二、笔刷属性参数设置

1. 最常用的：描边路径和锥度

“描边路径”(图5-1-2)和“锥度”(图5-1-3)是设置频率最高的属性参数。

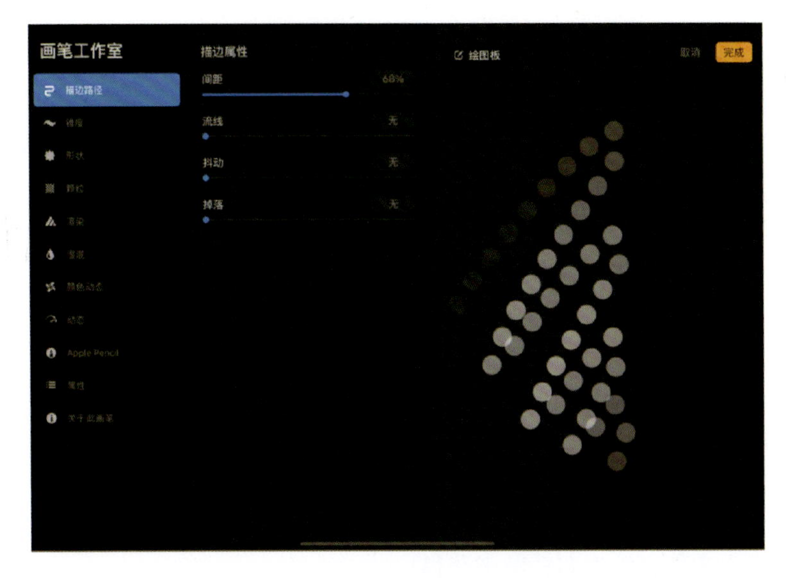

图5-1-2 “描边路径”设置界面

“描边路径”可用来控制笔刷的路径行为，其中的“流线”属性是新手的最爱，Procreate会根据“流线”参数设置百分比来干预笔刷的轨迹，帮助设计师画出流畅的线条，

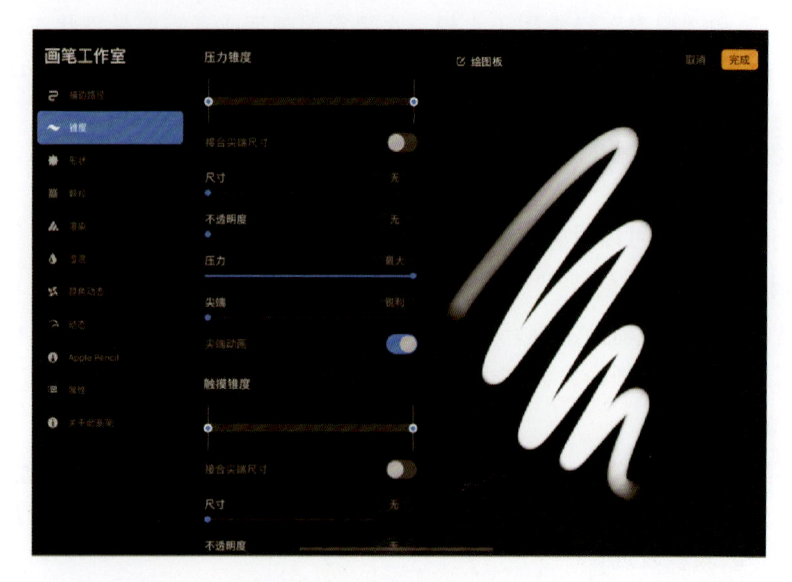

图 5-1-3　“锥度”设置界面

数值越高，干预程度就越高。“间距”可用来设置图章间的距离，“抖动”和“掉落”用来调整图章对路径的偏移程度。

“锥度”参数用来设置画笔开始和结束绘画时的锥度，“压力锥度”是设置 Apple Pencil 不同压力对笔刷锥度的影响，“触摸锥度”则是设置手指绘画时手指压力对笔刷的锥度影响。

2. 创建笔刷的关键属性参数：形状

笔刷是由无数的图章所组成的，之前说过形状是笔刷图章的“身体”，而颗粒是它的衣服。形状和颗粒可设置的参数较多，也是此章节的重点，想用好笔刷，这两个属性必须了解。

“形状”参数属性基本分为三个部分：最上面是“形状来源”，意思就是这个笔刷图章的基础形状；中间是“形状行为”，大部分参数都是用于控制形状的方向；下方的“形状过滤”，作用是帮助修复连续图章所造成的不规则锯齿，使用默认就可以，如图 5-1-4 所示。

1）导入形状

既然笔刷的本质是图章的集合，那么制作一个新的笔刷肯定是要改变图章了。我们可以通过制作新的图章形状来根本性地改变一个笔刷。

Procreate 的笔刷图章形状可以通过“笔刷来源”右上方的形状编辑器来改变，可以通过导入照片、导入文件、源库和粘贴来获得。

其中“源库”（图 5-1-5）为 Procreate 自带的笔刷形状，目前提供超过 150 种形状，多为各种现实笔刷的笔画形状，数量随着版本的更新还在增加。

“粘贴”指的是在 Procreate 的主操作画面中执行拷贝命令的内容，使用粘贴的时候，形状编辑器就会将其粘贴到形状框体中，这个粘贴的画面就是笔刷的形状。

图 5 - 1 - 4 “形状”设置界面

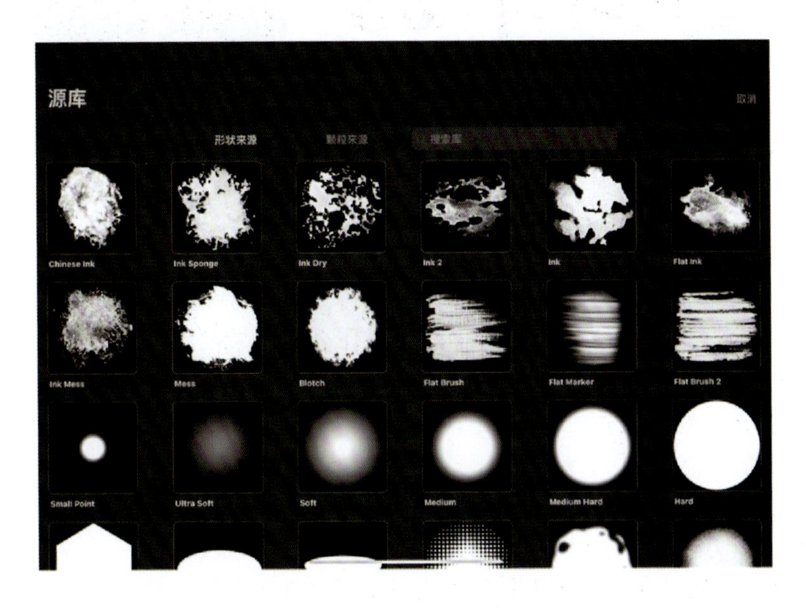

图 5 - 1 - 5 笔刷图章源库

导入文件和照片是从 iPad 的文件系统中或者图册中导入照片。

这里着重讲一下图片导入需要注意的地方。

第一，笔刷的“形状”边框是正方形的，如果你导入的照片是长方形的，就会被压扁成一个正方形而造成变形，除非是有意而为之，不然作为笔刷形状导入的照片就应该放在一个正方形的框架内。

第二，照片导入后首先会被去掉饱和度，变成一张黑白照片，为了避免笔刷和自己预计的不同，应用于笔刷的照片应当提前去掉饱和度观察，判断是否为自己所想要的基底图片。

第三，导入的照片最好为 PNG 这一类透明背景照片，这样能防止误导入背景。

如图 5-1-6 所示，第一只啾啾是没有背景的 PNG 格式，所以笔刷形状只有啾啾，如果是 JPEG 格式的照片导入，就会和下方啾啾一样带一个背景，那笔刷的形状就是方块背景和啾啾的组合。

图 5-1-6　不同图片导入效果对比

（上排：导入透明背景 PNG 格式图；下排：导入有色背景 JPEG 格式图）

第四，黑色对于笔刷编辑器而言是透明的，有点类似蒙版的功效，会被直接忽略掉。可以试着导入一张纯黑色的图片，看看还能留下什么？结果发现，导入纯黑色图片后，笔刷形状是空的，什么也没有留下。所以在制作笔刷图章照片的时候，也要注意黑色部分，如果是需要保留的（特别是边框），就记得多少给点亮度，哪怕 1%、2%都可以。

2）形状行为

“形状行为”参数包括“散布”“旋转”“个数”“个数抖动”等，是用于调节在 Apple Pencil 或手指的压力和方向作用下形状的表现行为，设置界面如图 5-1-7 所示。

“个数”和“个数抖动”可用来控制单次点击所重叠的形状数量，从图 5-1-7 可以看到，如果把个数调成 3，那么点一次就会同时出现三个形状；而个数抖动开关是一个随机

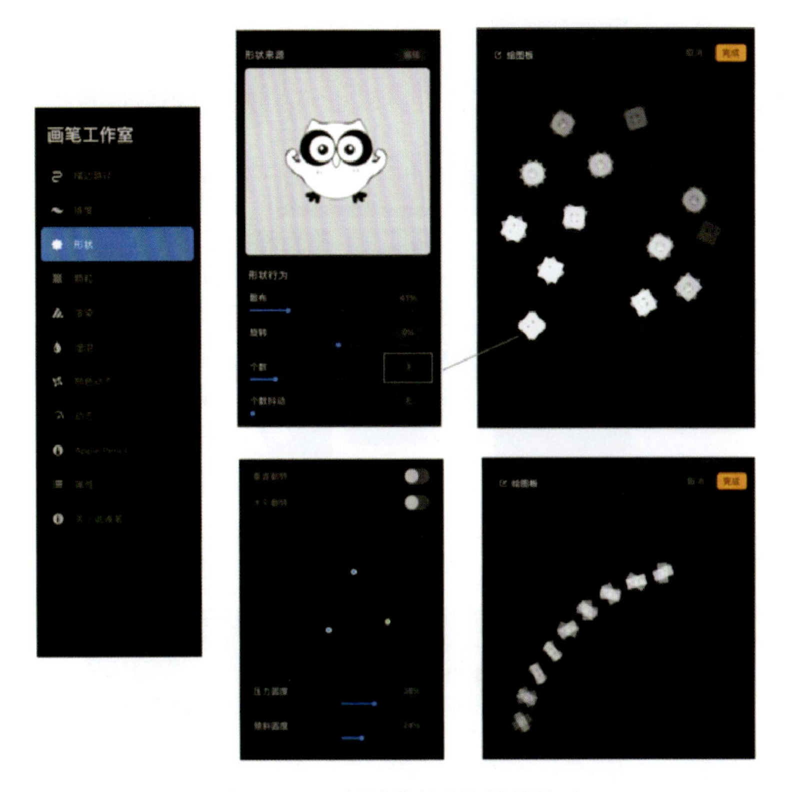

图 5－1－7　“形状行为”设置界面

控制键，可以将形状数量设置为随机出现 1 个到设置的个数。

其他的参数设置与方向形状和方向控制有关，将“散布”打开，形状会随机朝不同方向旋转；使用“旋转”则可以控制形状朝固定方向旋转。此外，还可以设置翻转、使用坐标轴设置形状变形、设置形状随压力和 Apple pencil 侧峰压力变形。

形状个数和方向设置能用来干什么呢？举个简单的例子：现在有一个三角形，我们可以将个数设置为 2，然后调整方向，就可以获得一个六芒星形状的笔刷。

这里注意一点，我们经常会制作一些图形笔刷，例如宝石笔刷，当形状导入后默认情况下都是形状叠着形状的，需要去“描边路径”中设置间距，让形状一个一个独立开来。

3. 创建笔刷的关键属性参数：颗粒

颗粒同样也是创建笔刷的重要属性，我们所看到的笔刷图章是在形状范围内展示颗粒状态的一个画面。颗粒的属性参数设置如图 5－1－8 所示。

1） 导入颗粒

与“形状”相同，“颗粒”可以通过“颗粒来源”右侧的颗粒编辑器来改变。颗粒的导入同样来源于四个途径：文件导入、照片导入、源库导入和粘贴导入，导入原理同“形状”一样。Procreate 自带的源库提供超过 100 张的颗粒图片（图 5－1－9），且在不断增加。

与形状编辑器不同的是，颗粒编辑器还提供一个“自动重复”的工具，是制作纹理笔刷的利器。“自动重复”会自动处理颗粒照片之间不连续的拼接问题，使之拼接更自然无

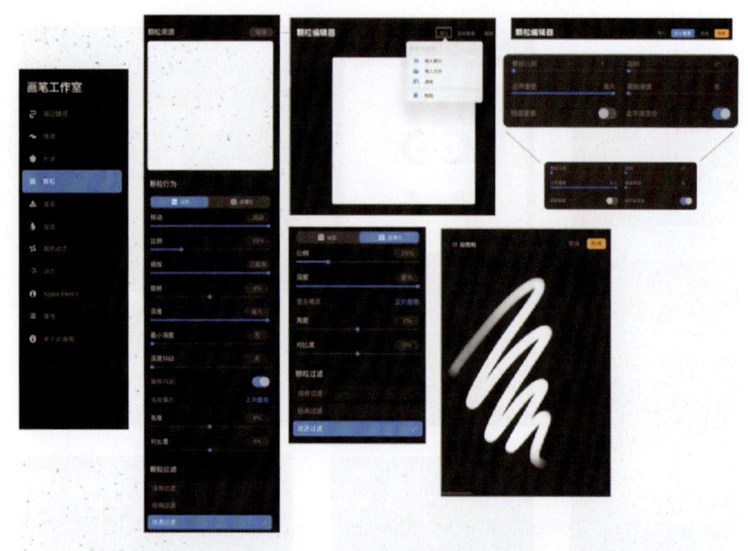

图 5-1-8　笔刷颗粒设置界面

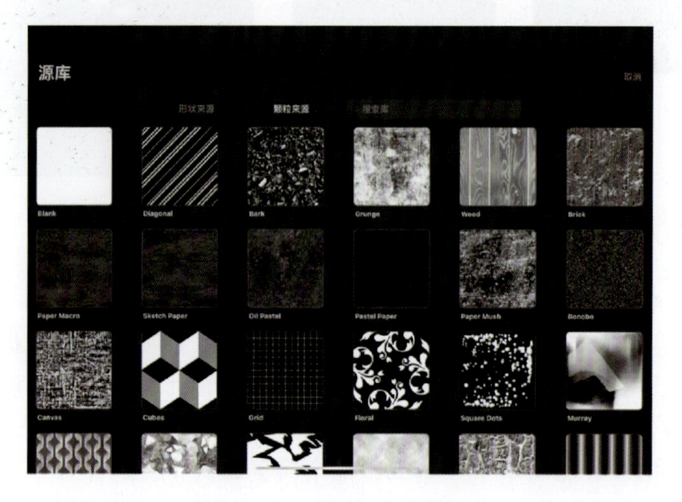

图 5-1-9　笔刷颗粒源库

缝，虽然做不到所有纹理都能完美过渡，但已经极大地提高了纹理的适用性。

如图 5-1-10 所示，“自动重复”工具使得石子照片拼接时更自然。

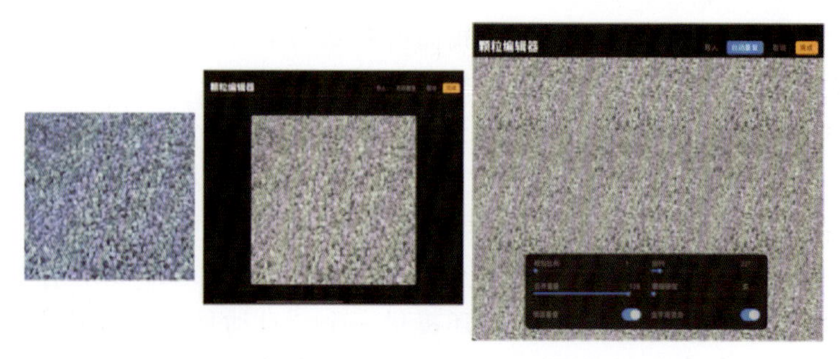

图 5-1-10　颗粒“自动重复”功能使用示意图

“自动重复”有六个设置选项：“颗粒比例”（调整颗粒大小）、“旋转”、“边界重叠”（两个颗粒照片的重叠范围宽度）、“蒙版硬度”（颗粒拼接处不一致纹样的相互覆盖的表现程度）、“镜像重叠”（拼接处是否作镜像处理）和“金字塔混合”（上下覆盖关系的处理）。这些功能说再多都不好理解，不如编辑几张不同颗粒的照片更能有深刻的体会。

2）颗粒行为

颗粒行为和形状行为一样，也是控制颗粒随着笔刷变化的行为，分为动态和纹理化两种不同的设置。

动态颗粒可理解为颗粒随着 Apple Pencil 的压力、大小、方向和形状方向的变化而变化。

纹理化颗粒则可以理解为整个画布平铺了连续复制的纹理画面，但是隐藏起来的，当笔刷划过的时候，它就会依据笔刷的形状将其显示出来，所以纹理化的颗粒是不会随着笔刷方向变化而改变纹理方向的，这个性能用来制作背景或者如布料一类的连续图案非常合适。

动态颗粒会动态变化，纹理化颗粒不会动态变化，所以二者的设置面板就有了共同参数和相异的参数，共同参数都是用于设置颗粒的静态属性，而相异的参数则是用于设置颗粒的动态属性，为动态颗粒所独有。

共同参数：

（1）比例。控制颗粒在形状中显示的大小。

（2）深度。控制颗粒在形状中显示的清晰度。

（3）混合模式。颗粒与基底颜色的混合模式，类似于图层混合模式，虽然不一致，但比较接近颗粒为混合层、基底颜色为底层的混合结果。

（4）亮度和对比度。控制颗粒的基础亮度和对比度。

（5）颗粒过滤。和形状过滤一样，使用默认设置即可。

相异参数：

（1）移动。控制颗粒的画面是否根据笔刷移动，比如将移动设置到最左边，图章会固定在颗粒的一个范围内，随着笔刷的移动，连续在笔刷范围内复制相同的颗粒画面；如果将移动设置到最右边，图章就会随着笔刷的移动显示颗粒连续变化的图案，比较接近纹理化颗粒的效果。

（2）缩放。控制颗粒的大小是否随着笔刷形状大小而变化，最左边是随着笔刷尺寸变化，最右边是保持不变。

（3）旋转。根据笔刷方向旋转，最左边是与笔刷完全反方向变化，中间为不变化，最右边是随着笔刷方向变化。

（4）最小深度和深度抖动。控制颗粒的深度变化。

珠宝设计中常做的宝石笔刷大部分只需要设置形状，而不需要设置颗粒，颗粒保持纯色即可。但如果要制作更逼真和富有变化的宝石笔刷，就需要结合颗粒来实现。比如，你可以做满是心形的笔刷（图 5－1－11）。既然已经是数字绘画了，也许我们就不用循规蹈矩了。

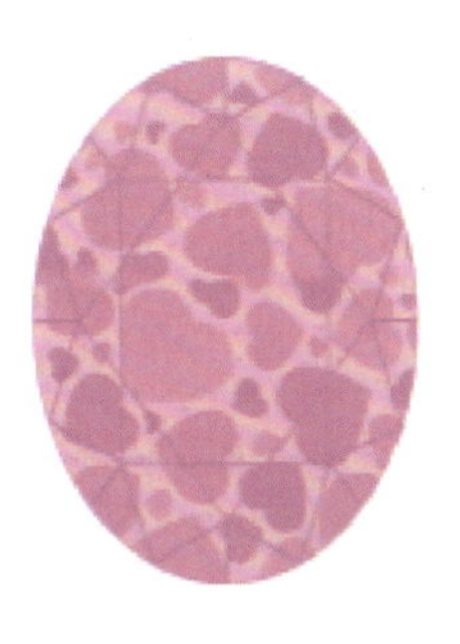

图 5－1－11 满是心形的宝石笔刷

4. 笔刷微调属性参数：颜色动态、动态、Apple Pencil、属性

1）颜色动态

“颜色动态”主要用来控制笔刷颜色的动态表现，包括“图章颜色抖动”“描边颜色抖动”“颜色压力”“颜色倾斜”等参数，如图 5-1-12 所示。

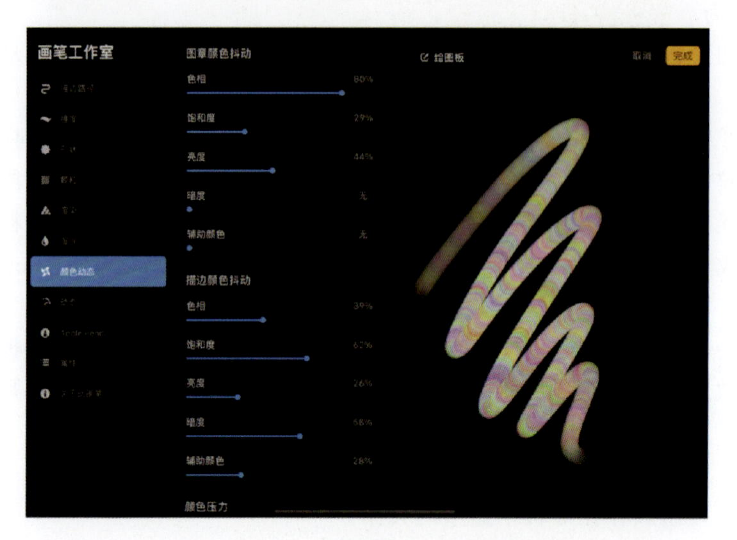

图 5-1-12　“颜色动态”设置界面

“颜色压力”和“颜色倾斜”就是根据 Apple Pencil 的压力来改变颜色，而“图章颜色抖动”和“描边颜色抖动”是产生一些随机颜色的动态变化。

这里的抖动是基于一个基准值跳动的表现，当参数设置越大，抖动的范围就越大。

至于颜色抖动该如何设置，可以在了解大致原理后，多次设置并在绘图板验证，这样才能判断抖动范围是否为自己需要的。

2）动态

“动态”有“速度”和“抖动”两种属性设置。“速度”是设置笔刷快慢所造成的动态变化，可以设置尺寸和不透明度；“抖动”是随机改变图章的外观，同样也可以设置尺寸和不透明度，如图 5-1-13 所示。

一般情况下，创建的笔刷都不需要动态变化，都设置为无。

3）Apple Pencil

Apple Pencil 参数主要设置压力和倾斜角度变化时笔刷的变化，这里需要注意，我们经常创建的宝石笔刷是不需要根据压力和倾斜角度变化而变化的，因为它会让绘画过程变得不可控，所以将不透明度都设置为 0。Apple Pencil 属性设置见图 5-1-14。其中，“渗流”是根据压力大小，图章边缘渗流到画面上的浓度，即深浅。

4）属性

“属性”中需要设置画笔属性和画笔行为，主要注意画笔行为中的几个参数，“最大尺寸”和“最小尺寸”设定值为 Procreate 操作界面中笔刷尺寸侧边栏的上下值，而“最大不透明度”和“最小不透明度”设定值为笔刷透明度侧边栏的上下值。画笔属性设置见图 5-1-15。

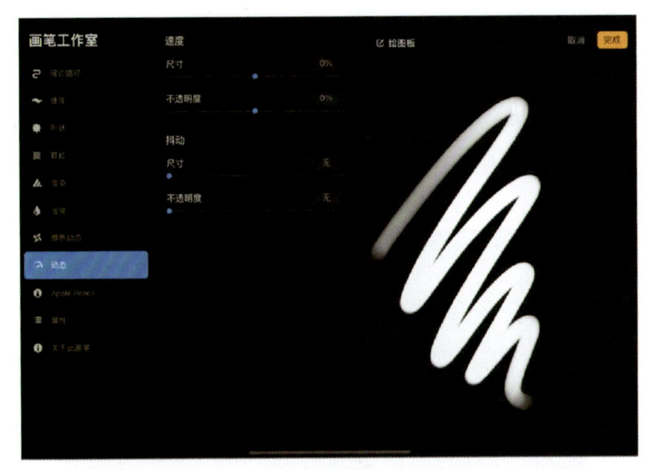

图 5-1-13 “动态”设置界面

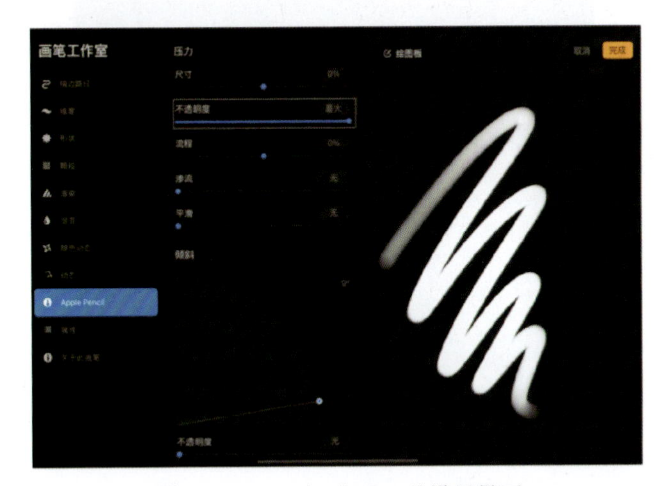

图 5-1-14 Apple Pencil 设置界面

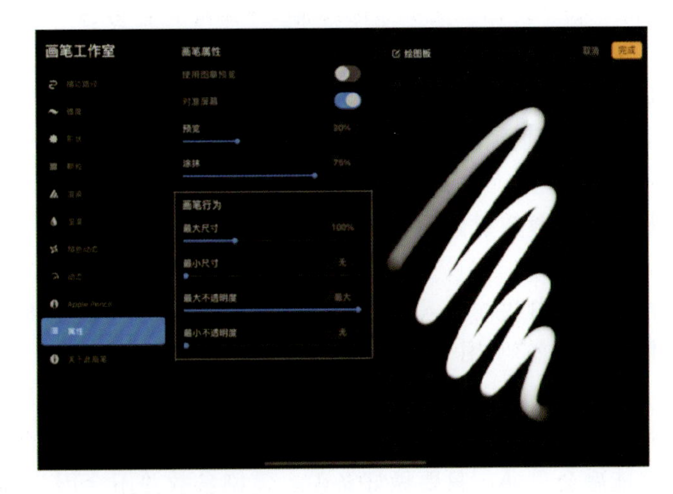

图 5-1-15 属性设置界面

如果为宝石笔刷，一般把不透明度的数值设置为最大。

基本笔刷属性参数设置就介绍到这里，未涉及的内容可以查阅 Procreate 官方使用手册中“画笔—画笔工作室”的相关章节。下面让我们通过一个笔刷制作示例回顾上面的内容。

制作一个五彩斑斓的宇宙星辰啾啾笔刷（图 5 - 1 - 16）要怎么做呢？看着花里胡哨，其实很简单。

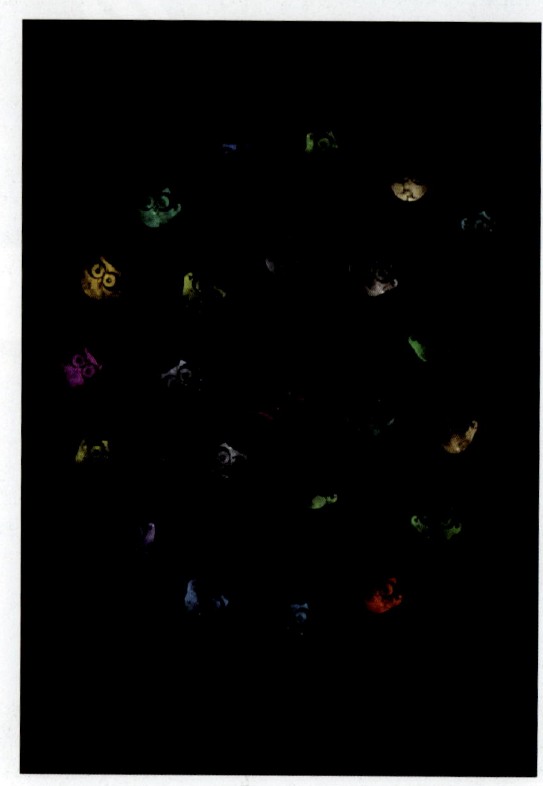

图 5 - 1 - 16　五彩斑斓的宇宙星辰啾啾笔刷

制作步骤如下：

（1）设置“形状”属性参数，导入一张啾啾的图片作为笔刷图章形状（图 5 - 1 - 17）。

（2）在“颜色动态”中随意设置颜色抖动参数，制造颜色丰富的啾啾笔刷（图 5 - 1 - 18）。

（3）回到“形状”属性参数设置面板，随意调整“散布”等参数，让图章方向性更丰富（图 5 - 1 - 19）。

（4）设置“颗粒”属性参数，导入一张宇宙星辰图，这里我们需要更具动感的笔刷，所以将颗粒行为设置为“动态”（图 5 - 1 - 20），至此完成。

上述步骤中除了第一步是固定的，后续三个步骤可以改变排序，都能达到相同结果。

可以自己找几张图片用上面的步骤设置，看看会得到怎样的结果。对于笔刷的创建和设置需要多加练习才能融会贯通。只要做好备份，笔刷参数并不会因为误操作而丢失，所以多尝试也不会有损失，实践出真知。

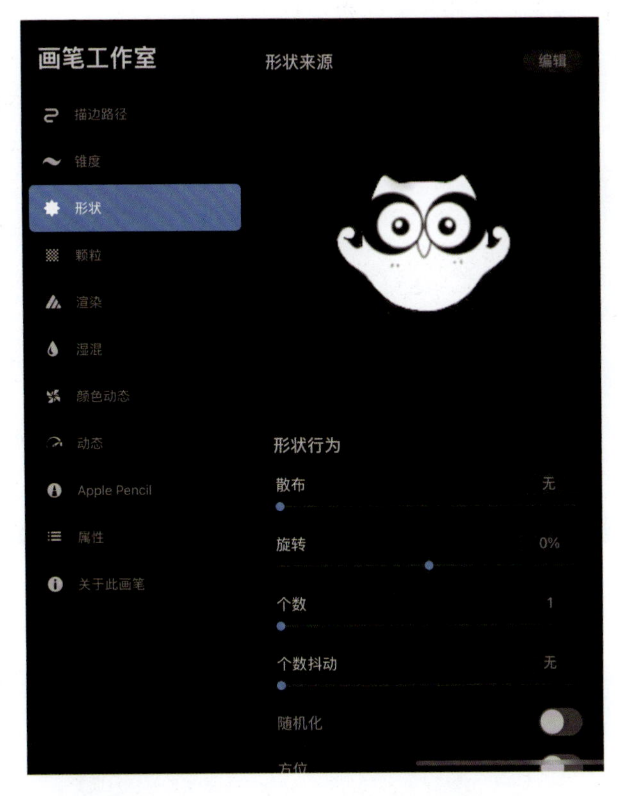

图 5-1-17　设置“形状”属性参数并导入图片

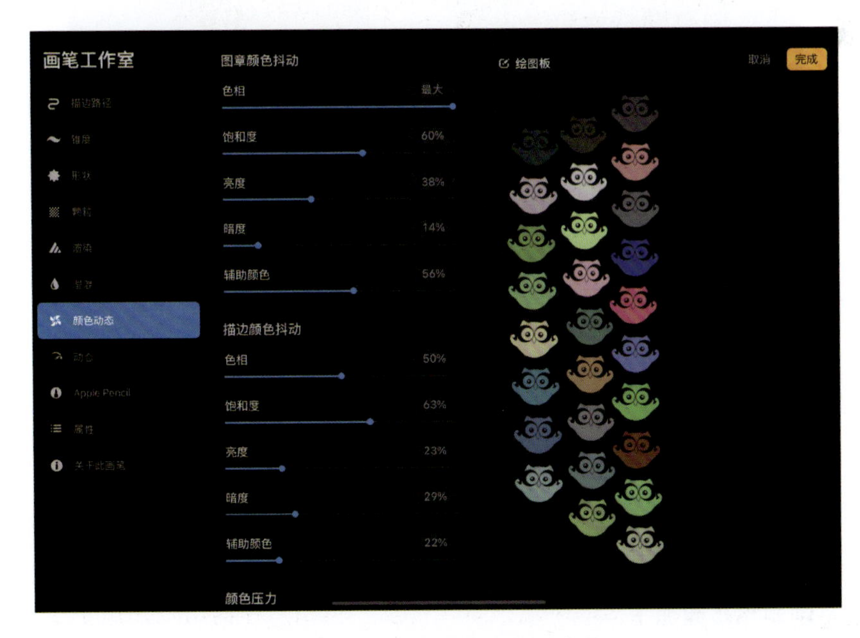

图 5-1-18　设置颜色抖动参数

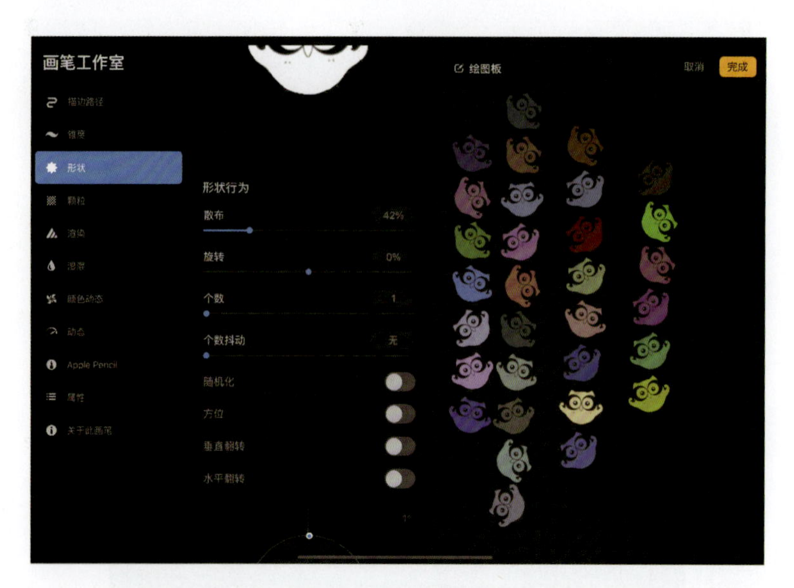

图 5-1-19　调整“散布”等参数

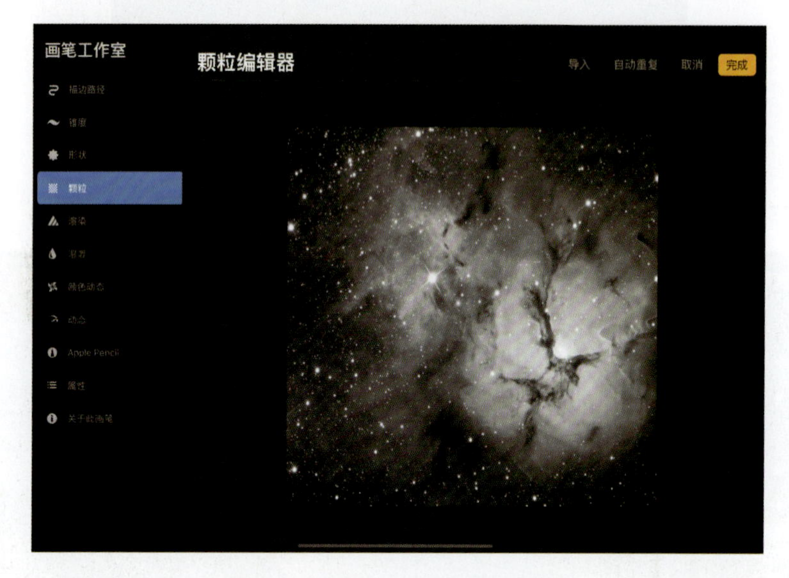

图 5-1-20　设置颗粒属性参数

第二节　小配钻笔刷制作

小配钻笔刷制作步骤如下。

(1) 建立正方形画布，画出单颗碎钻，见图 5-2-1。

(2) 使用图层混合模式调整高光图层下的灰色底图，使对比更显著，见图 5-2-2。

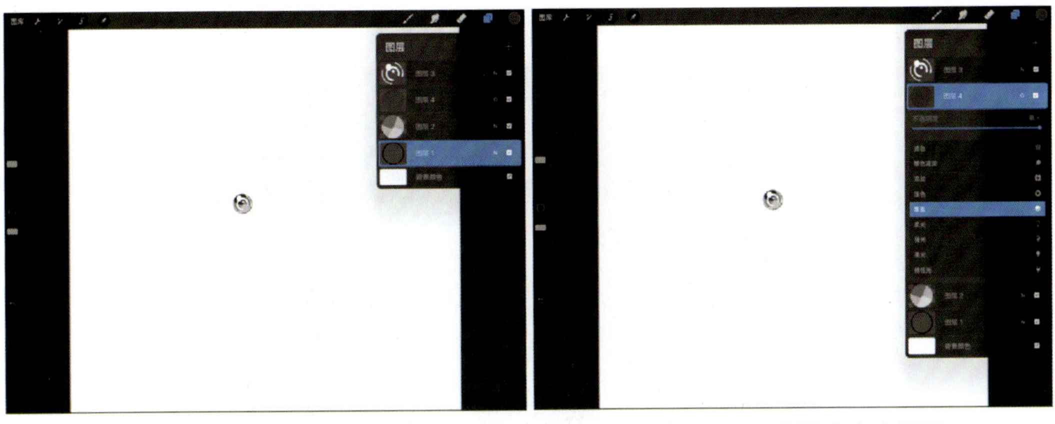

图 5-2-1 画出单颗配钻　　图 5-2-2 调整灰色底图层

(3) 合并所有图层，并复制该图层，见图 5-2-3。

(4) 新建笔刷，选择“形状”选项，见图 5-2-4。

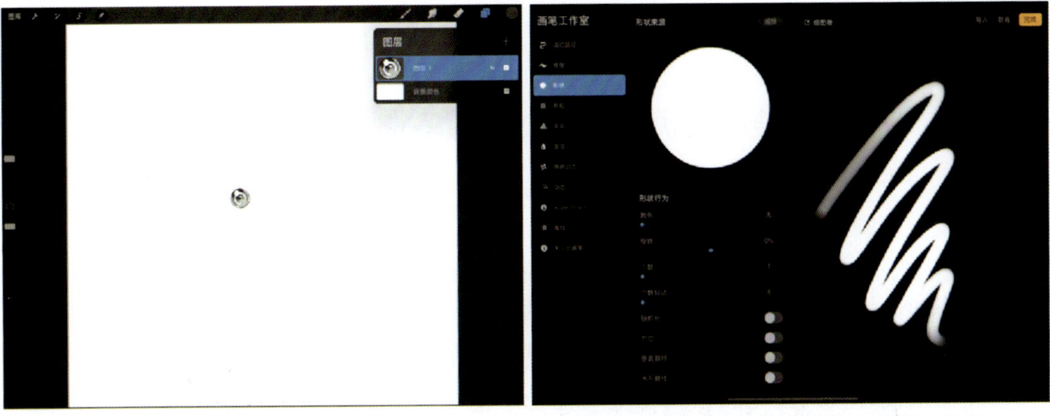

图 5-2-3 复制图层　　图 5-2-4 新建笔刷进入画笔工作室

(5) 点击右上角“导入”，选择“粘贴”，可见复制的画笔已经导入，见图 5-2-5。

(6) 在画笔工作室中选择“属性”选项，调整新建笔刷的透明度和尺寸，见图 5-2-6。

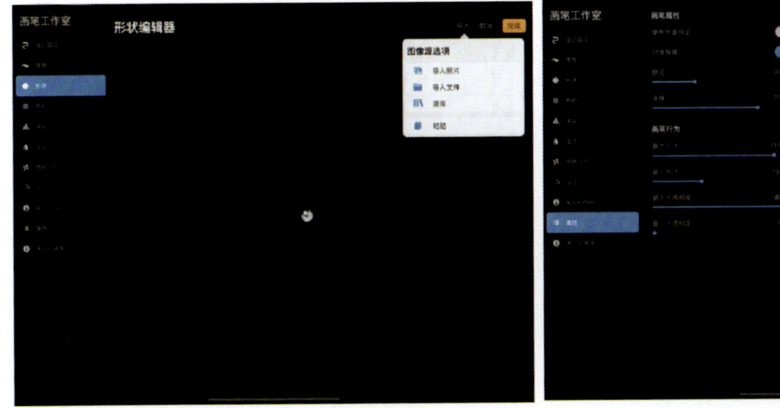

图 5-2-5 粘贴形状完成

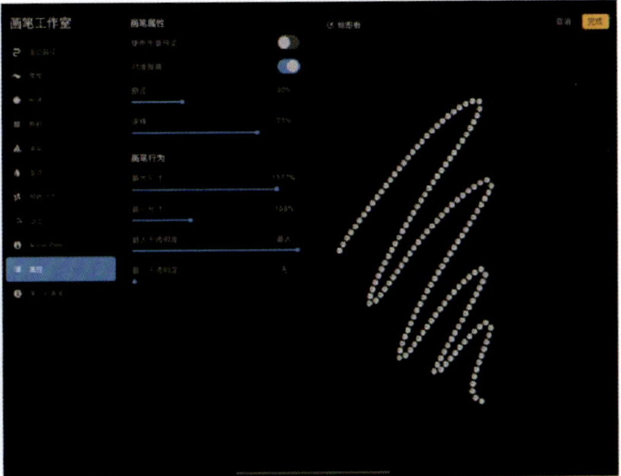

图 5-2-6 调整透明度和尺寸

（7）在“描边路径”选项中调节笔刷的间距等属性，见图5－2－7。

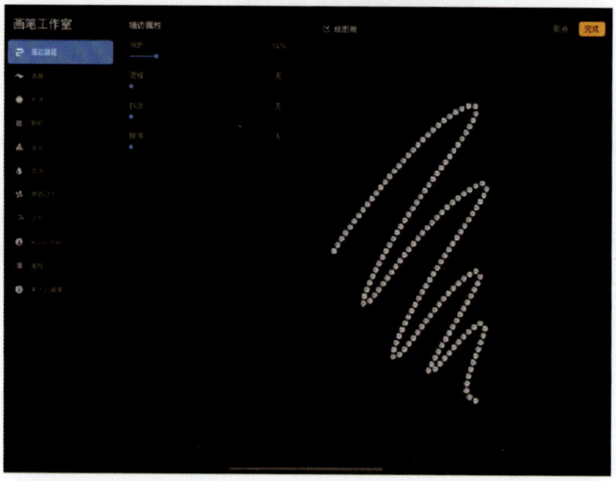

图5－2－7　调整间距

第三节　简易宝石笔刷制作

简易宝石笔刷制作步骤如下。

（1）新建一个正方形的画布，然后导入一个宝石的照片，见图5－3－1。

（2）使用调整工具将宝石的图像饱和度调至0，得到一个黑白宝石图像，见图5－3－2。

（3）因为黑色的区域对于笔刷图章而言是透明的，为了避免整个宝石图章丢失，我们可以使用图层混合模式提亮的方式将宝石图像中黑色部分提亮到灰色。先在宝石图层下方新建一个图层，填充为灰色，再取得和宝石形状对应的一个区域，然后对宝石图像使用图层混合模式中提亮组里的模式，如“滤色”和“颜色减淡”，这样就可以将绝对黑色的部分用灰色替换掉，见图5－3－3、图5－3－4。

图5－3－1　添加宝石

图5－3－2　调整图像饱和度

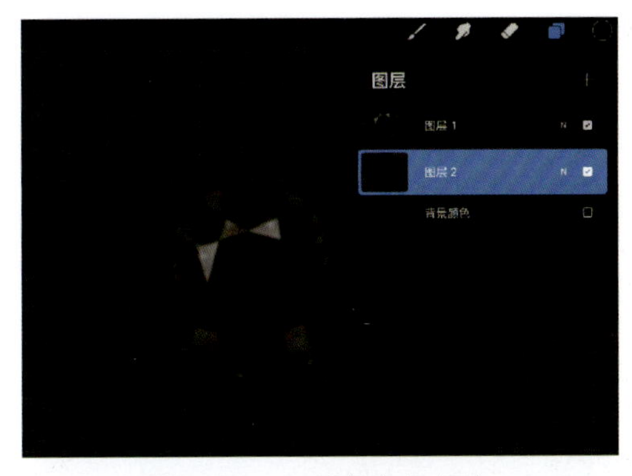

图 5-3-3 添加灰色底片

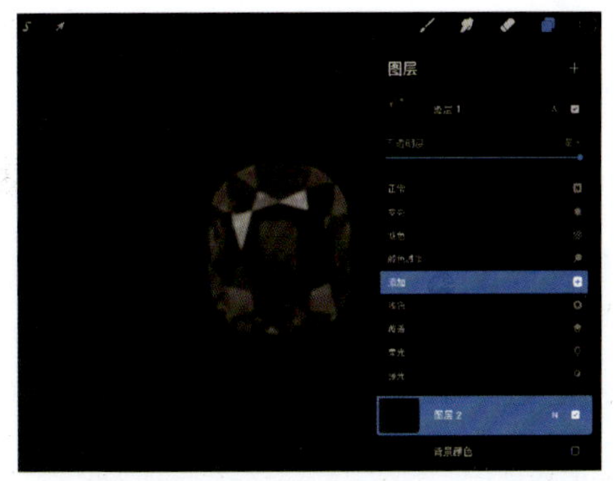

图 5-3-4 使用图层混合模式调整宝石灰度效果

(4) 对宝石图像图层使用调整工具里的“曲线”或者“色相、饱和度、亮度”进行对比调节，令其对比更明显，见图 5-3-5。

(5) 拷贝宝石图像，见图 5-3-6。

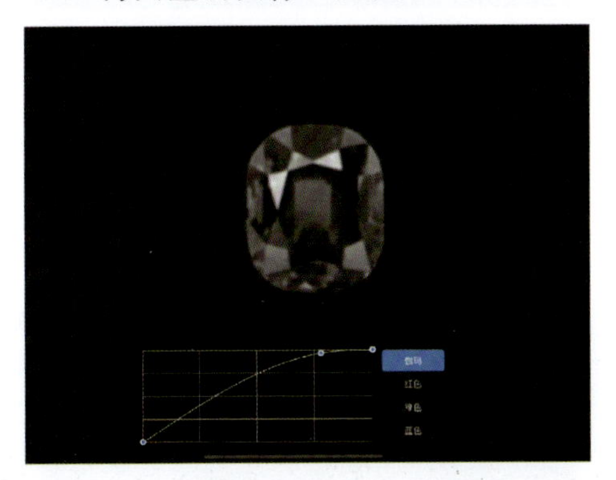

图 5-3-5 使用“曲线”工具增强对比度

图 5-3-6 拷贝宝石图像

(6) 新建一个笔刷，然后进入“形状”属性参数里的形状编辑器，使用粘贴的方式，就可以将宝石图章导入笔刷，见图 5-3-7。

(7) 一般情况下，宝石不需要随着压力产生大小变化，所以进入“锥度”属性参数，将“压力锥度”和“触摸锥度”两端都调整为水平，见图 5-3-8。

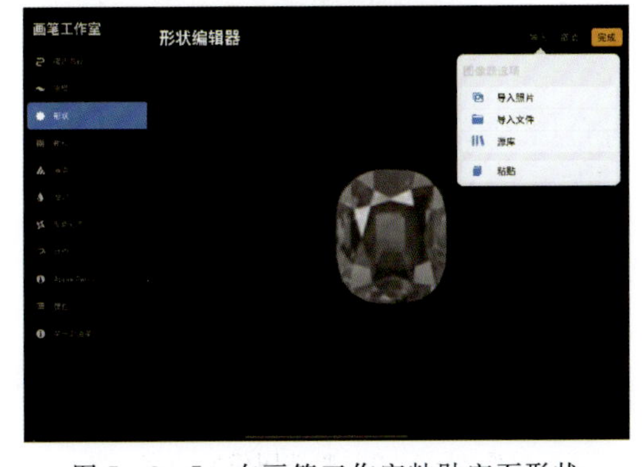

图 5-3-7 在画笔工作室粘贴宝石形状

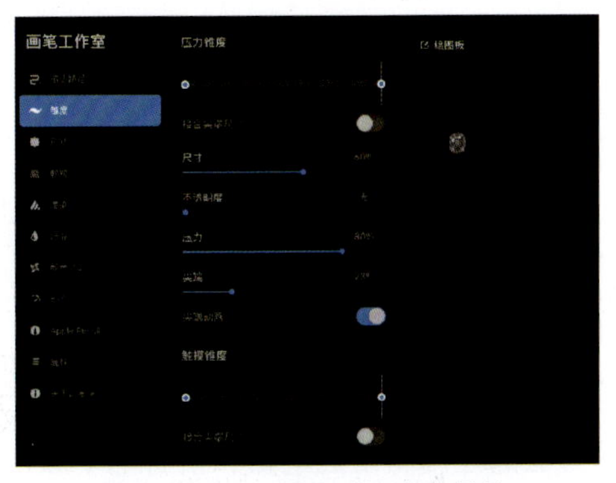

图 5-3-8 调整“锥度”属性

（8）一般情况下，宝石不需要随着压力产生透明度变化，因而将 Apple Pencil 里的“不透明度”调整为“无”，见图 5-3-9。

（9）进入“属性”，调整笔刷的最大尺寸和最小尺寸，然后将最大不透明度和最小不透明度都调到最大，见图 5-3-10。

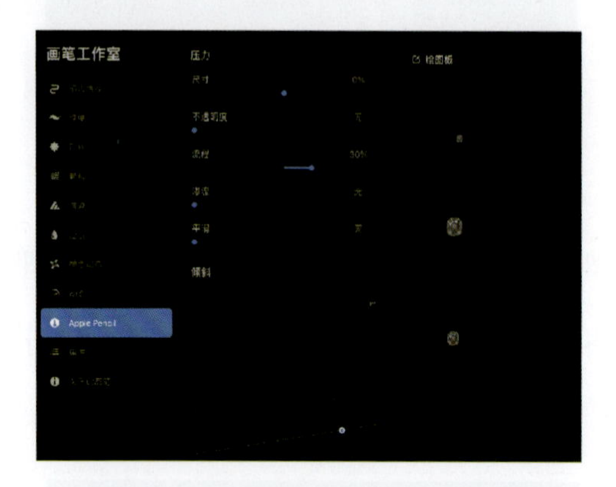

图 5-3-9　调整 Apple Pencil 属性

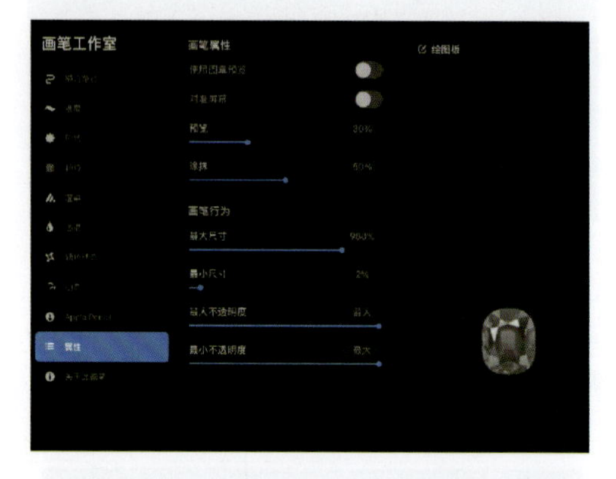

图 5-3-10　调整笔刷大小与透明度属性

（10）进入“颗粒”属性参数设置界面，找到“混合模式”，可以上下滑动，看看哪种混合模式的效果最好，选择那一种，见图 5-3-11。

（11）测试，完成，见图 5-3-12。

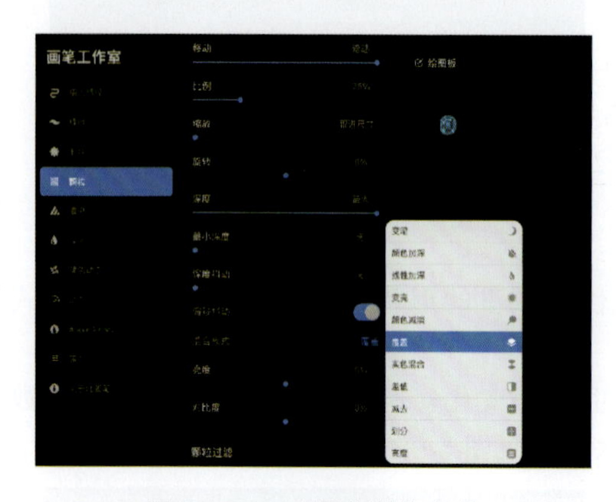

图 5-3-11　调整颗粒表现

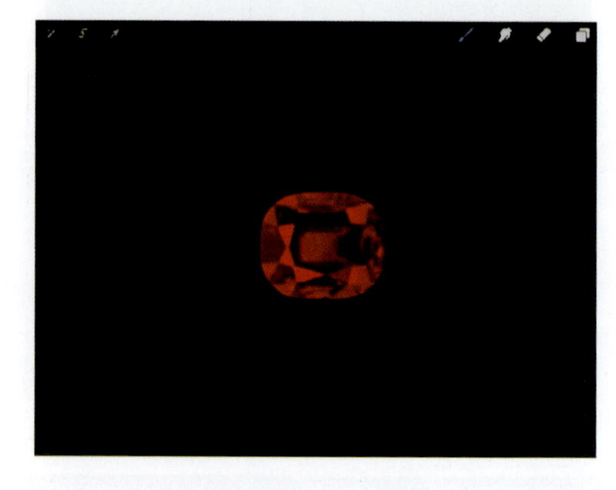

图 5-3-12　测试

珠宝首饰设计基础绘画结业考试

找一个自己喜欢的珠宝，然后使用 Procreate 将其画出来。

请将画稿发送至作者邮箱：Procreate_JD@163.com，每周统一审核一次，评价为合格后，会通过邮箱赠送笔刷和素材电子版。

附录一　常见钻石尺寸、质量对照表

琢型	克拉质量/ct								
	0.25	0.5	0.75	1	1.5	2	3	4	5
	尺寸/mm								
圆形	4.09	5.15	5.9	6.49	7.43	8.18	9.36	10.3	11.1
公主方形	3.5	4.4	5	5.5	6.4	7	8	9	9.5
祖母绿型	4.5×3	5.5×4	6×4.5	6.5×5	7.5×5.5	8.5×6	9.5×7	10.5×7	11.5×8.5
阿斯切形	3.7	4.4	5	5.5	6.4	7	8.1	9	9.6
马眼形	6.5×3	8.5×4	9×4.5	10.5×5	12×6	13×6.5	14×7	16×8	17×8.5
椭圆形	5×3	6×4	7.5×5	8×5.5	9×6	10.5×7	11.5×7.5	13×8.5	14×9.5
雷迪恩形	3.5×3	5×4.5	5.5×5	6×5.5	7×6	7.5×7	8.5×7.5	9.5×8.5	10×9
水滴形（梨形）	5.5×3.5	7×4.5	8×5	8.5×5.5	10×6.5	10.5×7	12.5×8	13.5×9	15×10
心形	4.2	5.4	6	6.7	7.6	8.3	9.5	10.3	11
枕垫形	4×3.5	5×4.5	6×5	6.5×5.5	7.5×6.5	8×7	9×8	10×8.5	10.5×9

附录二　常见圆钻直径、质量对照表

质量/ct	直径/mm	质量/ct	直径/mm	质量/ct	直径/mm	质量/ct	直径/mm
0.003	0.8	0.17	3.6	0.49	5.12	0.81	6.05
0.004	0.9	0.18	3.66	0.5	5.15	0.82	6.07
0.005	1.1	0.19	3.73	0.51	5.19	0.83	6.1
0.006	1.15	0.2	3.8	0.52	5.22	0.84	6.12
0.007	1.2	0.21	3.86	0.53	5.25	0.85	6.15
0.008	1.25	0.22	3.92	0.54	5.28	0.86	6.17
0.009	1.3	0.23	3.98	0.55	5.32	0.87	6.2
0.01	1.35	0.24	4.03	0.56	5.35	0.88	6.22
0.011	1.4	0.25	4.09	0.57	5.38	0.89	6.24
0.013	1.45	0.26	4.14	0.58	5.41	0.9	6.27
0.014	1.5	0.27	4.19	0.59	5.44	0.91	6.29
0.015	1.55	0.28	4.25	0.6	5.47	0.92	6.31
0.017	1.6	0.29	4.3	0.61	5.5	0.93	6.33
0.02	1.7	0.3	4.34	0.62	5.53	0.94	6.36
0.022	1.8	0.31	4.39	0.63	5.56	0.95	6.38
0.025	1.9	0.32	4.44	0.64	5.59	0.96	6.4
0.03	2	0.33	4.48	0.65	5.62	0.97	6.42
0.035	2.1	0.34	4.53	0.66	5.65	0.98	6.45
0.04	2.2	0.35	4.57	0.67	5.68	0.99	6.47
0.045	2.3	0.36	4.62	0.68	5.71	1	6.49
0.05	2.4	0.37	4.66	0.69	5.73	1.5	7.43
0.06	254	0.38	4.7	0.7	5.76	2	8.18
0.07	2.67	0.39	4.74	0.71	5.79	3	9.36
0.08	2.8	0.4	4.78	0.72	5.82	4	10.3
0.09	2.91	0.41	4.82	0.73	5.84	5	11.1
0.1	3.01	0.42	4.86	0.74	5.87	6	11.79
0.11	3.11	0.43	4.9	0.75	5.9	7	12.41
0.12	3.2	0.44	4.94	0.76	5.92	8	12.98
0.13	3.29	0.45	4.97	0.77	5.95	9	13.5
0.14	3.37	0.46	5.01	0.78	5.97	10	13.98
0.15	3.45	0.47	5.05	0.79	6		
0.16	3.52	0.48	5.08	0.8	6.02		

附录三　十二月生辰石示例表

月份	宝石名称	宝石	月份	宝石名称	宝石
一月	石榴石		七月	红宝石	
二月	紫水晶		八月	橄榄石	
三月	海蓝宝石		九月	蓝宝石	
四月	钻石		十月	欧泊	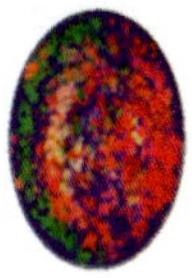
五月	祖母绿		十一月	托帕石	
六月	珍珠		十二月	绿松石	

附录四　常见镶口示例图

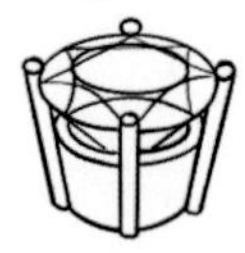

爪镶

指用托架上适当长度的金属
爪紧紧扣住宝石的镶嵌方式。

包镶

指通过推压立起的金属边将宝
石的腰围包贴起来的镶嵌方式。

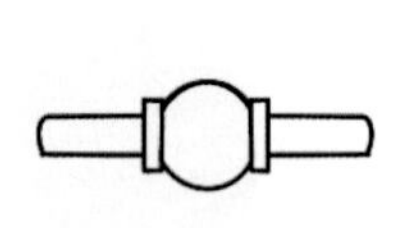

逼镶(例图为半逼镶)

指以镶口对宝石亭部的垫托和镶口侧边所车沟槽
对宝石腰围的“合夹”作用而固定宝石的镶嵌方式。

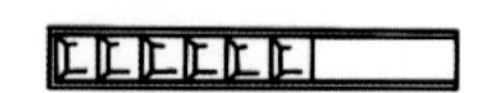

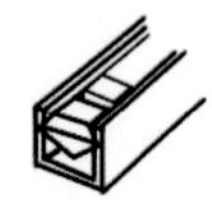

轨道镶

指多粒宝石呈排状，粒粒紧密相连地排列于由
金属壁形成的如同轨道的镶口中的镶嵌方式。

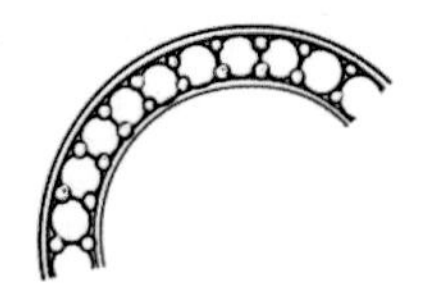

起钉镶(例图为共钉镶)

指用钢钉磨成的小铲铲起金属片，进一步铲拨
形成聚拢的金属小丘，吸珠后成为顶部圆亮的
小钉，通过小钉的挤压固定宝石的镶嵌方式。

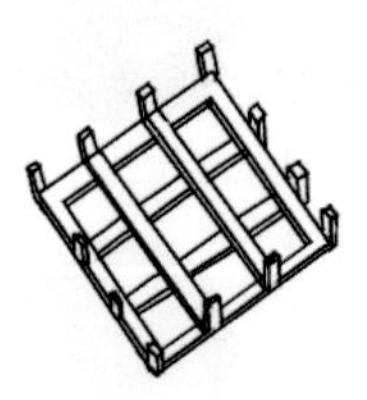

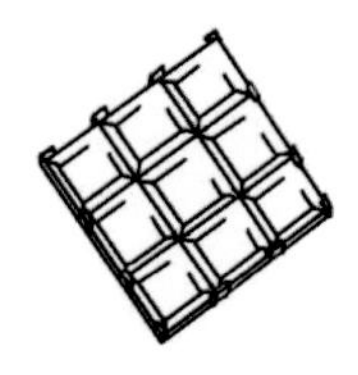

无边镶

指多颗镶石紧密相接并且其
间没有金属露出的镶嵌方式。

图书在版编目（CIP）数据

iPad 珠宝绘画教程：Procreate 从入门到精通/李维，刘帝廷，李莉编著．—武汉：中国地质大学出版社，2021.7

ISBN 978－7－5625－5046－4

Ⅰ.①i…

Ⅱ.①李…②刘…③李…

Ⅲ.①宝石-计算机辅助设计-图像处理软件

Ⅳ.①TS934.3－39

中国版本图书馆 CIP 数据核字（2021）第 116005 号

iPad 珠宝绘画教程：Procreate 从入门到精通 李 维 刘帝廷 李 莉 **编著**

责任编辑：张玉洁 选题策划：李应争 张玉洁 责任校对：何澍语

出版发行：中国地质大学出版社（武汉市洪山区鲁磨路 388 号） 邮政编码：430074

电 话：(027)67883511 传 真：(027)67883580 E-mail:cbb @ cug.edu.cn

经 销：全国新华书店 http://cugp.cug.edu.cn

开本：787mm×1092mm 1/16 字数：324 千字 印张：12.75

版次：2021 年 7 月第 1 版 印次：2021 年 7 月第 1 次印刷

印刷：湖北新华印务有限公司

ISBN 978－7－5625－5046－4 定价：68.00 元

如有印装质量问题请与印刷厂联系调换